상자 속 우주

이 책에 쏟아진 찬사

망원경과 현미경은 잊어라. 폰첸의 연구실은 컴퓨터 안에
있다. 놀랍게도 이 조그만 기계가 과학의 가장 강력한 도구로
떠오르는 중이다.
—짐 알칼릴리 양자물리학자

우리가 우주의 기원을 더욱 깊이 이해하게 된 것은 뛰어난
망원경과 컴퓨터 덕분이었다. 앤드루 폰첸은 과학자들이 협력해
우주를 시뮬레이션하는 과정을 경험자의 목소리로 생생하게
들려준다. 명쾌함과 재미로 가득 찬 이 책은 분명 독자들의
사랑을 받을 것이다.
—마틴 리스 영국 왕립천문학자

새로운 관점에서 바라본 우주와 그 안에 존재하는 만물, 그리고
우주의 수수께끼를 풀기 위해 사투를 벌여온 인간의 역사가
한 편의 드라마처럼 흥미진진하게 펼쳐진다.
—해나 프라이 수학자·과학 작가

우주론의 최전선에서 나온 통쾌하고 솔직한 보고서.
—월스트리트저널

우리가 사는 세상을 둘러싼 시뮬레이션의 놀라운 잠재력을
증명한다. 시뮬레이션에 대한 톡톡 튀는 분석이자 우주론의
새로운 시대를 안내할 어마어마한 연구다.
—커커스 리뷰

앤드루 폰첸은 양자물리학을 포함해 과학의 어려운 개념들을
친숙한 용어로 소개하는 데 뛰어나다. 천문학의 최첨단에 서서
우주를 바라보는 시선은 그 어떤 것보다 매혹적이다.
—퍼블리셔스 위클리

우주론의 새로운 시대를 열다

상자 속 우주

The Universe
in a Box
: A New Cosmic History

앤드루 폰첸 지음
박병철 옮김

RHK
알에이치코리아

사물이 지금과 같은 모습으로 보이는 것은
"그런 모습으로 보인다"고 믿기 때문이 아닐까?

———

월리엄 블레이크, 《천국과 지옥의 결혼》 중에서

일러두기

미주는 전부 지은이의 것이며,
각주 가운데 옮긴이가 단 것은 '—옮긴이'로 명시했다.
본문 내 첨자로 표기한 부연 설명은 옮긴이의 것이다.

서문

흔히 있는 일은 아니지만, 살다 보면 단 하나의 사건으로 인해 마음 속 상상의 세계가 갑자기 넓어지는 경우가 있다. 동료 천문학자들에게 언제, 어떤 계기로 우주에 관심을 갖게 되었냐고 물으면 "천체망원경을 선물받았을 때"나 "별빛 아래서 처음으로 야영을 했을 때", 또는 "사람이 달에 착륙하는 장면(아폴로 11호)을 보았을 때" 등 다양한 답이 돌아온다. 나는 일곱 살 때 아버지가 쓰시던 ZX 스펙트럼 컴퓨터ZX Spectrum computer를 갖고 놀면서 처음으로 우주에 관심이 생겼던 것 같다. 학창 시절에 전자공학을 공부한 후 전문 음악가의 길을 걸었던 나의 아버지는 디지털 음악 초창기에 신시사이저 synthesizer｜여러 개의 파형을 합성하여 새로운 소리를 만들어내거나 변조할 수 있는 전자악기로 많은 작업을 했다. 내가 어릴 적에 아버지는 고무 키보드가 장착된 ZX 스펙트럼 컴퓨터를 지하실에 설치한 후 낡은 TV에 케이블로 연결해 컴퓨터에서 진행되는 일을 (어설프게나마) 눈으로 볼 수 있게 만들어놓았는데, 아버지에게는 전자음악을 만드는 도구였겠지만 호기심 많은 소년에게는 더없이 흥미로운 장난감이었다. 그 무렵 나는 매일 몇 시간씩 습기 찬 지하실에서 컴퓨터를 갖고 놀며 나만의 세계로 빠져들었다.

스펙트럼 컴퓨터에는 몇 가지 간단한 게임과 프로그램(요즘 말로는 앱 또는 코드)이 카세트테이프 형태로 딸려 있었다. 요즘 세대는 상상하기 어렵겠지만, 그 시절에 컴퓨터 게임을 실행하려면 카세트 플레이어에 테이프를 끼워 넣고 빨리감기(또는 되감기)를 실행하다가 대충 시작점이라고 짐작되는 지점에서 멈추고 컴퓨터에 "LOAD"라는 명령어를 입력한 후 카세트의 "play" 버튼을 눌러야 했다. 그러면 카세트테이프가 천천히 돌아가면서 게임 프로그램을 컴퓨터에 업로드하는데, 그동안 TV 화면에는 공상과학영화의 효과음을 방불케 하는 기괴한 전자 음향과 함께 아무런 규칙도 없는 총천연색 영상이 정신없이 오락가락한다. 이 사전 작업은 몇 분 동안 계속되는데, 카세트테이프의 시작점이 틀렸으면 처음부터 다시 해야 하고, 운이 좋으면 광란의 티브이쇼가 갑자기 끝나면서 비로소 게임이 시작된다.

그러던 어느 날, 나는 아버지의 카세트테이프 보관함을 뒤지다가 'StarOrb'라는 프로그램을 발견했다.[1] 그것은 태양계 안에서 임의로 선택한 행성 주변에 인공위성을 띄우는 게임이었는데, 원하는 고도와 속도를 선택한 후 우주선을 발사하면 위성이 궤도에 진입할 때까지 그리는 궤적을 보여주는 식이다. 나는 화면에 서서히 그려지는 우주선의 경로를 바라보면서 오만 가지 질문을 떠올렸다. 인공위성이 행성으로 다시 추락하지 않을까? 아니면 너무 빨라서 먼 우주로 날아가버리지 않을까? 궤도에 안착하려면 얼마나 빨라야 할까? 이 게임을 여러 번 반복하다 보면 각 행성에서 인공위성을 궤도에 올리는 데 필요한 속도와 적절한 고도를 알게 된다. 달처럼 지구 주변을 공전하는 천연위성은 말할 것도 없고, 인간이 쏘아 올린 수많은 위성들도 (물론 훨씬 복잡하지만) 이와 비슷한 계산과정을 거쳐야 한다.

StarOrb 게임에 깊이 빠져들었던 나는 자연스럽게 물리학과 컴퓨터에 관심을 갖게 되었고, 나만의 프로그램을 짜면서 10대 시절 대부분을 지하실에서 보냈다. 물론 다른 친구들처럼 우주에 관한 책을 몇 권 읽고 가끔은 밤하늘을 바라보기도 했지만, 망원경을 사달라고 조른 적은 한 번도 없었다. 조그만 TV 화면에 그려진 어설픈 우주가 머나먼 우주보다 훨씬 현실적으로 느껴졌기 때문이다.

당시에는 전혀 몰랐지만, 사실 StarOrb는 기초적인 시뮬레이션 simulation 프로그램이었다.

시뮬레이션이란 현실 세계에서 진행되는 현상을 컴퓨터로 모방하는 작업의 총칭인데, 요즘은 거의 모든 분야에 적용되면서 우리 삶에 지대한 영향을 미치고 있다. 예를 들어 일기예보는 지구 대기의 이동 상황을 시뮬레이션한 결과이고, 자동차와 비행기 같은 운송수단도 실물을 제작하기 전에 시뮬레이션 과정을 거친다. 또한 영화나 TV 드라마 제작자들이 자주 사용하는 특수효과도 컴퓨터 시뮬레이션의 산물이며 컴퓨터 게임과 건축 모델링, 재무계획, 심지어 공중보건정책까지도 시뮬레이션을 통해 결정된다.

시뮬레이션은 우주 전체를 컴퓨터로 재현하는 나 같은 우주론학자의 밥줄이기도 하다. 내 연구의 목적은 저 바깥에 무엇이 있으며 그들이 어디에서 왔는지, 그리고 우주의 요소들이 우리 삶과 어떻게 연관되어 있는지를 밝히는 것이다. 대부분의 천문학자와 우주론학자들은 실험 도구로 대형 천체망원경이나 우주망원경을 사용하지만, 내 실험 도구는 그보다 훨씬 저렴하고 덩치도 작은 컴퓨터다. 흔히 과학실험이라고 하면 온갖 스위치가 달린 복잡한 기계장치와 흰 가운을 입고 그 앞에서 분주하게 움직이는 과학자를 떠올릴 것이다. 이들은 다양한 변수를 마음대로 조절하여 빠른 시간 내에 결과를 얻어내는 전문가들이다. 그러나 우주론학자는 이런 전통적인 과학실험을 실행할 수 없다. 그들은 우주의 운명을 좌우하는 변수를 마음대로 바꿀 수 없고, 설령 바꿀 수 있다 해도 결과를 확인하려면 수십억 년을 기다려야 한다. 이런 문제를 해결하기 위해 탄생한 것이 바로 '우주론 시뮬레이션'이다. 우주를 컴퓨터에 담으면 시간과 공간을 마음대로 조정할 수 있기 때문이다.

나는 가상의 우주를 마음대로 조각할 수 있다는 점에 매료되어 이 분야에 투신했지만, 어두운 방에서 혼자 컴퓨터 자판만 두드리며 연구비를 축내는 사람은 아니다. 나는 런던을 포함하여 전 세계에 흩어져 있는 동료들과 함께 연구를 진행하면서 수백 개의 학술지에 결과를 보고해왔는데, 개개의 논문은 수천 명의 학자들이 대형 컴퓨터로 시뮬레이션을 수행하여 어렵게 얻은 결과를 종합한 것이다.

지금 내가 하는 작업과 어릴 때 갖고 놀았던 StarOrb 사이에는 또 다른 차이점이 있다. 사실, 지구 주변을 도는 인공위성의 궤도는 펜과 종이만 있으면 쉽게 계산할 수 있다. 손으로 계산하면 시간이 오래 걸리고 가끔은 오류가 발생할 수도 있지만, StarOrb에서 진행되는 모든 과정은 원리적으로 수동 계산이 가능하다. 학위를 받은 물리학자라면 이런 계산은 눈 감고도 할 수 있다.│심지어 물리학과 신입생이 배우는 일반물리학 교과서에도 나온다. 즉, StarOrb 같은 시뮬레이션 프로그램에는 새로운 내용이 전혀 없다. 그러나 우주 전체를 시뮬레이션하면 전혀 예상하지 못했던 결과가 얻어지면서 새로운 진실이 모습을 드러내곤 한다.

나는 흥미진진한 우주 시뮬레이션의 모든 과정을 소개하고, 그 짜릿한 성취감을 독자들과 함께 나누기 위해 이 책을 썼다. 물론 이것은 우주가 얼마나 큰지를 가늠하는 단순한 작업이 아니지만, 한 번쯤은 그 규모를 상상해볼 필요가 있다. 지구는 지름이 1만 3000킬로미터나 되는 구형 행성인데, 태양은 이런 천체가 무려 130만 개나 들어갈 정도로 크다. 게다가 우리 태양계가 속한 은하인 은하수Milky Way에는 태양과 비슷한 항성(별)이 수천억 개나 존재하며, 이들은 각기 다른 크기와 질량을 가진 채 '코스믹 웹cosmic web'이라는 거대한 패턴을 따라 배열되어 있다. 그 규모가 하도 커서 지구 생명체의 탄생과 별 상관이 없어 보이지만, 우주 시뮬레이션을 실행하면 의외의 결과가 얻어진다. 은하를 가로지르는 초대형 패턴이 존재하지 않았다면 지구의 탄소 기반 생명체는 애초부터 태어나지 못했을 것이다. 수많은 시뮬레이션이 한결같이 이런 결론에 도달했으니 액면 그대로 믿는 수밖에 없는데, 내가 아는 한 우주적 패턴과 생명체의 인과관계를 설명하는 이론은 아직 개발되지 않았다.

우주는 클 뿐만 아니라 상상을 초월할 정도로 복잡하다. 시뮬레이션은 수십억 개의 별과 블랙홀, 가스구름, 무수히 많은 먼지 알갱이를 종합적으로 추적할 때 진정한 가치를 드러낸다. 이토록 많은 요소들이 모여서 만들어내는 집단적 결과를 이론적으로 예측하기란 거의 불가능하다. 개개의 입자에 적용되는 물리법칙은 잘 알려져 있지만 수십, 수백억 개의 요소들이 상호작용을 주고받는 복잡한 계에서는 물리법칙이 동일한 형태로 적용되지 않기 때문이다.

개체와 집단의 차이는 곤충의 세계에서도 쉽게 찾아볼 수 있다. 예를 들어 개미는 떼를 지어 먹이를 찾고, 자신의 몸을 이용하여 굴곡진 길을 평탄하게 만들고, 심지어 작은 계곡 사이에 다리를 놓기도 한다. 아무리 자세히 살펴봐도 개미의 각 개체 중에 길을 안내하는 개미나 건축가 개미는 존재하지 않는 것 같은데, 별 재주가 없어 보이는 개체들이 모여서 집단을 이루기만 하면 환상적인 능력을 발휘한다. 그 비결은 아직 미스터리로 남아 있지만, 개미집단이 각 개체에는 없는 능력을 갖고 있다는 것만은 분명한 사실이다. 개미 한 마리를 집중적으로 연구하는 식으로는 집단의 비밀을 결코 풀수 없다.

이것은 우리의 직관과 일치하지 않는다. 인간사회는 계층구조와 계획에 전적으로 의존하고 있기 때문이다. 인간의 입장에서 볼때 먹이를 구하러 가는 개미 떼 중에는 전략을 수립하고 지휘하는 우두머리가 있을 것 같지만, 실제로 그런 개미는 존재하지 않는다. 눈앞에 장애물이 나타나면 서로 몸을 겹쳐서 다리를 놓고, 마지막 개미가 다리를 건너면 다리를 철거하는 등 간단한 규칙에 따라 행동하는 "개미의 개체"들만이 존재할 뿐이다.[2] 그런데도 이들이 보이는 집단행동은 더없이 정교하고 일사불란하다.[3]

별, 구름, 먼지 등이 혼란스럽게 뒤섞인 우주에서 어떻게 조직적인 구조가 탄생할 수 있을까? 이것은 우주론학자들이 가장 궁금해하는 질문 중 하나다. 나와 동료들은 (이론이 아닌) 관측을 통해 확인 가능한 사실을 예측하기 위해 다양한 법칙(중력, 입자물리학, 빛, 복사 등)에 기초한 시뮬레이션을 설계하고 있다. 고성능 컴퓨터를 무기 삼아 수백만 또는 수십억 개의 세부 요소에 간단한 법칙을 반복적으로 적용하면, 일사불란한 개미 떼처럼 의외의 집단적 결과가 얻어지곤 한다.

올바른 데이터로 시뮬레이션을 실행하면 소규모에 적용되는 법칙을 초월하여 우주의 큰 그림을 볼 수 있다. 이 책을 덮을 때쯤이면 독자들은 우주의 생태계가 얼마나 다양하고 복잡한 곳인지 실감하게 될 것이다.

시뮬레이션에 필요한 기술

우주를 컴퓨터에 담으려면 일단 대담해져야 한다. 사실 이 작업은 태생적으로 어려울 수밖에 없다. 무수히 많은 미시적 요인이 복잡다단하게 연결되어 전체적인 결과를 낳는 과정을 이해하기란 결코 쉬운 일이 아니다. 지극히 사소한 변수 하나라도 잘못 입력되면 완전히 틀린 결과가 도출되기 십상이다. 시뮬레이션의 핵심은 개별적 요소들을 최대한 정확하게 정의하고, 정보 부족으로 인한 부작용을 최소화하는 쪽으로 프로그램을 설계하는 것이다.

대부분의 독자들은 학창 시절 과학 시간에 "우주는 일련의 명백한 법칙에 따라 운영되고 있다"고 배웠을 것이다. 시계처럼 정확하게 맞물려 돌아가는 엄밀한 법칙에 기초하여 가상의 우주를 재현하는 것은 원리적으로 얼마든지 가능하다. 모든 법칙이 명확하게 정의되어 있으니, 오류가 발생할 여지도 없어 보인다. 우주를 관장하는 법칙이란 엄밀하기 그지없는 수학으로 표현된 일련의 지식과 예측의 집합이어서, 컴퓨터 언어로 변환하기에도 안성맞춤인 것 같다. 글쎄…… 과연 그럴까?

일기예보를 예로 들어보자. 기상통보관은 바람, 구름, 비와 관련된 수많은 데이터를 종합하여 지구 대기의 상태를 시뮬레이션한 후 다가올 날씨를 예측한다. 그러나 바람, 구름, 비는 물리법칙에서 곧바로 유도되는 것이 아니라, 대기에 떠다니는 개개의 원자와 분자의 상호관계로부터 나타나는 종합적 결과다. 그러므로 정확한 일기예보를 내놓으려면 10^{44}개에 달하는 대기 분자의 위치와 거동을 일일이 추적해야 한다.

과연 해낼 수 있을까? 다들 알다시피 컴퓨터의 저장 능력은 비트bit라는 단위로 표현된다. 비트는 저장된 데이터의 가장 작은 단위로서 '1' 또는 '0'이라는 값만 가질 수 있다(전기 스위치의 온오프 기능과 비슷하다). 비트 한 개만 놓고 보면 별 볼 일 없을 것 같지만, 이런 비트가 충분히 많으면 이 세상 어떤 정보라도 저장할 수 있다. 예를 들어 검은색과 흰색으로 이루어진 흑백사진을 눈금이 아주 작은 사각형 그리드로 분할한 후 개개의 사각형에 0(검은 점) 또는 1(흰 점)을 할당하면 전체 사진이 비트 단위로 저장된다. 숫자와 문자, 색상,

소리, 동영상, 그리고 페이스북의 친구 관계를 저장하는 방식도 이와 비슷하다. 물론 비트가 많을수록 더 많은 정보를 저장할 수 있다. 내가 어릴 때 갖고 놀았던 ZX 스펙트럼의 메모리 용량은 40만 비트(50KB)였고, 지금 사용 중인 노트북 컴퓨터의 용량은 1000억 비트(12.5GB)다. 일부 슈퍼컴퓨터는 저장용량이 무려 1경 비트(1250TB)에 달한다. | 여덟 개의 비트가 모인 것을 1바이트byte라 한다. 요즘 사용하는 KB, GB, TB의 'B'는 'byte'를 의미하므로, 이 단위로 나타내려면 위에 언급된 비트의 수를 8로 나눠야 한다.

이 정도면 실로 엄청난 용량이지만, 대기 중에 포함된 10^{44}개의 분자를 시뮬레이션하기에는 턱없이 부족하다. 분자 하나당 1비트의 정보라도 저장하려면, 현재 전 세계에 보급된 컴퓨터의 저장용량을 모두 합한 것보다 10^{21}배나 큰 컴퓨터가 있어야 한다.[4] 간단히 말해서, 불가능하다는 뜻이다.

그러므로 일기예보는 개개의 원자와 분자를 추적하는 방식으로 진행될 수 없다. 지구처럼 조그만 행성의 대기조차 각개격파가 불가능한데, 은하 전체를 이런 식으로 시뮬레이션한다는 것은 턱도 없는 이야기다. 날씨와 은하, 또는 우주 전체의 변화과정을 컴퓨터로 재현하려면 각 분자의 개별적 거동을 과감하게 생략하고, 이들 사이에 교환되는 힘과 에너지, 빛과 복사에 대한 반응 등을 집합적으로 다뤄야 한다.

요즘 사용되는 컴퓨터로는 현실 세계를 완벽하게 시뮬레이션할 수 없다. 방금 수행한 계산에서 보았듯이, 그 한계는 너무나도 명백하다. 그러나 천체물리학자들은 지난 50년 동안 이 분야를 끈질기게 파고든 끝에 컴퓨터로 우주를 시뮬레이션하는 몇 가지 지름길을 찾아냈다.

지금부터 독자들에게 그 비법을 공개하고자 한다. 개중에는 박사과정 학생이 혼자 개발한 것도 있고, 한 무리의 연구원들이 힘을 합쳐 알아낸 것도 있으며, 정부 고위 관료가 기획한 초대형 연구 프로젝트의 결과물도 있다. 또한 이들이 개발한 지름길 중에는 타당성이 검증된 것도 있지만 근거가 부족한 추측성 가설도 있으므로, 시뮬레이션의 결과를 액면 그대로 받아들일 수 없다는 점도 염두에 두기 바란다.

사실 이것은 시뮬레이션에 국한된 문제가 아니다. 현대인의 삶은 시뮬레이션뿐만 아니라 모형models과 알고리듬algorithms에도 크게 의존하고 있는데, 언제부턴가 이들 사이의 경계가 모호해지기 시작했다. 만일 누군가가 나에게 알고리듬의 정의를 묻는다면, "당장 취해야 할 행동을 결정하는 규칙"이라고 답할 것이다. 예를 들어 자동비행장치autopilot가 항공기의 경로를 수정하는 방식이나 소셜미디어 사이트에서 어떤 콘텐츠를 게시할지 결정하는 방식, 또는 위성항법장치가 자동차의 경로를 결정하는 방식 등은 알고리듬에 속한다. 그러나 이런 결정을 간단하게 내릴 수 없는 경우에는 "항공역학"이나 "주의력 지속 시간", 또는 "30분 후의 교통량"처럼 실제 현상과 직접적으로 관련된 서술이 필요한데, 이런 것이 모형에 해당한다. 그리고 하나의 모형 안에서 여러 개의 요소가 상호작용을 교환하는 경우, 그 특성을 가장 분명하게 드러내는 방법이 바로 시뮬레이션이다.

알고리듬과 모형, 그리고 시뮬레이션의 차이가 분명하게 드러나는 분야로는 금융거래를 들 수 있다. 독자들은 선뜻 이해가 가지 않겠지만, 지난 2008년 미국에서 촉발된 금융위기의 주요 원인 중 하나는 물리학이었다.[5] 금융 전문가들은 현실 세계에서 수집한 정보에 기초하여 시장의 동향을 예측하는데, 이것을 '재무모형financial modeling'이라 한다. 물론 여기서 내놓는 예측은 정확도가 별로 높지 않지만, 2000년 초에 헤지펀드 투자자들은 물리학 분야에서 "미래 예측의 전문가"로 통하는 이론물리학자들을 지나치게 신뢰했다. 당시 이들은 몇 가지 간단한 가정에 수학과 통계학 이론을 적용하여 미래의 주가를 예견하는 퀀트quant 프로그램을 만들었는데, 사실 따지고 보면 이것도 주어진 변수와 일련의 규칙으로 진행되는 일종의 시뮬레이션이었다.[6] "전문 학자들이 만든 주가 예측 프로그램"이라는 타이틀이 꽤 그럴듯하게 보였는지, 펀드매니저들은 퀀트의 예측만 믿고 공격적인 투자를 서슴지 않았다.

그러나 모형과 시뮬레이션은 현실을 그대로 재현하는 도구가 아니어서, "단순화된 가정"만큼이나 결과도 단순하다. 시장이 불안정해지면 개인투자자들은 크게 당황하여 퀀트의 추천을 더 이상 믿지 않게 되고, 이런 추세가 계속되면 주식시장을 예측하기가 더욱 어려워진다. 이럴 때 퀀트의 예측만 믿고 투자했다간 손해 볼 확률이 매우 높다. 2000년대 중반에 모형이나 시뮬레이션에 따라 투자를 감행했던 펀드매니저들은 거의 대부분 막대한 손실을 입고 빈털터리가 되었다.

재무모형의 기본 가정에 "극히 드물게 일어나는 주가 폭락의 위험"이 과소평가되었다는 것은 1960년대 초부터 수학자들 사이에 널리 알려진 사실이었다.[7] 그래서 2000년대에 현명한 자본가들은 퀀트의 예측을 맹신하지 않고 나름대로 대비책을 마련해두었다. 그러나 컴퓨터의 예측 능력을 전적으로 신뢰했던 수많은 개미투자자들은 거품처럼 사라지는 주가를 무력하게 바라봐야 했다.

여기서 우리가 얻은 교훈은 다음과 같다. 시뮬레이션은 분명히 유용하지만, 액면 그대로 받아들이면 안 된다. 시뮬레이션을 이해하려면 무엇보다 시뮬레이션의 한계를 정확하게 파악하고 있어야 한다. 즉, 복잡하기 그지없는 현실 세계와 단순화된 가상 세계를 구별해야 한다는 뜻이다. 시뮬레이션의 불완전함을 깊이 이해할수록 그로부터 유도된 결론을 더욱 가치 있게 활용할 수 있다.

2008년 금융위기를 겪은 후, 미국을 대표하는 두 개의 퀀트 투자사에서는 재무모형 설계자들이 반드시 지켜야 할 히포크라테스 선서를 발표했는데, 주 내용은 다음과 같다. "나는 세상을 만드는 자가 아니며, 이 세상은 내가 유도한 방정식을 따르지 않는다. (…) 나는 내 모형을 사용하는 사람들에게 모형의 정확성을 과장하지 않을 것이며, 내가 도입한 가정과 모형의 단점을 분명하게 밝힐 것이다."[8] 이것은 우주를 시뮬레이션할 때에도 반드시 지켜야 할 덕목이다.

물론 우주 시뮬레이션이 잘못되었다고 해서 수조 달러가 순식간에 증발하는 대형참사는 일어나지 않는다. 그러나 우주론학자들은 순전히 학술적인 측면에서 시뮬레이션의 장단점을 철저하게 파헤치고 있다. (나를 포함한) 그들의 목적은 새로운 천체망원경과 첨단 실험실의 건설 비용을 유치할 수 있을 만큼 정확한 우주 창조과정을 컴퓨터로 재현하는 것이다. 기초물리학 연구에 투자된 돈은 새로운 발견을 최대한 이끌어낼 수 있도록 현명하게 사용되어야 한다.

우주실험실

앞으로 소개할 시뮬레이션은 몇 가지 환상적인 특성이 있는데, 이것을 극명하게 보여주는 사례가 바로 암흑물질dark matter과 암흑에너지dark energy다. 이들은 지구에서 한 번도 발견된 적 없는 신비한 존재이면서, 우주의 역사를 서술할 때 반드시 언급되어야 할 요소이기도 하다. 시뮬레이션에 암흑물질과 암흑에너지를 도입하지 않으면 어떤 재주를 부려도 우주의 역사를 재현할 수 없다.

　한 번도 관측된 적 없는 물질을 시뮬레이션에 도입하는 것은 위험부담이 꽤 큰 모험이다. 이런 경우에는 시뮬레이션의 작동 원리와 한계를 분명히 밝히고, 그로부터 얻어진 파격적인 결과를 왜 수용해야 하는지 있는 힘을 다해 설득해야 한다. 하지만 좋은 점도 있다. 시뮬레이션을 본 사람들이 암흑물질과 암흑에너지의 존재를 받아들인다면, 우리의 연구는 실험실에서 한 번도 다뤄본 적 없는 완전히 새로운 영역으로 나아가게 된다. 과학자에게 이보다 신나는 일이 또 어디 있겠는가? 우주의 깊숙한 비밀을 모든 인류 앞에 공개하는 것, 이것이 바로 우리가 추구하는 궁극의 목표다.

　시뮬레이션은 현재 통용되는 과학의 변두리에서 또 다른 영역을 탐구한다. "모든 것은 '원인'과 '결과'라는 견고한 사슬을 통해 연결되어 있다"는 인과율因果律이 바로 그것이다. 정말로 그렇다. 이 우주에서 이유 없이 일어나는 사건은 단 하나도 없다. 일기예보에서 흔히 언급되는 바람과 구름, 비, 더위(열), 추위 등은 한 번 나타났다가 사라지는 일회성 현상이 아니다. 이들은 각기 별개의 기상체계에 존재하면서, 수천 킬로미터를 이동했다가 넓은 영역으로 퍼져나갈 수 있다. 그러므로 내일, 또는 며칠 후의 날씨를 정확하게 예측하려면 오늘의 날씨부터 정확한 차트로 정리해야 한다.

스케일을 우주로 확장해도 마찬가지다. 우주는 매 순간 제멋대로 진행되지 않고, 지난 138억 년 동안 도미노처럼 나열된 일련의 인과율을 순차적으로 따라왔다. 그렇다면 여기서 한 가지 질문이 떠오른다. 우주의 나이가 138억 년으로 유한하다면 첫 번째 도미노는 무엇이며, 그것을 쓰러뜨린 최초의 원인은 무엇이었는가? 이것은 너무도 어려운 질문이어서, 답을 아는 사람이 없다. 그렇다고 이 부분을 공백으로 남겨두면 도미노가 아예 쓰러지지 않기 때문에, 시뮬레이션을 구축하려면 어떻게든 가설을 세워야 한다.

우주 창조의 일정 부분은 논란의 여지가 없을 정도로 명백하게 밝혀져 있다. 최초의 우주는 아주 작은 점 안에 밀집되어 있다가 (원인은 확실치 않지만) 거대한 폭발을 일으켰고, 그 후로 지금까지 줄곧 팽창해왔다. 이것은 정교한 이론과 다양한 관측데이터를 통해 확실하게 입증된 사실이다. 팽창하는 우주를 시뮬레이션으로 구현하는 것은 별로 어렵지 않다. 그러나 이것만으로는 우주의 시작점을 정의할 수 없다.

1980년대 이후로 우주론학자들은 한 가지 사실을 확실하게 깨달았다. 우주의 기원을 설명하려면 원자보다 작은 영역에 적용되는 '양자역학quantum mechanics'을 도입해야 한다는 것이다. 양자역학은 지난 100여 년 동안 수많은 테스트를 통과하면서 자연을 서술하는 확고한 이론으로 자리 잡았는데, 그 결과가 우리의 직관과 너무 달

라서 일반인들 사이에서는 여전히 이질적인 이론으로 남아 있다. 그 중에서도 가장 희한한 것은 "우주에는 확실한 것이 하나도 없다"는 불확정성 원리uncertainty principle다. 아원자입자subatomic particle | 원자보다 작은 입자의 총칭는 원자 내부에서 명확한 위치를 갖지 않은 채, 매 순간 무작위로 점프하고 있다.

미세한 영역 안에 똘똘 뭉쳐 있던 초기 우주는 양자역학의 법칙을 따랐을 것이다. | 이미 존재하는 드넓은 공간의 한 부분에 초기 우주가 밀집되어 있었다는 뜻이 결코 아니다. 시간과 공간도 초기 우주 안에 들어 있다가 팽창과 함께 탄생했다. 그리고 우주가 팽창하기 시작한 직후에는 그 안에 들어 있는 물질(입자)이 무작위로 점프를 일으켰기 때문에 밀도가 균일하지 않았다. 즉, "물질이 존재하는 영역"과 "텅 빈 영역"이 순전히 운으로 결정된 것이다. 이 우연한 차이는 훗날 별, 행성, 은하 등 우리 주변에 존재하는 모든 천체의 씨앗이 되었다.

그러니까 우주는 지금과 완전히 다른 형태로 진화할 수도 있었다는 이야기다. 우주가 지금과 같은 모습을 하게 된 것은 순전히 우연이었으며, 지구라는 행성에 생명체가 존재하게 된 것도 우연의 결과였다. "내가 이 세상에 존재하게 된 데에는 분명한 이유가 있다"고 믿는 사람들에게는 꽤나 불편하게 들릴 것이다. 초기 우주에 양자역학을 적용하면 미래에 어떤 결과가 초래될지 예측하기가 거의 불가능하다. 이런 상태에서 시뮬레이션을 실행했을 때 우리가 알 수 있는 것이라곤 미래의 특정한 장소에 존재하게 될 물질의 종류와 양뿐이다. 그런데 이토록 정보가 부족함에도 불구하고 초기 우주에서 출발하여 시뮬레이션을 실행하면 매우 중요한 사실을 알 수 있다. 바로 이것이 지금부터 내가 하려는 이야기다.

팽창하는 공간과 암흑물질, 그리고 양자역학적 영향 등은 눈에 보이지 않고 느낄 수도 없기 때문에, 독자들 중에는 이런 요소를 불편하게 생각하는 사람도 있을 것이다. 우주론이 어렵게 느껴지는 가장 큰 이유는 "그 존재가 우리에게 전혀 느껴지지 않는 요인들"이 우주의 운명을 좌우하고 있기 때문이다. 우주를 이해하려면 이런 것을 기정사실로 받아들여야 하는데, 직관에 의존하여 살아온 인간에게는 결코 쉬운 일이 아니다. 우주를 관장하는 법칙이 직관과 맞아떨어진다면 참 좋겠지만, 안타깝게도 현실은 우리의 경험과 완전 딴판이다. 그리고 이것은 우주가 유별나기 때문이 아니라, 우리의 직관이 좁은 공간과 느린 속도에 한정된 채로 쌓여왔기 때문이다. 만일 인간의 몸이 원자만큼 작거나 은하만큼 컸다면, 또는 인간의 보행속도가 빛의 속도에 견줄 만큼 빨랐다면, 또는 옛날부터 지구와 가까운 곳에 블랙홀이 존재했다면, 우리의 직관은 지금과 크게 다를 것이다.

이 모든 내용을 다루기 전에, 우주와 관련된 몇 가지 사실을 미리 알고 넘어가는 게 정신건강에 좋을 것 같다.

1. 일단 공간의 형태를 좌우하는 물질은 지구에서 볼 수 있는 평범한 물질이 아니다.
2. 우리가 직관적으로 이해하고 있는 시간과 공간의 법칙은 우주에 적용되지 않는다. 우주에서는 '거리'라는 간단한 개념조차 직관에서 벗어난다.
3. 천체망원경에 포착된 별은 현재의 모습이 아니라 아득한 과

거의 모습이다.

4. 빛은 초속 30만 킬로미터라는 엄청난 속도로 내달리지만, 우주의 크기를 고려하면 거의 거북이걸음이나 다름없다. 우리 눈에 보이는 우주를 빛이 가로지르려면 수십억 년이 걸린다.

인간의 직관이 무수한 경험을 거치면서 제아무리 정교하게 다듬어졌다 해도, 우주로 나가면 곧바로 무용지물이 된다.

상자 속 우주

생명의 기원을 규명하려면 깊은 우주 속으로 들어가서 은하와 별, 행성이 만들어지는 과정과 이들 사이의 관계부터 이해해야 한다. 다행히도 비싼 우주선을 타고 멀리 날아갈 필요는 없다. 바로 이 책의 주제인 '시뮬레이션'이 그 번거로운 일을 대신해줄 것이다. 컴퓨터 안에 초소형 우주를 만들어서 일련의 법칙을 부여한 후 실행 버튼을 누르면 된다. 그리고 또 한 가지, 시뮬레이션을 설계하고 결과를 해석하려면 물리학을 어느 정도 알고 있어야 한다.

그러나 안타깝게도 여기에 필요한 물리학은 학교에서 배우는 물리학이 아니다. 소위 말하는 '학습용 물리학'은 세부 항목이 체계적으로 분류되어 있고, 암기해야 할 방정식이 있고, 모든 문제에 모범답안이 존재한다. 그러나 시뮬레이션에서는 우주의 모든 원자를 일일이 추적할 수 없기 때문에 근사적인 답으로 만족해야 한다. 이

제 독자들도 어느 정도 눈치챘겠지만, '시뮬레이션용 물리학'은 학교에서 배운 것보다 훨씬 너저분하고 논란의 여지가 많으면서 훨씬 더 인간적이다.

이론물리학자들은 단 하나의 방정식으로 모든 입자의 특성과 그들 사이에 작용하는 힘을 서술하는 '궁극의 이론'을 꿈꾸고 있다. 이 원대한 꿈이 실현될지는 누구도 알 수 없지만, 미래의 어느 날 궁극의 이론이 극적으로 완성되어 우주의 모든 요소를 완벽하게 서술할 수 있게 된다 해도 시뮬레이션에는 별 도움이 되지 않는다. 시뮬레이션을 실행하는 사람, 즉 시뮬레이터simulator의 목적은 우주의 심오한 섭리를 찾는 것이 아니라, 물질(입자, 별, 가스구름 등)의 집단적 거동을 이해하는 것이기 때문이다. 개미 한 마리를 아무리 세심하게 관찰해도 그들의 집단행동을 예측할 수 없듯이, 단일입자를 서술하는 추상적 방정식으로는 우주의 거동을 알아낼 수 없다.

시뮬레이션이 실행되면 복잡한 계산은 컴퓨터가 알아서 해주므로, 시뮬레이터는 우주를 구성하는 콘텐츠의 상호관계에만 집중하면 된다. 그런데 이것만으로 우주를 정확하게 이해할 수 있을까? 물론 꿈같은 이야기다. 정확한 결과를 얻으려면 지식의 한계를 극복하고, 주어진 컴퓨터의 연산 능력의 한계도 극복하고, 언제라도 틀릴 수 있는 가정의 한계마저 극복해야 한다. 정보가 태부족한 상태에서 가장 이상적인 방향으로 타협을 시도하여 최선의 결과를 얻어내는 것이야말로 시뮬레이터에게 주어진 가장 짜릿한 도전이다.

이 모든 난관을 극복하면 "우주에 대한 선견지명"이 그 보상으로 돌아온다. 물론 쉬운 일은 아니지만(영원히 도달하지 못할 수도 있다!)

우리는 이미 시뮬레이션을 통해 암흑물질과 암흑에너지, 블랙홀, 은하 등이 우주에 생명을 불어넣은 과정을 부분적으로나마 이해하는데 성공했다. 시뮬레이션은 기초물리학의 범주를 넘어 계산과 과학, 인간의 창의력이 혼합된 과학계의 종합예술이라 부를 만하다.

준비되었는가? 자, 그러면 지금부터 흥미진진한 시뮬레이션의 세계로 들어가보자.

차례

1장
날씨와 기후

처음부터 우주 전체를 시뮬레이션하는 것은 무리일 테니, 일단은 만만한 지구를 도마 위에 올려보자. 지구를 대상으로 한 대표적 시뮬레이션으로는 일기예보를 들 수 있다. 내일 등산을 가기로 했는데 하늘이 우중충해서 은근히 걱정될 때, TV에 기상캐스터가 나와서 "내일은 대체로 맑겠으며……"라고 하면 왠지 안도감이 몰려온다. 기상학자는 지구의 대기 상태를 컴퓨터로 시뮬레이션하여 다가올 날씨를 예견하고, (본인의 의도와 상관없이) 우리의 일정을 좌지우지한다. 마치 과학계의 점쟁이를 보는 것 같다. 게다가 요즘 일기예보는 적중률이 꽤 높은 편이다.

기상학자가 하는 일은 천문학자와 크게 다르지 않다. 고대에도 두 분야는 불가분의 관계여서, 머리 위로 날아가는 혜성과 하늘을 덮은 구름은 "높은 하늘을 연구하는 사람"의 연구 대상이었다. meteor(유성)에서 파생된 단어인 meteorology가 '기상학'이라는 뜻으로 정착된 것도 이런 영향일 것이다. 그 후 17세기 물리학자들이 다양한 천문현상을 예측하고 설명할 수 있게 되면서 천체의 운동과 지구의 날씨가 무관하다는 사실을 알게 되었으나, 바람과 구름은 천체보다 훨씬 가까운 곳에서 일어나는 현상임에도 불구하고 예측하기가 훨씬 어려웠다.

기상학은 발전 속도가 너무 느렸기 때문에, 기상 현상은 20세기가 되어서도 천문학자들의 연구 과제로 남아 있었다. 별과 행성을 정밀하게 관측하려면 지구의 대기가 우주에서 날아온 빛을 어떻게 왜곡시키는지 알아야 한다. 관측을 하다 보면 망원경에 포착된 별빛의 광도가 일정한 날도 있고, 구름이 없는데도 광도가 수시로 변하면서 반짝이는 날도 있다. 이것은 천문학적 현상이 아니라 기상학적 현상으로, 천문관측자에게는 '운수 나쁜 날'이다. 빛이 반짝이면 별의 위치가 왜곡되고 행성의 영상이 희미해지기 때문이다. 요즘은 기상학자들이 일기예보를 전담하고 있지만, 20세기 초만 해도 천문학자들은 정확한 관측데이터를 얻기 위해 직접 날씨를 분석하곤 했다.

TV와 함께 자라온 현대인은 일기예보를 당연하게 여기는 경향이 있다. 내일의 날씨를 줄줄 읽어 내려가는 기상캐스터를 보면 별로 어려운 일이 아닌 것 같다. 그러나 모든 일기예보는 사실이 아닌 가설이며, 이 가설의 적중률이 90퍼센트를 넘은 것은 현대 과학이 이룩한 최고의 업적 중 하나다. 1854년에 영국의 한 국회의원이 의회 석상에서 "내일의 날씨를 미리 알 수 있다"고 주장했다가 다른 의원들에게 바보 취급을 당한 적이 있다.[1] 그러나 요즘 주간 일기예보는 기본 정보에 속하고, 심지어 다가올 계절의 전반적인 날씨까지 예측하는 수준에 도달했다. 기상학은 전 인류에 지대한 영향을 미치고 있으며, 그 가치를 돈으로 환산하면 수십억 달러에 달한다. 일기예보가 사람의 목숨을 구한 사례도 적지 않다.[2]

앞에서 나는 각 분자의 운동을 일일이 추적하는 방식으로는 대기 시뮬레이션을 구현할 수 없다고 강조한 바 있다. 시뮬레이션에서는 기체 덩어리의 운동과 가열, 냉각, 압축, 팽창 등 집단적 특성에 초점을 맞춰야 한다. 풍속이나 온도와 같은 집합적 양을 예측하는 것은 별로 어렵지 않다. 그러나 풍속과 온도에 영향을 주는 다양한 세부 사항을 추가하면 문제가 복잡해지기 시작한다. 예를 들어 나무는 맑은 날 햇빛을 흡수하고, 땅속에서 수분을 빨아들였다가 대기 중에 증기를 방출한다. 얼핏 생각하면 나무는 일기예보에 아무런 영향도 주지 않을 것 같지만, 나무가 모인 숲은 햇빛과 수분을 흡수하는 방식을 바꿈으로써 토양의 침식을 방지하고, 그 일대의 날씨와 기후를 바꿀 수 있다.[3] 지금으로부터 8000년 전, 사하라 사막에는 주기적으로 우기雨期가 찾아왔다. 비가 온다는 것은 동물이건 식물이건 생명체가 서식할 수 있다는 뜻이다. 그런데 왜 현대의 사하라는 불모의 사막이 되었을까? 전문가들은 가장 큰 요인으로 농업을 지목한다. 과거 이곳에 거주했던 사람들은 농사를 짓기 위해 토착 식물을 제거했고, 이로 인해 열을 흡수하는 기능이 약해지면서 날씨가 더욱 건조해졌다. 그리하여 대지는 점차 메마른 땅으로 변해가다가 결국 농작물마저 말라 죽으면서 사막화 현상이 걷잡을 수 없을 정도로 빠르게 진행되었다는 것이 일반적인 추론이다.[4] 이 과정을 시뮬레이션으로 구현할 때 모든 요인과 변수를 일일이 고려한다

면 설계만 하다가 세월이 다 갈 것이다. 그러므로 시뮬레이션 설계자
는 다양한 효과가 반영된 최적의 지름길을 찾아야 한다.

성공적인 시뮬레이션을 위해 반드시 필요한 마지막 요소가 있
다. 오늘의 날씨를 모르는 채 내일의 날씨를 예측하기란 원리적으로
불가능하다. 이 정보가 빠지면 제아무리 환상적인 컴퓨터 프로그램
도 "게이머와 말의 현재 위치"가 누락된 채 규칙만 주어진 보드게임
과 다를 것이 없다. 체스 마스터가 모든 전략을 훤히 꿰뚫고 있다 해
도, 다른 플레이어에게 조언을 하려면 현재 체스판에 놓인 말의 배
열을 알아야 한다. 현재의 상태를 알아야 다음에 둘 수를 선택할 수
있기 때문이다.

흔히 '원인과 결과cause and effect'로 알려진 이 문제는 19세기 이
전의 과학자들이 무언가를 예측할 때마다 부딪히는 가장 큰 걸림돌
이었다. 날씨를 예측하려면 날씨에 영향을 주는 요인을 일련의 규칙
으로 정리하는 것도 중요하지만, 현재의 날씨를 파악하는 것도 그
못지않게 중요하다. 그래서 전문가들은 시뮬레이션의 기원으로 컴퓨
터 대신 다른 전기적 발명품을 꼽는다. 먼 거리에 정보를 전송하는
전신電信, telegraph이 바로 그것이다.

시작

이 이야기는 미국 워싱턴의 붉은 사암으로 쌓아 올린 석조 건물, 스
미스소니언 협회에서 시작된다. 화려한 고딕 양식으로 치장된 이 건

물은 과거 한때 성城으로 불리기에 부족함이 없었지만, 1850년대 후반에는 도시 외곽의 늪지대에 흉물스럽게 서 있는 구닥다리 건물에 불과했다. 원래 이 건물은 제임스 스미스슨James Smithson이라는 영국인이 "지식을 널리 전파하기 위해" 미국에 기증한 자금으로 건설되었는데, 정작 미국인들은 별로 달가워하지 않았다. 별 볼 일 없는 영국의 부자가 미국인 전체를 무식한 백성으로 취급한다고 생각했기 때문이다. 당시 〈뉴욕타임스〉는 "지식을 추구하는 단체가 화려한 성에 입주한 것은 최악의 결정"이라며 당국의 처사를 맹렬하게 비난했고,[5] 대부분의 시민들도 스미스소니언 건물을 곱지 않은 시선으로 바라보았다.

협회 관계자들은 대중과 여론의 따가운 시선에도 불구하고 계약에 따라 문제의 '성'에 입주했다. 건물 내부는 다양한 서적과 화석, 그림, 조각품 등으로 가득 차 있었는데, 그중에서도 가장 눈에 띄는 것은 미국 동부 지역의 날씨가 표기된 커다란 지도였다.[6] 이곳의 기술자들은 매일 아침 10시가 되면 전국의 기상관측소에서 보내온 전신을 종합하여 날씨를 예측했는데, 예를 들면 비가 오는 곳은 검은색, 눈이 오는 곳은 녹색, 흐린 곳은 갈색, 맑은 곳은 흰색 카드를 붙여놓는 식이었다. 협회 소장이었던 조지프 헨리Joseph Henry는 신시내티의 동쪽에서 날씨를 추적하여 날씨를 예측했던 과거의 경험을 살려 워싱턴에 불어닥칠 태풍을 예보했고, 방문객들은 그의 일기예보 시스템에 깊은 감명을 받았다.[7]

그 무렵, 대서양 너머의 유럽 해군도 일기예보의 전략적 가치를 서서히 깨닫기 시작했다. 크림전쟁이 절정에 달했던 1854년, 흑해

연안에 초특급 태풍이 불어닥쳐 영국과 프랑스의 선박 37척이 가라앉고 진지의 대부분이 날아가는 대형참사가 발생했다. 당시 현장에 있었던 한 병사의 기록에 의하면 "빵과 쇠고기, 돼지고기 등 귀한 보급품이 진흙탕에 뒹굴다가 흙먼지 속으로 사라졌다."[8] 만일 이때 태풍이 온다는 것을 미리 알았다면 전술적으로 압도적 우위를 점할 수 있었을 것이다.

전쟁이 끝난 후, 일기예보의 중요성에 눈을 뜬 영국, 프랑스, 네덜란드는[9] 스미스소니언 협회의 방식을 그대로 채택하여 대륙 곳곳에서 보내온 현재 날씨를 하나의 지도에 표기했다. 물리학에서는 이와 같은 정보를 '초기조건initial conditions'이라 한다. 주어진 계에서 앞으로 일어날 일을 예측하려면 계의 상태를 좌우하는 법칙(또는 운동방정식)뿐만 아니라 "계의 현재 상태"도 알고 있어야 하는데, 후자가 바로 초기조건에 해당한다. 영국 해군 사령관이자 지리학자였던 로버트 피츠로이Robert FitzRoy는 조수 몇 명과 함께 런던의 한 허름한 연구실에서 항해일지와 날씨지도를 산더미처럼 쌓아놓고 매일같이 사투를 벌였다. 과거 전투 경험을 통해 "정확한 일기예보는 수많은 생명을 구한다"는 사실을 누구보다 잘 알고 있었던 그는 각지에서 도착한 날씨 정보를 면밀히 분석하여 내일의 날씨를 산출했고, 그 결과를 해안기상관측소와 일간지에 통보했다.

최초의 일기예보는 1861년 런던 〈더 타임스〉에 게재되었으나, 처음 몇 달 동안은 맞는 날이 거의 없어서 불평과 조롱의 대상으로 전락했다. 신문사로 배달된 항의 편지 중에는 이런 것도 있었다. "귀사의 신문에 실린 바람의 속도와 방향은 평범한 광부의 예측만도 못

합니다. 그런 엉터리 예보를 언제까지 계속할 겁니까?"[10] 피츠로이의 부정확한 예보에 당황한 편집자는 신문 한 귀퉁이에 다음과 같은 해명 기사를 실었다. "기상예보팀은 정부 기관 소속입니다. 우리는 정부를 신뢰하기에 그들의 의견에 따라 좋은 날씨를 예견한 것뿐이며, 안개와 홍수는 하늘의 뜻으로 일어나는 현상입니다."[11]

일기예보는 지금도 종종 틀릴 때가 있다. 독자들도 날씨가 맑을 거라는 일기예보를 듣고 우산 없이 집을 나섰다가 비에 흠뻑 젖은 채 귀가했던 경험이 한두 번은 있을 것이다. 그러나 초창기의 일기예보는 거의 재앙 수준이었다. 1869년에 미국의 기상학자 클리블랜드 애비Cleveland Abbe는 유럽 일기예보의 정확도가 30퍼센트를 넘지 않는다고 지적하면서 "그래도 이런 시도가 있었기에 스미스소니언의 일기예보 서비스가 미국 전역에 퍼질 수 있었다"고 평가했다.[12]

애비는 피츠로이가 제공했던 일기예보의 문제점으로 "초기조건에 대한 정보 부족"을 꼽았다. 영국은 기상관측소에 감지되지 않은 태풍이 불시에 불어닥친 반면, 미국 내륙 지역은 전국 규모의 기상 네트워크로부터 정보를 입수하여 다가올 재난에 대비할 수 있었다. 애비는 그의 저서에 자신에 찬 어조로 "우리는 하루나 이틀, 또는 나흘 후의 날씨를 매우 정확하게 예측할 수 있다"고 적어놓았다.

자연의 법칙

초기조건은 일기예보에 반드시 필요한 요소이지만, 이것만으로는 충분치 않다. 애비는 이 사실을 누구보다 잘 알고 있었기에, 더 많은 지식과 정보를 얻기 위해 끊임없이 노력했다. 그는 원래 천문학자였으나 가까운 지인들 사이에서 만물박사로 통할 정도로 박학다식했다. 전하는 말에 의하면 애비는 매일 아침 일찍 일어나 브리태니커 백과사전을 읽는 것으로 하루 일과를 시작했다고 하는데,[13] 20권이 넘는 전집을 다 읽었는지는 확실치 않다. 그는 철학, 문학, 예술 분야에 전문가 못지않은 식견이 있었지만, 언제부턴가 기상학에 유별난 관심을 보이더니 결국 그것을 평생 직업으로 삼았다.

클리블랜드 애비는 1901년까지 사방을 돌아다니면서 일기예보에 필요한 정보를 닥치는 대로 수집한 후,[14] 정확한 예보를 위해 무엇을 어떻게 개선해야 할지 곰곰 생각하다가 중요한 사실을 깨달았다. 과거에 자신이 했던 일기예보는 관찰과 경험에 기초한 단순 예측일 뿐, 물리법칙에서 유도된 결과가 아니었다는 것이다. 이렇게 주먹구구식으로 만들어진 일기예보가 천문학자들이 예측한 천문현상보다 정확도가 떨어지는 것은 너무도 당연한 일이었다.

그리하여 애비는 폭풍의 경로에 대하여 옛날부터 전해온 (유용하지만 부정확한) 민간 지식을 과감하게 버리고, 날씨와 관련된 몇 개의 물리학 원리를 파고들기 시작했다. 디지털컴퓨터가 등장하기 50년 전에 시뮬레이션을 시도한 것이다. 당시 애비의 머릿속에는 유체역학의 방정식 세 개가 끊임없이 맴돌고 있었다(이 방정식을 유도한 19세기 물리학자 클로드 나비에Claude Navier와 조지 스토크스George Stokes의 이름을 따서 '나비에-스토크스 방정식'이라 한다). 물리학자들 사이에서는 익히 알려진 방정식이었지만, 일기예보에 체계적으로 응용한 사람은 애비가 처음이었다.

대부분의 독자들은 '유체流體, fluid'라는 단어를 접했을 때 기름이나 휘발유 또는 물과 같은 액체를 떠올릴 것이다. 물론 이들도 분명히 유체이지만, 물리학자는 공기, 빙하, 태양의 플라스마, 은하의 가스구름 등 거의 모든 것을 유체로 간주한다. 즉, 세 개의 나비에-스토크스 방정식은 외관상 닮은 구석이 거의 없어 보이는 물체의 거동을 일괄적으로 서술하고 있다. 물리학자들은 이 방정식을 통틀어 '유체역학 법칙laws of fluid dynamics'이라 부르기도 한다. 유체로 이루어진 물리계에 세 개의 방정식을 적용하면 매우 보편적이고 정확한 결과를 얻을 수 있다. 그래서 나비에-스토크스 방정식은 물질의 최소 단위인 입자(원자와 분자)를 고려하지 않았는데도 법칙이라는 지위를 얻을 수 있었다. 유체역학의 첫 번째 법칙(방정식)은 "유체는 도중에 생성되거나 사라지지 않는다"는 하나의 문장으로 요약된다. 날씨를 좌우하는 공기도 엄연한 유체로서, 눈에 보이지 않지만 1세제곱미터당 무려 25조×1조 개(2.5×10^{25}개)의 입자가 들어 있다. 지금 우리 주변을 에워싸고 있는 공기 분자 중 대부분은 앞으로도 영원히 대기를 떠나지 않을 것이다.◆

'물질의 양 보존법칙'에는 중요한 의미가 담겨 있다. 날씨란 대기의 구성성분 중 일부가 한 장소에서 다른 장소로 이동하면서 나타

◆　실제로 대기 중 일부는 우주 공간으로 날아가거나, 식물에 흡수되거나, 땅속에 퇴적되어 다른 화학물질로 변할 수 있다. 즉, 유체역학의 제1법칙은 절대적 법칙이 아니다. 그러나 손실되는 양이 극히 적기 때문에 "유체의 양은 보존된다"고 간주해도 매우 정확한 결과를 얻을 수 있다.

나는 현상이다. 일기예보 초창기에는 이 단순한 사실로부터 폭풍의 진로를 추적했는데, 의외로 적중률이 꽤 높았다. 방대한 우주의 날씨도 마찬가지다. 우주 공간에 수십억 년 동안 일정한 방향으로 바람이 불면 엄청난 양의 물질이 한곳에 누적되어 은하가 탄생하고, 바람이 여러 갈래로 갈라지는 곳은 텅 빈 공간(진공, void)으로 남는다. 진공에 대한 이야기는 잠시 뒤로 미뤄두고, 지금은 우주에 "완전한 무無의 공간이 존재한다"는 사실만 짚고 넘어가자. 물질의 총량이 보존되는 우주에 수천억 개의 은하가 널려 있고 그중 일부에 생명체가 번성한다는 것은 어딘가에 텅 빈 공간이 존재한다는 뜻이다. 만일 우주의 질량이 특정 지역에 밀집되지 않고 골고루 퍼졌다면 생명체는 말할 것도 없고, 은하와 별도 존재하지 않았을 것이다.

좋은 아이디어가 항상 그렇듯이, 보존법칙은 단순하면서도 막강한 위력을 발휘한다. 물론 이것이 날씨 시뮬레이션의 전부는 아니다. 나비에-스토크스의 두 번째 방정식은 물질의 서로 다른 부분끼리 상호작용을 교환하는 방식, 즉 힘force과 관련되어 있다. 기상예보관들이 자주 언급하는 '압력pressure'이란 미시세계에서 입자들이 서로 밀어내는 힘을 거시적인 양으로 환산한 값이다. 날씨가 펼쳐지는 거시적 규모에서 고기압high pressure은 물질을 바깥쪽으로 밀어내고, 저기압low pressure은 물질을 빨아들이는 특성이 있다. 그 외에 날씨 시뮬레이션의 정확도를 높이려면 중력과 원심력, 전향력轉向力, Coriolis force 등 다양한 힘을 추가로 고려해야 한다. 말로 하면 간단한 것 같지만, 이 모든 힘이 복합적으로 낳은 결과를 산출하기란 보통 어려운 일이 아니다.

유체에 힘이 얼마나 희한한 방식으로 작용하는지 보여주는 간단한 실험이 있다. 일단 종이 한 장을 테이블 위에 놓고 그 앞에 앉는다. 사각형 종이라면 모서리가 네 개 있을 텐데, 그중 가장 가까운 모서리의 양 끝을 두 손으로 잡고 수직 방향으로 들어 올린다. 두꺼운 종이라면 들어 올린 후에도 테이블과 평행한 상태를 유지하겠지만, A4용지 같은 일반적인 종이는 나와 먼 쪽 모서리가 아래로 처지기 마련이다. 이제 가까운 모서리가 입술 바로 아래에 놓이도록 가져온 후 정면을 향해 힘차게 불면, 놀랍게도 아래로 처졌던 종이가 위로 올라오면서 평평한 상태로 되돌아온다. 언뜻 생각하면 종이의 아래쪽을 불어야 평평하게 펴질 것 같은데, 위쪽을 불어도 똑바로 펴진다. 왜 그럴까?

종잇조각이나 지구 표면, 또는 비행기 날개와 같은 곡면을 따라 공기가 흐를 때에는 의외의 방향으로 미는 힘이 발생한다. 즉, 바람은 우리의 상식과 달리 엉뚱한 방향으로 흐를 수 있다. 다들 알다시피 지구는 하루에 한 바퀴씩 자전운동을 하고 있다. 그래서 지구의 대기는 고기압에서 저기압을 향해 직진하지 않고 완만한 원호를 그리면서 나아간다. TV에 등장한 위성사진에서 바람이 저기압을 중심으로 나선을 그리며 도는 것은 바로 이런 이유 때문이다. | 이 힘이 바로 위에서 말한 전향력이다. 만일 지구가 자전하지 않는다면 대기는 저기압을 향해 똑바로 나아갈 것이고, 태풍이나 허리케인은 생성되자마자 곧바로 소멸될 것이다.

허리케인은 매년 미국과 멕시코 등지에 심각한 피해를 낳고 있지만, 다른 행성에 부는 바람과 비교하면 산들바람 수준밖에 안 된

다. 예를 들어 목성의 대적점大赤點, great red spot에서는 지난 200여 년 동안 시속 400킬로미터가 넘는 거대한 회오리바람이 지구보다 큰 원을 그리면서 줄기차게 불어대고 있다. 여기서 규모를 좀 더 확장하여 태양계 전체를 생각해보자. 수성에서 해왕성에 이르는 여덟 개의 행성들은 수십억 년 동안 잠시도 쉬지 않고 태양 주변을 공전해왔다. 저기압이 주변 공기를 끌어당기듯이 태양의 중력은 모든 행성을 태양 쪽으로 끌어당기고 있지만, 정작 행성은 태양으로 끌려가지 않고 안정적인 원궤도를 유지한다. 태양계의 행성은 자신이 느끼는 원심력과 태양의 중력이 정확하게 상쇄되는 거리에서 적절한 속도로 돌고 있기 때문이다. | 거리와 속도가 적절하지 않은 행성들은 이미 오래전에 태양 속으로 빨려 들어가거나 태양계 바깥으로 날아갔다. 이와 같이 외부로부터 힘을 받는 물체는 (일반적으로) 곡선 궤적을 그린다. 그러므로 날씨와 우주처럼 복잡한 계의 거동을 시뮬레이션할 때에는 물체에 작용하는 힘을 세심하게 고려해야 한다.

행성이건 야구공이건, 자고로 물체가 움직이려면 에너지가 필요하다. 물론 유체도 예외가 아닌데, 이것이 바로 유체의 거동을 지배하는 세 번째 법칙이다. 태양은 모든 행성에 에너지를 공급하고 있다. 태양이 없으면 목성의 대적점도, 지구의 태풍이나 허리케인도 생성될 수 없다. 또한 태양은 모든 종류의 생명 활동에도 반드시 필요한 존재다. 만일 태양이 갑자기 사라진다면 지구는 빠르게 냉각되어 모든 생명체가 1~2주 안에 멸종하고, 이런 상태로 몇 년이 흐르면 온도가 −240도까지 떨어질 것이다.[15]

에너지는 생명체에 필수적이지만 가끔은 방해가 될 때도 있다.

우주 전체를 놓고 봐도 마찬가지다. 별에서 방출된 빛은 우주의 가장 먼 구석까지 도달하여 그곳에 있는 기체를 가열하고, 초신성이 폭발할 때 방출된 에너지는 수십조 킬로미터 안에 있는 주변 천체를 초토화시킨다. 무엇이건 닥치는 대로 빨아들이는 블랙홀도 생명체에는 치명적 존재다. 그러므로 클리블랜드 애비가 고려했던 세 가지 방정식(물질의 보존, 힘, 창조적이면서 파괴적인 에너지)은 지구뿐만 아니라 우주 전역에 걸쳐 만물의 운명을 좌우하고 있다.

방정식 풀기

나비에-스토크스 방정식의 중요성을 깨닫는 것과 그것을 실제로 응용하는 것은 완전히 다른 이야기다. 방정식에는 보존법칙과 힘, 그리고 에너지의 작동 원리가 간결한 수학기호로 요약되어 있어서 푸는 데 별문제가 없어 보인다. 심지어 수리적 미학에 예민한 사람에게는 아름답게 보이기까지 한다. 나는 대학교 학부생 시절에 이 방정식을 받아적었던 노트를 지금도 간직하고 있다. 방정식 자체만 놓고 보면 정말로 간결하고 아름답다. 그러나 방정식을 풀겠다고 덤비는 순간부터 그 실체와 마주하기 시작한다.

대부분의 방정식에서 우리가 구해야 할 미지수는 흔히 x라고 적혀 있다. 미지수가 한 개인 1차 방정식은 초등학생 때 배우고, 2차 이상의 방정식은 중고등학교에서 배운다. 교과과정이 복잡해지면 미지수가 두 개(또는 그 이상)인 연립방정식도 배우는데, 이런 경우 미지

수는 x와 y로 표기된다. 그러나 나비에-스토크스 방정식은 대수방정식이 아닌 미분방정식이며, 우리가 구해야 할 미지수(정확하게 말하면 미지함수)는 한두 개가 아니라 무한개다.

그 이유를 이해하기 위해 바닷가로 밀려오는 파도를 상상해보자. 파도의 거동은 나비에-스토크스 방정식으로 서술되며, 그 안에는 파도의 속도를 나타내는 기호도 들어 있다. 그런데 문제는 속도가 하나의 값으로 결정되지 않는다는 것이다. 왜 그럴까? 이유는 자명하다. 물은 출렁이는 액체여서, 단단한 고체 덩어리처럼 균일하게 움직이지 않기 때문이다. 개개의 물방울은 각기 다른 방식으로 부풀고, 터지고, 흩어진다. 우리는 미분방정식을 "푼다"고 말하지만, 일상적인 미분방정식과는 거리가 멀다. 개개의 기호가 가질 수 있는 값이 하나가 아니기 때문이다.

나비에-스토크스 방정식의 해解는 특정한 환경(바다에 치는 파도나 들판에 부는 바람 등)이 주어졌을 때 다음에 나타날 대기의 움직임을 예측한다. 대부분의 경우, 방정식의 전체 해는 복잡다단한 운동의 부위마다 숫자가 대응되는 식으로 얻어지는데, 개수가 너무 많아서 완벽한 해를 구하기란 현실적으로 불가능하다.[16]

이쯤 되면 독자들도 의구심이 들 것이다. "그렇다면 방정식으로 날씨를 예측하는 게 아예 불가능하지 않은가?" 다행히 그렇지는 않다. 주어진 시나리오를 단순화시켜서 세부 사항을 대거 삭제하면 방정식의 해를 구할 수 있다. 천문기상학과 학부생들의 가장 큰 과제는 나비에-스토크스 방정식의 다양한 사례들(잔잔한 바다에서 일어나는 파도, 이상적인 별과 원반형 은하, 외계행성의 대기 등)을 일일이 푸는 것이다. 나 역시 예외가 아니어서, 그 원수 같은 방정식과 씨름을 벌이며 학부 4년을 다 보냈다. 당시 강의를 맡았던 강사는 수강생을 2인 1조로 묶어서 과제를 평가했는데, 다행히도 내 파트너는 자타가 공인하는 천재였다. 그러던 어느 날, 강사는 연구실에 우리 팀을 불러 앉혀놓고 파트너에게 말했다. "잘했어, 아주 훌륭해." 그러고는 내가 제출한 보고서를 대충 훑어본 후, 이전과 똑같은 억양으로 상냥하게 말했다. "근데…… 너는 왜 이 모양이니?"

내가 이런 말을 들은 것은 나비에-스토크스 방정식을 이해하지 못해서가 아니었다. 방정식 자체는 완벽하게 논리적이며, 의미도 더할 나위 없이 명쾌하다. 부서지는 파도를 예로 들어보자.

1. 보존 법칙: "바닷물의 양은 보존된다"는 법칙으로부터 파도가 생성되는 이유를 알 수 있다. 한 지점의 수위가 낮아졌는데 총량이 보존되려면 근처의 수위는 높아져야 한다.
2. 힘: 바람이 쓸고 지나가면 그 부위의 수면이 높아지고, 중력은 그 반대 방향으로 작용하면서 파도의 모양과 크기를 결정한다.
3. 에너지: 깊은 바닷속에서 얕은 곳으로 에너지가 이동하고, 그 영향으로 파도는 (수심이 얕은) 해안 쪽으로 이동한다.

원리적 단계에서는 어려울 것이 없다. 문제는 주어진 시나리오를 "유체流體의 두드러진 특성만 남기고 다른 효과를 잠재우는 쪽으로" 단순화(또는 이상화)시키는 것이다. 바다 위로 부는 바람은 어떤 과정을 거쳐 물결을 일으키는가? 바람과 중력은 어떤 식으로 결합해서 규칙적인 물결을 일으키는가? 수심이 깊은 곳과 낮은 곳에서 에너지가 다르게 전달되는 이유는 무엇인가? 이런 식으로 질문을 단순화하면 유체의 전체적인 운동이 몇 개의 숫자로 요약되어 한두 시간 안에 답을 구할 수 있다.

그러나 대학 시절 나는 인내심이 부족했고, 내 방식을 계속 밀어붙였을 때 답에 도달한다는 확신도 없었다. 게다가 이런 식으로 얻은 답은 자연의 거동을 두루뭉술하게 보여줄 뿐, 세세한 사항은 여전히 미지로 남는다. 복잡한 자연을 극도로 단순화시켰으니 개괄적인 답밖에 구할 수 없는 것이다. 그나마 요즘은 컴퓨터 덕분에 어느 정도 현실적인 결과를 얻을 수 있게 되었지만, 컴퓨터가 없던 시절에는 유체역학의 추상적인 법칙에서 실용적인 결과를 얻어내기가 하늘의 별 따기만큼 어려웠다.

그렇다, 대학 시절에 나는 더 열심히 노력했어야 했다. 그때 내게 주어진 방정식은 학생들을 괴롭히기 위해 만든 고문용 연습문제가 아니라, 자연을 이해하기 위해 반드시 거쳐야 할 관문이었다. 지금도 전문 과학자들은 복잡한 문제를 이런 식으로 단순하게 축약하여 "정확하진 않지만 진실을 개괄적으로 서술하는 답"을 찾고 있다.

이런 점에서 볼 때, 추상적인 지식에 만족하지 않고 유체 방정식에서 출발하여 일기예보를 시도했던 애비는 진정한 선구자였다. 그는 문제를 단순화하면 정확한 답을 얻을 수 없다는 사실을 잘 알면서도 "과학에 기초한 일기예보는 반드시 구현되어야 한다"며 불도저처럼 밀어붙였다. 아무도 말릴 수 없었던 그의 낙천적 기질은 앞으로 나아가는 원동력이었으나, 가끔은 이것 때문에 곤경에 빠지기도 했다. 그가 1916년 10월에 세상을 떠났을 때, 한 기자는 그의 사망 기사를 쓰면서 "애비는 '시간이 없다'거나 '기회가 부족했다'는 핑계를 댄 적이 한 번도 없다"고 회상했다. 그가 생전에 추진했던 대부분의 프로젝트는 성공 확률이 거의 0에 가까웠지만, 원래 그는 가능성을 타진하고 덤비는 체질이 아니었다.[17]

애비의 노력은 공염불로 끝나지 않았다. 전 세계의 기상학자들이 그의 무모한 시도를 반신반의하며 따라 했다가 의외의 소득을 올리면서 긍정적 반응을 보이기 시작한 것이다. 애비의 1901년 논문이 발표되고 20년이 지난 후, "나비에-스토크스 방정식을 이용한 일기예보"에 최초로 도전장을 내민 사람은 스코틀랜드의 물리학자 루이스 프라이 리처드슨Lewis Fry Richardson과 그의 아내 도러시Dorothy였다.

컴퓨터 없는 시뮬레이션

오늘날 시뮬레이션은 학부생 수준의 단순화 과정을 거치지 않고 나비에-스토크스 방정식을 곧이곧대로 푼다는 원대한 꿈을 꾸고 있다. 컴퓨터를 동원해도 엄청나게 어려운데, 리처드슨 부부는 종이와 연필만으로 이 일을 하겠다고 나선 것이다. 남편 리처드슨은 제1차 세계대전에 참전하여 프랑스 전선에서 부상병을 야전병원으로 이송하는 일을 했는데, 총알과 포탄이 난무하는 와중에도 틈틈이 책을 읽으면서 필요한 계산을 거의 마무리했다.

독실한 퀘이커Quaker | 개신교의 경건주의에서 파생된 기독교의 한 종파 교도였던 리처드슨은 전쟁을 반대하는 평화주의자였지만, 제1차 세계대전이 발발하자 자신이 몸담았던 영국 기상청에 사표를 던지고 친구들의 구급대Friends' Ambulance Unit | 제1차 세계대전 중 퀘이커 교도들이 결성한 민간 구급차 봉사단에 자원하여 최전선으로 파견되었다. 아마도 그는 가끔씩 찾아오는 휴일마다 지루한 계산에 몰두하면서 고향집과의 연결고리를 느끼고 싶었을 것이다. 한편, 그의 아내 도러시는 스미스소니언 스타일의 기상연락망 네트워크에서 바람과 압력의 초기조건을 산출하는 데 중요한 역할을 했다.[18]

처음에는 주어진 데이터로부터 날씨를 예측하는 데 몇 년이 걸렸기에 실용적인 예측이 전혀 아니었다. 리처드슨의 목적은 애비가 개발한(그리고 훗날 빌헬름 비에르크네스Vilhelm Bjerknes가 정교하게 다듬은) 날씨 예측법의 가능성을 원리적 단계에서 검증하는 것이었다.[19] 리처드슨 부부는 1910년 3월 20일 오전 7시의 날씨 보고서에 기초하여 같은 날 오후 1시의 날씨를 계산했는데, 이 작업은 몇 년이 지난 후에야 간신히 마무리되었다(이들 부부는 제1차 세계대전이 발발하자마자 멀리 떨어져 살게 되었다). 리처드슨은 자신의 저서에 다음과 같이 적어놓았다. "미래에는 날씨가 변하는 속도보다 계산 속도가 더 빨라질 수도 있겠지만, 지금 당장은 꿈같은 이야기다."

리처드슨의 일기예보는 피츠로이 시대보다 많이 개선되었으나, 여전히 모호한 구석이 있었다. 1910년 5월 20일 〈더 타임스〉에 실린 영국 전역의 일기예보는 다음과 같다. "동쪽에서 가벼운 바람이 불고 일부 지역에 비가 오겠다. 곳에 따라 간헐적으로 천둥이 칠 수도 있겠으며, 공기는 습하고 기온은 평년보다 조금 높겠다." 리처드슨 부부는 4만 제곱킬로미터 안에서 바람, 기압, 습도의 평균값을 예측하는 것을 목표로 삼고, 그 이상 욕심을 부리지 않았다.

나비에-스토크스 방정식으로 얻은 일기예보가 경험으로 짐작한 기상통보관의 예보와 비슷한 수준이라면, 이 방법은 분명히 연구할 가치가 있다. 리처드슨 부부가 택한 접근법은 대학교에서 가르치는 "방정식의 단순화"와 완전히 정반대다. 두 사람은 추상적 대수학에 숨어 있는 복잡성을 일일이 파헤쳐서 엄청나게 긴 회계장부를 방불케 하는 숫자 배열로 변환했는데, 단계마다 기본적인 계산 지침(덧셈이나 곱셈 같은 간단한 연산을 수행하는 법)과 한 단계에서 얻은 값을 다음 단계로 넘기는 방법을 명시해놓았다(뒤로 갈수록 계산량이 더욱 많아진다).

이 모든 작업이 끝나면 오전 7시의 날씨에서 출발하여 같은 날 오전 10시의 날씨가 얻어진다. 그 후 리처드슨은 10시의 날씨를 초기조건으로 삼아서 오후 1시의 날씨를 계산했다. 세 시간 간격으로 두 단계에 걸쳐 시뮬레이션을 실행한 것이다.

요즘 일기예보는 몇 시간이 아니라 몇 초 간격으로 진행되고 적중률도 훨씬 높다. 게다가 컴퓨터의 환상적인 계산 능력 덕분에 예측 가능한 미래도 몇 주까지 길어졌다. 그러나 "초기조건에서 출발하여 다음 단계를 예측한다"는 원리는 예나 지금이나 똑같이 적용된다. 우주 전체를 시뮬레이션할 때도 마찬가지다. 초기조건을 숫자로 변환한 후 주어진 규칙에 따라 유체역학의 세 방정식을 풀면 특정 시간(미래)의 날씨가 얻어지고, 다시 이것을 초기조건으로 삼아 동일한 과정을 반복하면 더 먼 미래의 날씨가 얻어지는 식이다.

컴퓨터는 연산 속도가 빠르면서 쉬지 않고 일한다는 막강한 장점을 갖고 있다. 스마트폰 안에 내장된 프로세서는 초당 수십억 회의 연산을 수행한다. 그러나 리처드슨은 전선戰線으로부터 몇 킬로미터 떨어진 막사에서 건초더미를 책상 삼아 모든 계산을 손으로 하는 수밖에 없었다.[20] 전쟁의 와중에 더 이상의 정보를 입수할 수 없었던 그는 주어진 자료만으로 꾸준히 계산을 수행해나갔고, 마침내 역사상 최초로 물리학에 기초한 일기예보를 완성했다. 그가 부상병 이송에 관여하지 않고 이 문제에만 매달렸다 해도 몇 주일은 족히 걸렸을 것이다.[21]

그러나 최초의 날씨 시뮬레이션은 완전한 실패로 판명되었다. 그의 계산에 의하면 대기압이 여섯 시간 사이에 963밀리바(mb, 압력의 단위. 1기압=1013.25밀리바)에서 1108밀리바로 상승해야 하는데, 이 값이 지상에서 관측된 역대 최대기압(1084밀리바)보다 높았던 것이다![22]

당시에 리처드슨이 어떤 심정이었을지는 알 수 없지만, 계산이 틀렸을 때 밀려오는 허탈감은 나도 익히 알고 있다(유체역학 강사가 간간이 내쉬던 한숨 소리가 지금도 귓가에 생생하다). 나중에 리처드슨은 자신의 저서에 이 계산을 언급하면서 "바람의 초기조건에 약간의 오차가 발생하여 계산 전체를 망쳐버렸다"고 적어놓았다. 궁색한 변명 같지만, 현대식 분석법에 의하면 어느 정도 일리 있는 지적이다. 그가 입수한 오전 7시의 날씨(초기조건)가 좀 더 정확했다면, 점심시간의 날씨를 좀 더 비슷하게 맞출 수 있었을 것이다.[23]

훗날 리처드슨이 집필한 기술 교과서에 "계산인력 수만 명을 동원하면 수치해석적 방법으로 실시간 일기예보를 구현할 수 있다"는 문구가 등장하는 것을 보면,[24] 실패를 겪었음에도 불구하고 자신의 접근법에 대단한 자부심을 갖고 있었던 것 같다. 그는 거대한 원형극장의 객석에 계산원들을 가득 앉혀놓고 중앙에 있는 높은 강단에서 관리자가 모든 계산을 진두지휘하는 초대형 기상예보시스템을 제안하면서 다음과 같이 덧붙였다. "원형극장 바깥에는 넓은 들판과 아늑한 집, 그리고 산과 호수가 펼쳐져 있어야 한다. 날씨를 계산하는 사람들은 좋은 환경에서 자유롭게 숨을 쉬어야 하기 때문이다."

사실 이런 것은 일기예보와 무관하다. 그러나 리처드슨이 상상했던 "이상적인 예보시스템"은 그가 죽기 전에 실현되었다. 다만, 원형극장을 가득 메운 계산원들이 금속 상자 안에서 정신없이 돌아다니는 전자electron로 바뀌었을 뿐이다.

컴퓨터와 코드

지금까지 말한 내용을 정리해보자. 시뮬레이션의 두 가지 핵심 요소는 초기조건과 규칙(물리법칙)이다. 리처드슨 부부는 대기의 흐름을 서술하는 나비에-스토크스 방정식에서 출발하여 미래의 날씨를 예측하는 일련의 계산법을 개발했다. 이 방정식에는 힘과 에너지 같은 보편적 개념이 담겨 있기 때문에, 우주를 가로질러 이동하는 유체의 거시적 흐름도 서술할 수 있다.

그러나 여기에는 심각한 문제가 있다. 이들의 논리가 아무리 정연하다 해도, 계산이 완료되는 시점이 예보 시점(일기예보의 목적이 되는 시점)보다 늦으면 아무런 쓸모가 없다. 즉, 엄청난 속도로 계산을 수행하는 획기적 기술이 개발되지 않는 한, 방정식에 기초한 일기예보는 영원한 '뒷북'이 될 수밖에 없다. 리처드슨이 제안했던 것처럼 수만 명의 계산전문가를 고용하는 것도 한 가지 방법이겠으나, 인건비가 많이 들고 사람은 실수를 범하기 쉬운 데다, 똑같은 작업을 반복적으로 실행하다 보면 금방 지루함을 느끼기 마련이다. 다행히도 지금은 인건비보다 저렴하고 계산이 정확하면서 불평도 하지 않는 컴퓨터가 시뮬레이션을 전담하고 있다.

최초의 컴퓨터는 언제 탄생했을까? 자동식 및 수동식 계산 장치를 모두 컴퓨터로 간주한다면, 19세기 영국의 수학자 찰스 배비지 Charles Babbage가 개발한 분석엔진Analytical Engine ㅣ '차분기관'이라고도 함이 최초일 것이다. 이 장치의 가장 큰 특징은 수행해야 할 계산이 "특정한 규칙에 따라 구멍을 뚫은 여러 장의 카드"를 통해 코드화되었다는 점이다. 구멍의 패턴을 바꾸면 계산 내용과 실행 순서가 바뀌는 식이어서 어떤 형태의 계산에도 적용할 수 있다. 이전에 발명된 계산 장치들은 특정한 목적에만 사용할 수 있었기에, 배비지의 분석엔진은 역사상 최초의 범용계산기로 인정받고 있다.

분석엔진 이전에 나온 계산기들은 복잡하면서도 융통성이 거의 없었다. 19세기 초에 한 측량사가 땅의 면적을 계산하는 장치를 만들었는데, 지도 위에서 특정 지역의 경계선을 그리면 기계의 다이얼이 면적을 나타내는 식이어서 다른 용도로는 쓸 수가 없었다.[25]

17세기 초에는 프랑스의 철학자이자 수학자인 블레즈 파스칼Blaise Pascal이 사용자가 지정한 두 자리 숫자를 더하거나 빼는 간단한 계산기를 개발했고,[26] 고대 그리스인들도 톱니바퀴 몇 개를 이용하여 일식을 예측하는 장치를 만들었다.[27] 이런 기계들은 (독창성은 뛰어나지만) 오직 한 가지 용도로만 사용되는 단일목적 계산기인 반면, 배비지의 분석엔진은 "카드의 구멍을 다르게 뚫으면 기계의 부품을 바꾸지 않고서도 용도를 바꿀 수 있는" 다목적 계산기였다. 그렇다면 리처드슨의 야심찬 일기예보 프로젝트가 배비지의 계산기로 구현되었을까? 아쉽게도 그런 일은 없었다. 배비지의 분석엔진은 설계도만 완성되었을 뿐, 실제로 만들어지지 않았기 때문이다.

안타깝게도 배비지는 실용성을 중시하는 사람이 아니었다. 그는 창고에서 직접 기계를 만드는 엔지니어들과 수시로 언쟁을 벌이고 제작 도중에 설계도를 여러 차례 수정하는 등 온갖 마찰을 겪다가 결국 케임브리지대학교 교수직을 사퇴하는 지경까지 이르렀다. 요즘 말로 표현하면 그야말로 "진상 학자"였던 것이다. 배비지는 고위 공무원을 설득하여 정부지원금을 유치하는 데 성공했으나, 시제품 출시일이 자꾸 미뤄지자 총리실에 호출되어 "막대한 지원금을 받고도 결과물을 내놓지 못하는 이유"를 설명해야 했다.[28] 총리의 닦달에 불쾌감을 느낀 그는 실패의 원인을 정부에게 돌렸고,[29] 결국 돈줄이 끊긴 그는 죽는 날까지 시제품을 완성하지 못했다.

배비지의 가까운 친구이자 연구 동료였던 에이다 러브레이스 Ada Lovelace | 영국의 시인 조지 고든 바이런George Gordon Byron의 딸로, 세계 최초의 컴퓨터 프로그래머로 알려져 있다는 분석엔진 프로젝트가 좌초되었을 때 모친에게

다음과 같은 편지를 보냈다. "배비지 교수는 이기적이고 과격하면서 비위를 맞추기도 어려운 사람이었어요. 이런 글을 쓰는 제 심정도 정말 착잡하네요."[30] 사실 그녀는 배비지와 함께 일할 때 두툼한 연구 노트를 작성했고, 기계가 계산을 수행하는 데 필요한 여러 지시사항의 사례를 고안하는 등 핵심적 역할을 했다. 특히 그녀는 동일한 연산 과정을 여러 번 반복하면서 점차 해답에 가까워지는 '루프loop' 개념을 최초로 도입했는데, 이것은 리처드슨 부부가 설계했던 일기예보 시스템과 매우 비슷한 아이디어였다.[31] 러브레이스는 배비지의 발명품이 과학뿐만 아니라 음악 분야에서도 정교한 곡을 만들어낼 수 있을 정도로 적용 범위가 넓다고 주장했다.[32]

내가 보기에 러브레이스는 시뮬레이션의 미래를 정확하게 꿰뚫어 보고 있었던 것 같다. 그녀는 1843년에 출간한 저서 《찰스 배비지와 그의 계산 장치Charles Babbage and His Calculating Engine》에서 과학원리를 실용적 언어(프로그램)로 변환하는 방법에 대해 자세히 서술했다.[33] 또한 그녀는 계산 기계(컴퓨터)가 독서나 대화처럼 일상생활 속에 자연스럽게 스며든 미래를 상상하면서, 약간의 위트를 섞어 다음과 같이 적어놓았다. "나는 내가 낳은 첫 아이(분석엔진 설계도)에 매우 만족한다. 이 아이가 어른이 되면 잠재된 능력을 십분 발휘하여 사람들의 삶을 더욱 윤택하고 여유롭게 만들어줄 것이다."[34] 러브레이스는 컴퓨터가 등장하기 100년 전인 1852년에 세상을 떠났지만, 시뮬레이션의 잠재력을 그 누구보다 정확하게 간파하고 있었다. 그러나 분석엔진이 끝내 제작되지 못하는 바람에 그녀의 추상적인 비전은 사람들의 기억에서 서서히 잊혀져갔다.

배비지와 러브레이스가 최초로 떠올렸던 범용컴퓨터의 개념
은 그로부터 거의 한 세기가 지난 후 영국의 수학자 앨런 튜링Alan
Turing에 의해 비로소 결실을 맺게 된다. 튜링이 활동했던 20세기에
는 비약적으로 발전한 공학 덕분에 설계의 단계를 넘어 시제품을 만
들 수 있었다. 배비지의 분석엔진은 톱니바퀴로 작동하는 기계식 계
산기였지만, 전자식 컴퓨터는 모든 부품이 전기로 작동되기 때문에
철컥대며 움직이는 부품이 없어서 훨씬 안정적이다.

영국과 미국에서 전자식 컴퓨터가 단시간에 비약적 발전을 이룩
할 수 있었던 것은 다름 아닌 '전쟁' 덕분이었다. 컴퓨터를 이용한 최
초의 날씨 시뮬레이션은 1950년에 에니악ENIAC, Electronic Numerical
Integrator and Computer을 통해 실행되었는데, 이것은 제2차 세계대
전 때 미군이 운용하던 전자식 컴퓨터로 맨해튼 프로젝트Manhattan
Project | 1942~1947년에 걸쳐 실행된 미국의 원자폭탄 개발 프로젝트에 차출되어 핵심
적 역할을 했다. 당시 에니악의 가격은 무려 40만 달러였지만,[35] 그
덕분에 전쟁에서 이겼으니 실질적으로 거의 무한대에 가까운 값어
치를 한 셈이다.

전쟁용 기계였던 에니악이 일기예보에 동원된 것은 결코 우연
이 아니었다. 원자폭탄 개발을 선도했던 과학자들이 일기예보의 군
사적 가치를 일찌감치 알아보고 컴퓨터를 이용한 날씨 시뮬레이션
을 적극적으로 권한 것이다. 특히 헝가리 태생의 수학자 존 폰 노이
만John von Neumann은 그의 저서에서 다음과 같이 주장했다. "날씨의
변화를 예측할 수 있다면 비행기에서 에어로졸aerosol을 뿌리거나 대
기 중에서 폭탄을 터뜨리는 등 인공적인 행위가 날씨에 미치는 영향

도 예측할 수 있다. 그리고 여기서 얻은 결과를 체계적으로 분석하면 원하는 날씨를 인공적으로 만들어내는 것도 가능하다." 날씨를 인공적으로 바꿨을 때 초래되는 결과는 가히 상상을 초월한다. 대기는 지구 전체에 걸쳐 긴밀하게 연결되어 있기 때문에, 한 국가가 국지적으로 날씨를 바꾸면 전 세계의 날씨에 영향을 줄 것이다. 폰 노이만은 날씨 제어 기술이야말로 지금까지 겪었던 그 어떤 전쟁 무기보다 위협적이라고 경고했다.[36]

물론 날씨 제어는 환경적인 측면에서 볼 때 지극히 위험한 발상이다. 그러나 소련이 이 기술을 개발한다면 미국도 뛰어들 수밖에 없다. 이 시기에 한 기상학자는 〈워싱턴포스트〉에 다음과 같은 글을 싣기도 했다. "날씨를 제어하는 기술을 소련이 먼저 개발했다고 생각하면 모골이 송연해진다."[37] 다행히도 군사적 목적의 날씨 제어 실험은 아주 작은 규모에서만 실행되었으며, 그마저 대부분 실패로 끝났다.[38] 그러나 만일의 사태를 걱정한 유엔은 1978년에 날씨 제어 실험을 금지하는 법안을 통과시켰다.[39] 날씨를 제어하는 프로젝트는 "너무 어렵고 위험하다"는 이유로 결국 폐기되었지만, 일기예보의 중요성을 누구보다 강조해왔던 폰 노이만은 1948년에 기상학 연구팀을 구성하여 24시간 예보를 시도했다.[40]

리처드슨과 마찬가지로 폰 노이만 연구팀의 첫 번째 목표는 실용적인 결과를 얻는 것이 아니라, 일기예보의 가능성을 원리적 단계에서 증명하는 것이었다. 이 팀에서도 우먼 파워가 중요한 역할을 했는데, 그 주인공은 바로 폰 노이만의 부인이자 코딩coding 전문가로 알려진 클라라 댄 폰 노이만Klára Dán von Neumann이다. 그녀는 시뮬레이션의 핵심인 "코딩 기술 교육 및 최종코드 확인 지침"을 확립하는 등 이 분야에서 남편 못지않은 실력을 발휘했다. 여기서 말하는 '코드code'(프로그램)란 컴퓨터에 내리는 일련의 연산명령으로, 방정식 풀이과정을 몇 단계의 연산으로 분해하여 순차적으로 실행하도록 유도하는 역할을 한다.[41] (배비지의 계산기에서는 코드가 "구멍 뚫린 카드"의 형태로 공급될 예정이었다.)

요즘 코드는 우리 주변 어디에나 존재한다. 컴퓨터와 스마트폰은 물론이고 TV, 인터넷 공유기, 디지털카메라, 자동차, 세탁기, 식기세척기, 냉장고, 중앙난방장치, 제트기, 에어컨, 우주로켓, 동영상 카메라, 기차, CCTV(방범용 카메라), 주전자, 석유 굴착기, 청소기, 농작기 등에는 누군가가 개발한 코드가 하나 이상 작동하고 있다. 그 안에 장착된 (하나 이상의) 컴퓨터는 다른 하드웨어(모터, 펌프, 모니터 등)에 연결될 수 있지만, 작동 원리는 "엄청나게 작아진" 에니악과 비슷하다.

그러나 이런 기계의 코드 작성법(코딩)은 과거와 많이 다르다. 에니악 시대에 컴퓨터 작동법을 익히려면 내부의 작동 원리를 낱낱이 알아야 했다. 가장 간단한 계산을 할 때조차 기계의 내부 구조를 정확하게 알아야 했기에, 계산 도중 기계 안에서 일어나는 일을 머릿속에 훤히 꿰뚫고 있지 않으면 코딩을 할 수 없었다. 시뮬레이션 같은 복잡한 과제를 수행할 때에는 덧셈, 뺄셈, 곱셈 등 사칙연산과 대소 비교와 같은 수천 개의 기본 명령을 작성한 후, 이들을 순서에 맞게 배열해야 한다. 비유하자면 모래알을 하나씩 쌓아서 성을 짓는 것과 비슷하다. 그리하여 코딩은 날이 갈수록 "지루하면서 오류가 발생하기 쉬운 작업"으로 변해갔고, 시뮬레이션을 살짝 변경하거나 (더욱 끔찍하게도) 사용 중인 기계를 다른 것으로 바꾸면 코딩을 다시 작성하느라 몇 달을 낭비하기 일쑤였다.

이 문제의 해결책을 최초로 제시한 사람은 미국 해군 최초의 여성 제독인 그레이스 호퍼Grace Hopper였다. 그녀는 바사 칼리지Vassar College의 수학과 교수로 재직하던 중 제2차 세계대전이 한창이던 1943년에 해군에 자원입대했고, 기초 훈련을 마친 후 배치된 곳은 군대가 아니라 하버드대학교의 칙칙한 지하실이었다. 초기 에니악의 라이벌이었던 마크Mark I 계산기가 그곳에서 가동되고 있었기 때문이다. 호퍼에게 주어진 임무는 해군에게 필요한 방정식의 해를 구하는 코드를 작성하는 것이었는데, 고도로 숙련된 기술이 필요하긴 했지만 작업 자체는 지루하기 짝이 없었다.[42] 1978년에 개최된 컴퓨터 학회에서 호퍼는 이렇게 말했다. "만일 누군가가 여러분에게 마크 I의 코딩을 부탁하면서 매뉴얼을 건네주었다면, 첫 페이지를 펼치자마자 기절할 것입니다."[43]

1950년대에 호퍼와 그녀의 동료들은 지루한 코딩 작업을 단순화하는 방법을 개발했다. 기본 아이디어는 컴퓨터용 코드를 일일이 작성하지 않고, 컴퓨터 스스로 코드를 작성하도록 만드는 것이었다. 그러나 컴퓨터 전문가들은 코웃음을 쳤다. "절대로 불가능하다. 오로지 계산밖에 할 줄 모르는 기계가 어떻게 프로그램을 작성한다는 말인가? 컴퓨터는 인간의 상상력과 전문성을 결코 흉내 낼 수 없다."[44]

호퍼는 사람들이 부정적인 이유를 이해할 수 없었다. "인간이

고난도의 지침서를 명확한 언어로 작성할 수 있다면, 컴퓨터라고 못할 이유가 없지 않은가? 오히려 컴퓨터는 인간보다 논리적이기 때문에, 자신에게 하달된 지침을 코드로 변환하는 일쯤은 어렵지 않게 해낼 수 있다." 이것은 양동이와 삽으로 모래를 떠서 한곳에 대충 쌓은 후, 모래알이 알아서 성의 형태를 갖춰나가도록 만드는 것과 비슷하다. 그녀는 컴퓨터가 "평범한 사람들의 문제를 해결해주는 범용수단이 될 것"이라고 장담했다. 컴퓨터의 내부 구조를 전혀 모르는사람도 하드웨어에 신경 쓰지 않고 자신의 문제에만 집중하면 컴퓨터를 이용하여 문제를 해결할 수 있다는 뜻이다.

　바로 이것이 지금 우리가 사용하는 코딩의 진정한 의미다. 각 개인에 특화된 정보와 데이터 및 연산 지침을 표준화된 언어로 작성해서 입력하면 컴퓨터가 알아서 답을 구해준다. 여기서 중요한 것은 코딩에 사용되는 언어(프로그래밍 언어)가 일상적인 언어(영어)와 크게 다르지 않다는 점이다(호퍼는 전쟁이 끝난 후 레밍턴 랜드Remington Rand 라는 회사에서 일했는데, 사람이 읽고 쓸 수 있는 컴퓨터 언어가 프랑스어나 독일어로 작성될 수도 있음을 증명하여 회사 간부들을 기겁하게 만들었다. 그 후로 그녀의 연구팀은 프로그래밍 언어로 오직 영어만 사용하기로 합의했다[45]). 요즘 사용되는 프로그래밍 언어는 Python, Swift, Java, Go, Scala, C++ 등 종류도 다양하고 이름도 유별나다. 내가 어렸을 적에 처음 익힌 언어는 Basic인데, 초심자들에게는 참으로 적절한 이름이었다. 사용자가 어떤 언어로 프로그램을 작성하건, 컴퓨터는 이로부터 정확한 지침을 파악하여 우리 삶을 훨씬 풍요롭게 만들어준다.◆

　1950년에 에니악은 호퍼의 개념이 적용되기 전에 일기예보를

내놓기 시작했다. 그러나 그 후에 나온 모든 일기예보는 그녀가 제안했던 "코딩"을 통해 계산되었으며, 이것은 앞으로 설명할 후속 시뮬레이션 개발에 핵심적 역할을 하게 된다. 그런데 위에 열거한 고급언어high-level language | 언어의 품질이 고급이라는 뜻이 아니라 사람이 이해하기 쉬운 언어라는 뜻로 코드를 작성해도, 한 단계의 연산만으로 알아낸 24시간 후의 날씨는 신뢰도가 떨어지기 마련이다. 이런 경우에는 리처드슨이 했던 것처럼 시간을 몇 개의 구간으로 나눠서 단계적으로 계산을 수행해야 한다. 실제로 에니악은 최초의 일기예보를 내놓을 때 24시간을 3시간 간격으로 분할한 후, 구간마다 약 25만 회의 연산을 수행하여 최종 결과에 도달했다. 예나 지금이나 사람의 계산 능력으로는 도저히 할 수 없는 일이다.

클리블랜드 애비는 자신의 꿈이 이루어지는 현장을 목격하지 못하고 1916년에 세상을 떠났다. 그러나 리처드슨 부부는 감격의 순간을 맞이하면서 일기예보 프로젝트를 지휘했던 수석 기상학자에게 다음과 같은 편지를 보냈다. "놀라운 진보를 이룩한 귀하의 연구팀에게 축하와 감사의 말을 전합니다. 과거에 우리가 얻었던 결과보다 훨씬 빠르고 정확하더군요. 이것은 과학사에 길이 남을 위대한 업적이라고 생각합니다."[46]

◆ 물론 컴퓨터는 영어에 기초한 C++이나 Basic 언어를 곧바로 이해하지 못한다. 따라서 프로그래밍 언어가 입력되면 컴퓨터가 알아들을 수 있는 언어로 변환해야 하는데, 이 과정을 컴파일compile이라 하고, 이 작업을 수행하는 프로그램을 컴파일러compiler라 한다. 컴파일러를 최초로 개발한 사람이 바로 그레이스 호퍼였다.—옮긴이

해상도와 혁명

컴퓨터를 이용한 최초의 일기예보는 사람들에게 깊은 인상을 남겼지만, 실용성과는 거리가 멀었다. 24시간 후의 날씨를 예측하는 데 거의 24시간이 걸렸으니, 예보가 아니라 "실시간 날씨 중계"였던 셈이다.

건물 한 개 층을 가득 채울 정도로 덩치가 컸던 에니악은 초당 약 500번의 연산을 수행했고, 1년 후 미국 통계국US Census Bureau에 도입된 컴퓨터는 초당 1900회의 연산을 수행할 수 있었다. 그 후 트랜지스터 덕분에 기계 안에 욱여넣을 수 있는 회로소자가 많아지면서 초당 연산 횟수는 수백만까지 증가했으며, 마이크로칩으로 무장한 요즘 노트북 컴퓨터는 그 옛날 에니악이 했던 일기예보를 100만 분의 몇 초 안에 해치운다. 그러나 가장 강력한 슈퍼컴퓨터는 노트북 수천 개에 해당하는 하드웨어를 하나로 결합한 형태여서, 몸집이 에니악 못지않게 크다.

시뮬레이션은 이런 환상적인 기계를 최대한으로 활용할 수 있는 분야 중 하나다. 게다가 컴퓨터가 발휘할 수 있는 연산 능력에는 뚜렷한 한계가 없다. 휴대전화를 예로 들어보자. 20년 전에 유행했던 휴대전화의 액정은 픽셀이 컸기 때문에 문자와 그림이 몹시 거칠었다. 그러나 요즘 생산되는 스마트폰의 픽셀은 과거보다 훨씬 작아져서(즉, 해상도가 높아져서) 매끈하고 자세한 영상을 표현할 수 있다. 시뮬레이션도 이와 비슷하여, 해상도가 높을수록 많은 정보를 담을 수 있다. 픽셀이 작을수록 주어진 영역을 더 작게 세분할 수 있기 때문이다. 요즘 인공위성이 촬영한 태풍이나 은하 사진은 해상도가 충분히 높아서, 일부를 확대하면 세부 정보를 얻을 수 있다. 정보가 자세할수록 시뮬레이션도 정확해진다. 그러나 세상에 공짜는 없다. 정보가 많으면 시뮬레이션에 필요한 계산량도 그만큼 많아진다.

요즘 일기예보는 수 킬로미터 안에서 몇 시간 간격으로 업그레이드되고 있으며, 정확도도 크게 높아졌다. 40년 전에는 예측 가능한 날씨가 "24시간 후"로 한정되어 있었으나, 20년 전에는 이틀 후로 연장되었고 요즘은 동일한 정확도로 5일 후의 날씨까지 예측하는 수준에 도달했다.[47] 허리케인 같은 폭풍이 불어닥칠 때는 단 몇 시간의 예보로 삶과 죽음이 갈릴 수도 있다.[48]

언뜻 생각하면 막강해진 컴퓨터 파워와 높아진 해상도 덕분에 수많은 목숨을 구한 것 같지만, 사실 여기에는 겉으로 드러나지 않은 진실이 숨어 있다. 앞서 말한 대로 시뮬레이션은 '초기조건'과 '법칙'(세 개의 방정식)으로 이루어진다. 그러므로 초기조건 데이터를 열심히 수집해서 보내온 기상위성과 기상관측소의 공로도 무시할 수 없다. 그런데 시뮬레이션 안에는 숨겨진 '차원'이 존재한다. 다시 말해서, 초기조건과 방정식이 전부가 아니라는 것이다. 천문학자와 기상학자들 사이에 '서브 그리드sub-grid'로 알려진 이 숨은 차원은 일기예보의 속도와 적중률을 높이는 데 핵심적 역할을 했다.

서브 그리드란 하나의 사각형 그리드(격자) 안에서 일어나는 모든 사건을 의미한다. 즉, 서브 그리드가 없으면 단일 사각형은 "날씨가 동일한 지역"으로 단순화되어, 내부의 구름과 바람, 온도, 압력 등이 완전히 균일해진다. 서브 그리드는 텅 빈 캔버스에 자세한 사항을 그려 넣는 수단이며, 정확한 일기예보를 위해 반드시 필요한 요소이기도 하다. 요즘 일기예보는 지구를 "한 변의 길이가 수 킬로미터인 정사각형 격자"로 나눠서 진행되는데, 이 정도면 꽤 잘게 자른 것 같지만 뜨겁고 습한 날씨를 예측하기에는 역부족이다. 방금 태어난 구름의 직경은 1마일(1.6킬로미터)을 넘지 않기 때문이다.

서브 그리드가 없으면 이런 구름은 시뮬레이션에서 누락되고, 개개의 사각형 그리드는 구름이 균일하게 덮여 있거나 구름이 하나도 없는 지역이 될 것이다. 이런 식으로 그리드를 "모 아니면 도"로 간주하면 강우 확률을 놓치거나, 지면에 도달하는 태양열을 잘못 계산하여 예상 기온이 틀릴 수도 있다. 게다가 온도가 틀리면 풍향과 풍속도 달라져서 일기예보 자체가 무용지물이 된다.

컴퓨터가 무제한의 능력을 발휘하는 세상이 온다면, 기상학자는 굳이 서브 그리드를 도입할 필요가 없다. 작은 구름이 포착될 정도로 해상도를 높이기만 하면 된다. 그러나 컴퓨터가 충분히 발달하여 이런 세상이 온다 해도, 기상학자는 미시적 규모에서 일어나는 사건에 여전히 신경이 쓰일 것이다. 앞에서 나는 삼림 지역에 형성되는 구름이 나무에서 증발하는 수증기의 양에 따라 달라진다고 말했다. 그런데 이 과정을 좀 더 자세히 들여다보면 나무에서 방출된 수증기는 잎에 나 있는 미세한 구멍의 개폐 상태에 따라 달라지고, 이 개폐 상태는 빛의 양과 온도, 토양의 수분함유량 등에 의해 결정된다. 일기예보의 정확도를 높이려면 이런 요소들을 어떻게든 시뮬레이션에 포함시켜야 하는데, 기존의 그리드로는 감당할 수 없기에 서브 그리드를 도입하는 것이 유일한 해결책이다. 그렇다고 서브 그리드를 마냥 작게 만들 수는 없으므로, 모든 세부 사항을 포함하면서도 컴퓨터로 계산 가능한 "서브 그리드 법칙"을 찾아야 한다. 바로 이것이 서브 그리드에서 해결해야 할 가장 큰 숙제다.

리처드슨 부부의 연구논문이 학자들에게 환영받지 못한 이유는 결과가 틀렸기 때문이 아니라, 위에 열거한 소규모 현상을 포착하지 못했기 때문이다. 하버드대학교의 한 기상학자는 "날씨에 가장 큰 영향을 미치는 것은 거시적 흐름이 아니라 작은 규모에서 일어나는 현상이므로, 리처드슨의 연구는 처음부터 실패할 운명이었다"고 지적한 후, "그 논문은 지나치게 난해하기 때문에, 학생들의 시간 낭비를 막기 위해서라도 하루속히 도서관의 제일 높은 선반에 숨겨놓아야 한다"며 불편한 심기를 노골적으로 드러냈다.[49]

사실 이것은 섣부른 판단이었다. 리처드슨 부부는 문제를 완벽하게 이해했을 뿐만 아니라, "대담한 기상예보관이라면 누락된 효과를 복구하는 규칙을 개발해야 한다"며 서브 그리드의 기본 개념을 이미 제시했다. 작은 구름은 시뮬레이션으로 표현할 수 없기 때문에, 새로운 규칙이 추가되어야 한다. 예를 들면 "습도가 높으면서 맑은 날에는 태양열이 수증기에 반사되어 지면에 도달하는 양이 감소하므로 몇 시간 내에 비가 내릴 수 있다"는 식이다. 이 서브 그리드 규칙은 유체의 운동법칙으로부터 유도된 결과가 아니라 대략적인 계산과 경험으로 얻어진 것이어서, "특별한 상황에만 적용되는 국소적 법칙"이라 할 수 있다.

비가 오는 시기를 예측하는 것은 서브 그리드에서 이루어지는 일이다. 에니악 기상팀의 일원이었던 조지프 스매거린스키Joseph

Smagorinsky가 1955년 〈월간 날씨Monthly Weather Report〉라는 학술지에 기고한 논문에는 다음과 같이 적혀 있다. "압력, 온도, 바람과 같은 기상학적 요소가 중요한 역할을 하는 일상적 상황과 달리, 좁은 지역에 집중된 비는 넓은 지역에 내리는 비보다 대체로 강우량이 많다."[50] 간단히 말해서, 세부 사항을 모르면 강우량을 예측하기가 거의 불가능하다는 뜻이다.

스매거린스키와 그의 동료들은 서브 그리드라는 개념을 명시적으로 도입하지 않았지만, 각 그리드 내부의 평균 강수량을 예측하는 코드를 개발했다. 과거에 내린 강수량을 통계적으로 분석하여 기상 예측 프로그램에 참조 데이터로 활용한 것이다. 그런데 놀랍게도 이들이 얻은 결과는 실제 날씨와 거의 정확하게 일치했고, 스매거린스키는 "미세구조는 예측할 수 없지만 통계자료는 신뢰도가 높다"며 자신의 예보가 마술이 아님을 강조했다. 물론 통계는 거짓말을 하지 않는다. 그러나 이로부터 강우량의 정확한 패턴을 예측하는 것은 원리적으로 불가능하다.

서브 그리드의 규칙이 정확하고 포괄적일수록 시뮬레이션의 정확도는 높아진다. 물의 배수와 증발, 강설량, 눈의 태양열 반사율, 눈의 용융(녹는 현상), 식물이 날씨에 미치는 영향, 험준한 저지대에서 올라오는 바람 등에 대한 설명은 유체역학 방정식을 풀 때 보조수단으로 활용할 수 있다.[51] 이 분야는 오늘날 거대한 산업으로 성장하여 일기예보의 정확성을 높이는 데 중추적 역할을 하고 있다.[52]

우주론학자들이 하는 일도 이와 비슷하다. 우주 시뮬레이션도 유체역학 법칙에 기초하여 진행되지만, 누락된 세부 사항은 "경험을 통해 알게 된 법칙"으로 보완해야 한다. 방대한 공간을 시뮬레이션할 때, 블랙홀은 아주 작은 요소에 불과하므로 근사적인 방법으로 시뮬레이션에 포함시키는 수밖에 없다. 블랙홀과 관련된 세부 사항은 블랙홀 자체의 미래뿐만 아니라 우주 전체의 미래에도 중요한 영향을 미친다. 만일 블랙홀을 (작다는 이유로) 누락시킨 채 우주 시뮬레이션을 실행하면 분명히 잘못된 결과에 도달할 것이다.

　　우주론학자들은 단 몇 개의 물리법칙에서 출발하여 우주 전체를 시뮬레이션한다는 원대한 꿈을 꾸고 있다. 그러나 앞에서 길게 설명한 대로, 서브 그리드가 없으면 자세한 정보가 누락된다. 나쁘게 말하면 서브 그리드가 우주론학자의 야무진 꿈에 고춧가루를 뿌린 셈이고, 좋게 말하면 서브 그리드는 시뮬레이션의 공백을 채우는 "창의적 도약"이다. 어떤 면에서 보면 서브 그리드가 이미 검증된 확고한 법칙보다 중요할 수도 있다. 시뮬레이션이 경험과 추측(서브 그리드)에 의존한다니, 그렇다면 시뮬레이션은 원래 모호한 과학이라는 말인가? 그렇지는 않다. 어차피 기존 법칙에 세부 사항을 모두 담을 수는 없으니, 서브 그리드에 적용되는 국소적 규칙을 가능한 한 많이 알아내서 진실에 좀 더 가까워지도록 노력할 뿐이다. 서브 그리드의 추측성 정보에도 불구하고 컴퓨터가 내놓은 결과를 올바르게 이해하는 것이야말로 시뮬레이션의 예술이다(구체적인 내용은 나중에 다루기로 한다).

혼돈의 날씨

시뮬레이션이 도달할 수 있는 정확도에는 더욱 근본적인 한계가 있다. 1958년에 일본의 젊은 물리학자 마나베 슈쿠로眞鍋淑郎|2021년 노벨 물리학상 수상자는 스매거린스키의 초청을 받아 미국 기상청 연구실을 방문했는데, 당시만 해도 대부분의 과학자들은 하루나 이틀 뒤의 대기 상태를 시뮬레이션하는 것이 터무니없는 발상이라고 생각했다. 물론 100년 뒤의 날씨는 더 말할 것도 없다. 그러나 불도저 같은 추진력으로 유명한 존 폰 노이만은 이 어려운 과제를 스매거린스키에게 떠맡겼다. 폰 노이만이 볼 때, 날씨 제어 프로그램의 다음 단계가 바로 일기예보였기 때문이다. 그는 날씨를 장기간에 걸쳐 조작했을 때 나타나는 엄청난 효과를 누구보다 잘 알고 있었기에, "몇 년 후의 날씨"를 어떻게든 알아내야 했다. 안타깝게도 폰 노이만은 1957년에 악성 종양으로 인해 53세의 젊은 나이로 세상을 떠났지만(아마도 핵무기를 개발하면서 과도한 방사선에 노출되었기 때문일 것이다), 중책을 떠맡은 스매거린스키는 폰 노이만의 유지를 받들어 전 세계의 유능한 인재들을 끌어모으기 시작했다.

이때 스카우트된 마나베는 먼 미래를 예측하는 데 더없이 적절한 인물이었다. "저는 운전 습관이 매우 안 좋습니다. 무언가에 한 번 생각이 꽂히면 더 이상 신호등을 보지 않거든요."[53] 부드러운 말투와 겸손함이 몸에 밴 마나베는 향후 몇 년 동안 이 문제에 몰두했고, 스매거린스키는 필요한 인력과 장비를 조달하기 위해 눈썹이 휘날리도록 뛰어다녔다.

스매거린스키는 믿을 만한 결과를 얻어내기가 매우 어렵다는 것을 잘 알고 있었다. 혼돈이론chaos theory의 원조인 에드워드 로렌즈Edward Lorenz도 연구팀의 일원이었는데, "브라질에서 나비가 날갯짓을 하면 텍사스에 토네이도가 발생하는가?"라는 유명한 질문도 이 무렵에 제기된 것이다.◆ 로렌즈는 간단한 날씨 시뮬레이션을 통해 "초기조건을 조금만 바꿔도 1~2주 후의 날씨가 급격하게 달라진다"는 사실을 알아냈다. 이것을 은유적으로 표현한 것이 바로 나비효과 butterfly effect다.

전신 시스템이 있으면 몇 시간 후의 날씨를 어렵지 않게 예측할 수 있다. 여기에 정확한 초기조건과 고해상도 서브 그리드의 규칙이 추가되면 정교한 시뮬레이션을 통해 며칠 후의 날씨도 예측 가능하다. 그러나 예측 목표 시점이 몇 주 단위로 길어지면 서브 그리드에서도 감지되지 않는 미세한 효과들이 도미노처럼 증폭되기 때문에 정확한 예보가 불가능해진다. 이처럼 초기에 나타난 미세효과가 엄청난 규모로 증폭되는 현상을 '혼돈chaos'이라 한다.

혼돈이론에 의하면 장기예보는 몇 주 이상을 넘을 수 없다.[54] 그러나 기후climate는 날씨weather와 다르다. 스매거린스키는 혼돈이라는 장애물에도 불구하고 "넓은 지역에 걸친 기후의 장기적 특성은 시뮬레이션 가능하다"는 것을 본능적으로 알고 있었다. 특정 날짜,

◆ 이것은 로렌즈가 1972년 미국과학진흥회American Association for the Advancement of Science에서 했던 강연의 제목이기도 하다. 처음에 로렌즈는 나비가 아닌 갈매기를 예로 들었지만, 누가 날갯짓을 하건 요점은 동일하다.

특정 장소에 닥치게 될 폭풍이나 폭염은 정확하게 예측할 수 없지만, 이런 사건의 규칙적인 경향은 어느 정도 예측할 수 있다. 2021년에 마나베와 함께 노벨상을 공동 수상한 독일의 물리학자 클라우스 하셀만Klaus Hasselmann은 대기의 평균적 경향이 예측 가능하다는 것을 수학적으로 증명했다.[55]

마나베와 스매거린스키의 초기 시뮬레이션은 지금의 기준으로 볼 때 별로 인상적이지 않지만, 다양한 효과들(열의 입력과 출력 및 강우와 증발의 균형 등)로 이루어진 복잡한 네트워크로부터 먼 미래가 결정되는 과정을 일목요연하게 보여주고 있다. 마나베에게는 지구 전체가 하나의 실험 대상이었고, 그 대상을 컴퓨터 안에서 원하는 대로 주무를 수 있었다. 그는 지구 대기를 한 번 시뮬레이션하는 데 만족하지 않고, 대기의 안정성과 관련된 변수를 이리저리 바꿔가면서 다양한 시뮬레이션을 시도했다(내가 해봐서 아는데, 웬만한 인내심으로는 어림도 없는 일이다). 그 결과 대기 중 이산화탄소 농도가 두 배로 증가하면 지면의 온도가 2도 높아지고, 날씨의 패턴이 위험할 정도로 변한다는 사실이 밝혀졌다.

이산화탄소가 기후에 영향을 준다는 것은 100년 전 미국의 과학자 유니스 푸트Eunice Foote가 처음으로 알아냈고[56] 폰 노이만도 생전에 이 점을 강조했지만,[57] 시뮬레이션을 해보기 전에는 확신할 수 없었다. 마나베는 말한다. "내가 기후에 관심을 가진 것은 단순한 호기심 때문이었습니다. 기후변화가 인류에게 미치는 영향 같은 건 안중에도 없었지요. 위대한 발견을 이룬 다른 사람들도 처음에는 자신이 훗날 어떤 업적을 남기게 될지 짐작조차 못했을 겁니다."

마나베는 1960년대 말에 위와 같은 결론에 도달했으나, 자잘한 계산에서 모호한 결과가 나오는 바람에 학계에 곧바로 수용되지 않았다. 그 후 1971년에 개최된 학술회의에서 한 참가자는 마나베의 이산화탄소 이론을 두고 "설득력이 부족한 이론이어서 더 많은 실험이 필요하다. 물론 이론 자체도 대폭 수정되어야 할 것 같다"며 부정적인 반응을 보였다.[58] 시뮬레이션을 이용한 지구 온난화 가설은 1970년대 말부터 조금씩 수용되기 시작했고, 2000년대에 와서야 실제 데이터를 통해 비로소 검증되었다. 오늘날 지구 온난화는 초등학생도 아는 상식이 되었다. 이것 때문에 논쟁을 벌이는 곳은 법을 만드는 국회뿐이다.[59] 마나베는 2021년에 노벨상을 받는 자리에서 다음과 같이 말했다. "기후변화를 이해하기란 결코 쉬운 일이 아니지만, 현재 정치 상황을 이해하는 것보다는 훨씬, 훨씬 쉽습니다."

기후 시뮬레이션에서 마나베가 특히 흥미를 느꼈던 부분은 시뮬레이션으로 미래를 예측할 뿐만 아니라, 과거도 재현할 수 있다는 점이었다. 사실, 시뮬레이션에서 미래 예측과 과거 재현은 별로 다를 것이 없다. 이산화탄소를 비롯한 몇 가지 기체의 양을 가정한 후 시간을 앞으로 진행시키면 미래의 결과가 나오고, 거꾸로 되돌리면 과거의 상태가 복원된다. 그렇다면 과거로 진행된 시뮬레이션의 타당성을 어떻게 입증할 수 있을까? 방법은 의외로 간단하다. 빙하의 내부와 오래된 나무의 나이테, 미세화석에서 얻은 데이터를 분석하면 수천 년 또는 수백만 년 전의 대기 상태와 평균온도를 몇 도의 오차 이내로 알아낼 수 있다. 마나베의 연구팀은 가상 대기의 구성성분을 조절하여 과거의 대기를 재현하는 데 성공했고, 이로부터 "지구의 기온은 대기의 구성성분에 따라 달라진다"고 결론지었다.[60] 이것은 과학사에 길이 남을 위대한 업적이자, 대기가 제아무리 복잡하고 혼란스러워도 시뮬레이션을 통해 예측될 수 있음을 보여준 확실한 사례였다.[61]

이 모든 것은 우주론학자들에게 시뮬레이션 활용법에 대한 첫 번째 힌트를 제공해준다. 우주는 참으로 너저분하고 혼란스러운 곳이어서, 세부 사항을 낱낱이 파악하는 것은 애초부터 불가능하다. 지구의 대기만을 대상으로 한 일기예보도 그렇게 어려웠는데, 우주는 더 말할 것도 없다. 그러나 기후학자들이 과거의 날씨 패턴을 대략적으로나마 알아냈으니, 우주의 과거도 이와 비슷한 방식으로 접근하면 승산이 있을 것 같다. 고고학자가 화석을 이용하여 지구의 과거를 알아내듯이, 천문학자는 망원경에 도달한 빛을 이용하여 우주의 과거를 추적한다. 빛의 속도는 매우 빠르지만 무한정 빠르진 않기 때문에, 멀리 떨어진 은하를 바라보는 천문학자는 그 은하의 머나먼 과거를 보고 있는 셈이다. 우주 시뮬레이션의 목표는 얼어붙은 기록에서 가능한 한 많은 정보를 캐내어 우주의 과거와 미래를 설명하는 것이다. 지구의 역사는 땅에 기록되어 있고, 우주의 역사는 하늘에 기록되어 있다.

지구와 우주

지구, 행성, 은하, 그리고 우주…… 그 대상이 무엇이건 시뮬레이션의 원리는 거의 동일하다. 그래서 나는 이 책을 우리에게 가장 가까운 날씨에서 시작했다. 일반적으로 시뮬레이션은 초기조건(오늘의 날씨, 태양계의 모태가 되었던 물질 덩어리, 빅뱅의 잔해 등)에서 출발하여 시간을 단계적으로 거쳐가면서 다양한 사건의 추이를 예견하는 식으로 진행된다. 이를 위해서는 물질과 힘, 에너지의 거동을 서술하는 유체 방정식을 컴퓨터 코드로 변환하고, 세부 사항을 보완하는 서브 그리드 모형도 구축해야 한다. 가상학자의 서브 그리드에는 빗방울, 구름, 흙 등이 포함되고, 우주론학자의 서브 그리드에는 별과 초신성, 블랙홀 등이 포함된다.

일기예보는 지난 30년 사이에 크게 개선되었다. 2023년 현재로부터 36년 전인 1987년 10월에 최악의 폭풍이 영국을 덮친 적이 있다. 그때 우리 집은 운 좋게도 지붕 타일 몇 개가 날아가는 것으로 그쳤지만, 이 폭풍으로 인해 열여덟 명의 사망자가 발생했다. 폭풍이 영국 본토에 상륙하기 몇 시간 전에 BBC의 기상캐스터 마이클 피시 Michael Fish는 "바람이 다소 강하게 불 것 같다"는 식으로 대수롭지 않게 말했다가 엄청난 대가를 치러야 했다.

이튿날, 〈데일리 메일〉의 1면에는 다음과 같은 기사가 헤드라인을 장식했다. "왜 진작 경고하지 않았는가?"[62] 글을 쓴 기자는 "피시의 집에서 200야드(약 180미터) 떨어진 곳에 사는 85세의 그웬 핸슨 Gwen Hanson 씨는 느릅나무가 쓰러지면서 집이 완전히 붕괴되는 피해를 입었다"며 피시를 맹렬히 비난했다.[63] 물론 일기예보가 좀 더 정확했다면 피해를 줄일 수 있었을 것이다. 그러나 폭풍이 오는 것을 미리 알았다 해도 집을 통째로 대피시킬 수는 없지 않은가? 제아무리 만반의 준비를 해도 핸슨의 집은 어차피 무너졌을 것이다. 그로부터 며칠 후 핸슨은 신문사 측에 "피시를 원망하지 않는다"고 분명히 밝혔지만, 기자는 "폭풍이 불던 날, 피시와 그의 가족은 외출 중이었다"며 끈질기게 물고 늘어졌다.

피시는 단 한 번 실수했을 뿐인데, 그가 사는 동네에 기자들이 벌 떼처럼 몰려와서 그에게 불만을 품은 이웃을 이 잡듯이 찾아내고 있으니, 그 모습을 TV로 지켜본 아이들은 장래희망 목록에서 "기상캐스터"를 말끔하게 지웠을 것 같다. 말 한마디에 모든 경력이 날아갈 판인데, 어느 누가 그런 위험한 직업을 택하겠는가? 우주론학자는 틀리는 게 일상사인데도 〈데일리 메일〉로부터 어떤 비난도 듣지 않는다. 그리고 마이클 피시가 그 후로 수십 년 동안 반복해서 강조한 바와 같이, 그 폭풍은 분명히 상륙 전에 대서양에서 감지되었다. "완만한 곡선을 그리며 프랑스 상공을 지나갈 것"이라는 예측이 빗나갔을 뿐이다. 당시 대서양에는 해상 관측소가 많지 않아서 바람의 경로를 추적하기가 매우 어려웠다. 최악의 사태가 하필 영국에서 일어났고 그날 날씨를 예보한 사람이 하필 마이클 피시였기에, 그에게 모든 비난이 집중된 것이다.

그것은 충분히 있을 수 있는 실수였다. 과거에 리처드슨 부부의 예측이 빗나간 정도에 비하면 아무것도 아니다. 요즘은 해상 관측소가 엄청나게 많아졌고 기상위성까지 우주에서 맹활약하고 있으므로, 초기조건을 어림짐작으로 때려 맞추는 경우는 없다고 봐도 무방하다. 또한 대기 사진의 해상도가 높아지고 서브 그리드 규칙이 개선됨에 따라(대기의 열과 바람, 습도 등을 작은 규모에서 추적할 수 있게 됨) 컴퓨터 시뮬레이션이 더욱 정확해졌으며, 혼돈계에 대한 이해도 훨씬 깊어졌다. 1980년대에 기상예보관은 단 한 번의 시뮬레이션만 보고 날씨를 예측했지만, 요즘은 하루에도 시뮬레이션을 수십 번 실행하여 일주일 후의 날씨까지 알려준다. 그리고 만일의 사태에 대비하기 위해 가장 가능성이 낮은 시나리오까지 고려하여 최악의 사태를 미리 경고하고 있다.[64]

일기예보 시스템은 앞으로도 꾸준히 개선될 것이다. 그러나 예보 시점이 한계에 도달하면 더 이상의 예측은 불가능해진다. 기상학자들은 10일 후 예보가 그 한계점일 것으로 예측하고 있다. 혼돈이론에 의하면 무한히 먼 미래를 구체적으로 예측하는 것은 원리적으로 불가능하다. 지구에 서식하는 모든 나비의 날갯짓을 일일이 추적할 수 없기 때문이다. 이와 마찬가지로, 우주의 모든 세부 사항까지 완벽하게 시뮬레이션하겠다는 꿈은 일찌감치 접는 게 좋다. 그러나 기후과학의 선구자들은 물리계가 아무리 커도 일반적인 패턴을 예측할 수 있다는 것을 분명하게 보여주었다. 따라서 우주론학자에게 가장 필요한 것은 용기와 응원이다. 우리 목적은 개개의 사건이나 사물을 낱낱이 설명하는 것이 아니라, 우주와 그 구성 요소의 역사를 대략적으로나마 이해하는 것이다.

우주 시뮬레이션은 여러 면에서 지구 대기의 시뮬레이션과 비슷하다. 다만 그 규모가 상상할 수 없을 정도로 클 뿐이다. 기상예보 시스템은 수백 킬로미터에 걸쳐 몇 시간에서 며칠 단위로 작동하는데, 은하들 사이의 거리는 무려 수백조 킬로미터에 달한다.

사실 규모가 큰 것은 별문제가 되지 않는다. 누구나 종이와 펜만 주어지면 집과 도시, 국가, 지구, 태양계, 심지어 은하까지 그릴 수 있다. 그러나 각 규모에서 얻을 수 있는 정보는 엄격하게 제한된다. 예를 들어 은하수를 찍은 사진에서는 당신의 집을 찾을 수 없다. 집은커녕, 지구를 찾는 것도 불가능하다. 이와 마찬가지로 컴퓨터는 며칠에 걸친 지구의 날씨를 계산할 수 있고, 수십억 개의 별에 집중하여 우주의 역사를 추적할 수도 있다.

그러나 지구와 우주 사이에는 더욱 근본적인 차이가 존재한다. 대기의 구성성분은 질소 78퍼센트, 산소 21퍼센트에 몇 가지 기체가 미량 함유되어 있다.[65] 지구 대기의 99퍼센트가 질소와 산소인데, 우주로 나가면 이들은 거의 씨가 마른다. 우리 태양계에서 가장 흔한 원소는 수소이며(4분의 3), 태양계 바깥으로 더 멀리 나가면 환경이 더욱 이상해진다. 놀랍게도 우주를 구성하는 물질의 대부분은 눈에 보이지 않는 미지의 물질이다!

우주를 대상으로 한 시뮬레이션은 바로 이곳에서 시작된다. 실험실에서 한 번도 관측된 적 없고 빛을 방출하지도, 반사하지도 않으면서 그림자조차 드리우지 않는 물질. 이토록 희한한 물질이 우주의 대부분을 차지하고 있다. 게다가 이 물질은 단단한 암석도 유령처럼 가뿐하게 통과한다. 이쯤 되면 예측이 아예 불가능할 것 같지만, 지금까지 언급한 시뮬레이션 기술은 깊은 우주에도 똑같이 적용된다. 1장을 읽으면서 지구의 날씨를 시뮬레이션하고 예측하는 데 필요한 도구와 지식을 어느 정도 갖췄으니, 지금부터 광활한 우주를 컴퓨터에 담아보자!

2장
암흑물질과 암흑에너지,
그리고 코스믹 웹

2003년에 물리학과 학부 3학년이 된 나는 실험실과 작별을 고하고 이론 천체물리학을 공부하기로 마음먹었다. 천문학이 좋아서가 아니라, 2학년 때 들었던 물리학 실험에 완전히 학을 떼었기 때문이다. 지금 그 시절을 떠올리면 괴물 같은 레이저와 눈이 돌아가는 렌즈, 용도를 알 수 없는 온갖 전자장비들이 아른거릴 뿐이다. 손재주가 좋은 친구들은 한두 시간 안에 실험을 마치고 자리를 떠났지만, 나는 해가 질 때까지 실험실에 갇혀 정체 모를 장비와 씨름을 벌이곤 했다.

1년 동안 무진 고생을 한 후, 나는 천문학과로 탈출을 감행했다. 우주를 갖고 실험을 할 리는 없다고 생각했기 때문이다. 그러나 몇 주가 지난 후부터 나를 포함한 몇몇 탈주자들은 과연 자신의 선택이 옳았는지 강한 의구심을 품기 시작했다. 거의 모든 강사가 마치 약속이라도 한 듯 "우주의 95퍼센트는 정체를 알 수 없는 두 가지 요소로 이루어져 있다"고 주장했는데, 만일 이것이 사실이라면 나는 성가신 일을 피하려다 유령의 세계로 들어온 꼴이었다. 그 두 가지 요소란 암흑물질dark matter과 암흑에너지dark energy였다.

이들은 우주에서 중력이 작용하는 방식을 완전히 바꿔놓는다. 암흑물질은 은하를 더욱 무겁게 만들어서 회전하는 방식을 바꾸고, 암흑에너지는 밀어내는 힘을 발휘하면서 우주 전체를 팽창시키고 있다. 사실 '암흑'은 별로 적절한 용어가 아니다. 이름만 들으면 이들이 빛을 가려서 어두운 그림자가 드리워진 광경이 떠오르기 때문이다. 이보다는 차라리 '투명물질'이나 '투명에너지'가 더 낫다. 이들은 공기보다 투명해서 빛을 방출하거나 반사하지 않고 그림자를 드리우지 않는 등 빛과 상호작용을 전혀 하지 않는다.

공기도 눈에 보이지 않지만, 용기에 가둬놓고 연구할 수는 있다. 어린 시절에 나는 목욕을 할 때마다 장난감이 여러 개 들어 있는 투명상자를 갖고 놀았는데, 뚜껑을 연 채로 뒤집어서 강제로 물속에 담갔다가 살짝 기울이면 큼지막한 거품이 위로 올라오곤 했다. 그리고 또 하나의 상자를 거꾸로 뒤집어서 이 거품을 포획하면 "물속에서 상자 안에 들어 있던 (보이지 않는) 공기가 다른 상자로 이동하는" 모습을 볼 수 있다.

암흑물질이나 암흑에너지로는 이런 실험을 할 수 없다. 이들은 실험실에서 한 번도 관측된 적이 없으니, 용기에 담는 것조차 불가능하다. 이들의 세계로 들어가는 입구를 만들 수도 있겠지만, 물리학자들이 제시한 방법도 뜬구름 잡기를 방불케 한다. 그래서 2003년에 물리학과에서 천문학과로 탈출한 학생들은 얼마 지나지 않아 자신의 선택에 회의를 품기 시작했다. 우주 만물이 지금처럼 존재하는 이유가 보이지 않고 만질 수도 없는 물질 때문이라니, 과학적 설명치곤 너무 무책임하지 않은가.

《정글북Jungle Book》의 저자로 유명한 러디어드 키플링Rudyard Kipling의 단편 모음집 《이런저런 이야기들Just So Stories》은 현실 세계에 존재하는 이상한 현상에 기발한 이유를 제시하는 어른용 동화다. 예를 들어 고래가 크릴새우만 먹는 이유는 고래에게 먹힐 뻔한 선원이 난로용 쇠살대(체처럼 생긴 받침대)를 입에 박아놓았기 때문이고, 낙타는 게으름을 피우다가 요정의 노여움을 사서 등에 혹이 생겼으며, 코뿔소는 케이크를 훔쳤다가 화가 난 요리사로부터 빵가루 세례를 받는 바람에 피부가 헐렁해졌다는 식이다. 이 이야기를 천문학 버전으로 바꾸면 다음과 같다. "은하가 지금처럼 빠르게 회전해도 흩어지지 않는 이유는 보이지 않는 암흑물질이 단단하게 잡아주고 있기 때문이다." (키플링의 책에는 이런 이야기가 없지만, 그가 암흑물질을 알았다면 이런 식으로 썼을 것이다.)

동화는 액면 그대로 받아들이라고 쓴 글이 아니다. 그러나 과학 이론은 (100퍼센트 사실인 경우는 드물지만) 가능한 한 사실에 가까워야 한다. 이를 위해서는 창의적 사고도 중요하지만, 가끔은 마술을 뛰어넘는 설명도 필요하다. 이상적인 과학 이론이라면 일종의 내기 도박처럼 실험으로 검증될 수 있는 결과를 제시해야 한다. 그래서 실험을 통과하면 살아남고, 통과하지 못하면 곧바로 폐기된다.

이런 점에서 볼 때 암흑물질과 암흑에너지는 과학적으로 매우 중요한 문제다. 이들을 도입하지 않으면 설명할 수 없는 천문현상이 사방에 널려 있기 때문이다. 게다가 이 천문현상의 상당 부분은 관측으로 확인되기 한참 전부터 이론적으로 예견되어 있었다. 1980~1990년대에 천문학자들이 관측데이터로부터 암흑물질과 암흑에너지의 존재를 입증할 때 가장 큰 공을 세운 것은 단연 시뮬레이션이었으며, 컴퓨터로 작동되는 천체망원경을 이용하여 우주의 구성성분을 체계적으로 분류하기 시작한 것도 이 무렵의 일이었다. 암흑물질과 암흑에너지를 시뮬레이션에 추가하면 망원경으로 관측된 우주가 놀라울 정도로 정확하게 재현된다. 사실 이런 것은 눈으로 직접 봐야 그 위력을 실감할 수 있다. 강의실에서 "암흑물질은 우주의 주요 성분이며……"라고 아무리 떠들어봐야 별로 와닿지 않는다. 2020년대의 천문학자들은 지난 세기말에 대두된 이론이 최첨단 시뮬레이션과 아름답게 맞아떨어지는 광경을 바라보면서 우주에 대한 이해의 폭을 넓혀가고 있다. 암흑물질 및 암흑에너지 가설이 《이런저런 이야기들》보다 신뢰도가 높은 것은 바로 이런 이유 때문이다.

암흑물질과 암흑에너지에 대한 증거는 이 책 전반에 걸쳐 반복적으로 제시될 것이다. 시뮬레이션은 외관상 완전히 다른 것 같은 다양한 현상에 대해 일관성 있는 설명을 제공한다. 은하의 크기와 회전 패턴, 우주 팽창 속도의 변화, 우주가 탄생하던 순간에 일어난 일련의 사건들, 거대하고 다양한 천체들 사이의 관계 등이 그 대표적 사례다.

그러나 암흑물질의 존재는 아직 확인되지 않았다. 과학자들은 실험실에서 암흑물질을 포착하기 위해 다양한 시도를 해왔지만, 성공 사례는 단 한 건도 없다. 기껏해야 간접 증거만 포착되었을 뿐이다. 지금의 추세로 볼 때, 암흑물질이 "일상적인 물질 못지않은 현실적 존재"로 판명될 때까지는 꽤 오랜 시간이 걸릴 것 같다.

자연을 고안하다

암흑물질과 관련된 최초의 선례는 해왕성이 처음 발견되었던 1846년까지 거슬러 올라간다. 해왕성은 지구와 너무 멀리 떨어져 있어서 맨눈으로 보이지 않기 때문에 고전 태양계 모형에서 누락되어 있었고, 망원경이 발견된 후에도 감지되지 않거나 다른 천체로 오해되곤 했다. 그러던 중 19세기 중반에 일부 천문학자들이 "태양계에 우리가 모르는 행성이 존재할지도 모른다"며 새로운 행성 사냥에 착수했다.

새로운 행성이 천문학의 이슈로 떠오른 것은 천왕성의 변칙적인 공전궤도 때문이었다. 모든 행성은 태양의 막강한 중력에 끌려 태양 주변을 공전하고 있다. 뉴턴의 법칙에 의하면 이들의 공전궤도는 타원이다. 그러나 행성이 그리는 실제 경로는 다른 행성의 중력 때문에 미세하게 변형된다. 예를 들어 지구는 태양계에서 가장 큰 행성(목성과 토성)의 영향을 받아 수만 년을 주기로 궤도에 변형이 생겼고, 바로 이것 때문에 주기적인 빙하기를 겪어왔다.[1]

천문학자들은 다른 행성들(수성, 금성, 지구, 화성, 목성, 토성)이 천왕성에 미치는 중력을 정밀하게 계산하여 "변형된" 천왕성의 궤도를 구한 후 망원경으로 관측된 실제 궤도와 비교해보았다. 두 결과가 일치했다면 태양계의 행성 목록은 천왕성으로 마무리되었을 것이다. 그러나 망원경에 잡힌 천왕성의 궤도는 계산 결과와 일치하지 않았다. 게다가 1800년부터 20년 동안은 공전 속도가 예상보다 빨랐고, 그 후로 1822년까지는 느려지는 것으로 나타났다. 이 원인을 설명하지 못하여 전 세계 천문학자들이 한창 골머리를 앓고 있을 때, 프랑스의 천문학자 위르뱅 르베리에Urbain Leverrier와 영국 케임브리지대학교의 존 쿠치 애덤스John Couch Adams가 그럴듯한 가설을 내놓았다. 천왕성 근처에 눈에 보이지 않는 미지의 행성이 중력을 행사하여 천왕성을 앞뒤로 흔들고 있다는 것이다. 두 사람은 여기서 멈추지 않고 미지의 행성이 존재할 만한 위치까지 계산하여 천문학자들을 설레게 만들었다(르베리에와 애덤스는 각자 독립적으로 계산을 수행하여 동일한 결론에 도달했다). 이제 성능 좋은 망원경으로 두 사람이 예측한 곳을 뒤져서 새로운 행성을 찾기만 하면 된다.

그러나 수줍음 많고 소심한 대학생이었던 애덤스는 자신이 수행했던 복잡한 계산을 제대로 설명하지 못했고, 케임브리지 천문대 소장이 "결과가 믿을 만하다면 망원경으로 찾아볼 의향이 있다"는 편지를 보내왔을 때에도 아무런 답장 없이 침묵으로 일관했다. 당사자가 별 관심을 보이지 않는데, 어느 누가 귀한 관측 시간을 낭비해가면서 어린 학생의 주장을 입증해주려 하겠는가? 얼마 후 르베리에도 동일한 결과에 도달했다는 사실이 알려졌으나, 그 역시 파리 천문대의 연구원들과 원만한 관계를 유지하지 못하여 '최초 발견자'가 아닌 '예견자'로 만족해야 했다.

르베리에는 사교성이 떨어지고 독선적인 성격이어서 천문대 소장을 설득하는 데 실패했다. 전하는 소문에 의하면 르베리에는 천문대의 연구원들을 은근히 따돌리면서 매사에 짜증을 유발했다고 한다. 평소 화를 잘 내면서 자존심까지 강했던 르베리에는 계산이 막힐 때마다 바이올린을 연주하면서 스트레스를 풀었다.[2] 훗날 그는 영국의 피츠로이와 쌍벽을 이루면서 프랑스의 일기예보 시스템을 구축하는 데 핵심적 역할을 했지만, 기상학자들이 마음에 들지 않는다며 모조리 해고하는 만행을 저지르기도 했다.[3] 그와 가깝게 지냈던 한 지인이 이런 말을 남겼을 정도다. "르베리에가 없으면 관측소 운영이 어려워진다. 그러나 르베리에가 있으면 운영이 아예 불가능하다."[4]

르베리에와 애덤스가 예측했던 해왕성은 결국 1846년 9월 24일에 르베리에로부터 간곡한 편지를 받은 베를린의 천문학자들에 의해 발견되었다. 해왕성은 일상적인 물질로 이루어진 평범한 행성이지만, "발견되기 전에 그 존재를 가정함으로써 기존의 관측 결과를 성공적으로 설명했다"는 점에서 암흑물질을 연상시킨다.

이와 비슷한 사례는 물리학에서도 찾아볼 수 있다. 1930년에 오스트리아 태생의 미국인 물리학자 볼프강 파울리Wolfgang Pauli는 실험적 증거가 하나도 없는 상태에서 '뉴트리노neutrino'(중성미자)라는 새로운 입자가 존재한다고 가정했다. 사실 파울리는 실험실에 어울리는 사람이 전혀 아니었다. 그의 손재주가 얼마나 둔했는지, 동료들은 "그가 실험실에 가만히 서 있기만 해도 장비가 고장난다"며 투덜댔다고 한다.[5] 그리하여 파울리는 사고 칠 염려 없는 안전한 연구실

에 틀어박혀서 20세기에 새롭게 등장한 양자역학quantum mechanics
을 깊이 파고들었다.[6]

당시 파울리는 지독한 딜레마에 빠져 있었다. 물리계의 에너지
가 보존된다는 것은 만고불변의 진리인데, 특정한 방사성붕괴 과정
에서 에너지의 일부가 온데간데없이 사라져버린 것이다. 그는 이런
저런 궁리 끝에 한 가지 해결책을 떠올린 후, 가까운 친구에게 다음
과 같은 편지를 보냈다. "궁여지책 같지만 설명할 방법을 찾았다네.
붕괴과정에서 에너지를 훔쳐 달아나는 도둑 같은 입자를 가정하면
돼. 이 입자가 감지기에 포착되지 않는 도깨비 같은 놈이라면 에너지
가 보존되지 않는 이유를 설명할 수 있겠지."[7] 파울리는 자신이 가정
한 입자를 "뉴트리노"라 불렀다. 한 번도 발견된 적 없는 입자에 이름
까지 붙여가며 공을 들이는 것이 좀 유별나게 보이지만, 에너지 보존
법칙이 위기에 처한 마당에 수단과 방법을 가릴 여유가 없었다. 파울
리는 이 공로를 인정받아 1945년 노벨상을 수상했으며, 그 후 뉴트
리노는 26년이 지난 1956년에 실험실에서 정말로 발견되었다. 그러
나 이것도 힉스 보손Higgs boson의 비하인드 스토리에 비하면 아무것
도 아니다. 모든 입자에 질량을 부여한다는 힉스 보손은 1964년에
이론적으로 예견되었는데, 무려 반세기가 지나도록 발견되지 않은
채 물리학자들의 애간장을 태우다가 2012년에 유럽원자핵공동연구
소CERN의 대형 강입자 충돌기LHC, Large Hadron Collider에서 마침내
발견되었다. 인내심은 과학자가 반드시 갖춰야 할 덕목이다.

물리학과 천문학은 실험과 관측, 계산, 고안(가정)의 상호협조를
통해 발전하는 과학이다. 해왕성, 뉴트리노, 힉스 보손의 존재를 가

정하여 눈앞에 보이는 난해한 자연현상을 성공적으로 설명했다 해도, 이론에서 얻은 계산 결과가 실험과 일치하지 않으면 아무런 의미가 없다. 암흑물질과 암흑에너지도 (둘 다 아직 관측되지 않았지만) 이와 비슷한 과정을 거치면서 발전해왔다.

은하의 구성성분

암흑물질이 천문학의 화두로 떠오른 근본적인 이유는 우주 전체가 끊임없이 움직이고 있기 때문이다. 여기에 각별한 매력을 느껴 천문학에 입문한 베라 루빈Vera Rubin은 1950년에 발표한 석사학위 논문에서 다음과 같은 질문을 제기했다. "우주 전체가 회전한다는 증거가 있는가?" 대부분의 천문학자들은 "없다"고 생각했다. 개개의 천체는 회전할 수도 있지만, 베라 루빈이 얻은 관측데이터로는 우주가 회전한다는 것을 입증할 수 없었다. 사실 당시에는 그런 질문을 제기하는 것조차 금기시되는 분위기였다. 방대한 우주가 통째로 돈다는 것은 원리적으로 불가능해 보였기 때문이다. 루빈은 자신의 학위 논문을 학술지에 보냈으나, 편집자는 내용이 지나치게 파격적이라며 게재를 거부했다.[8]

세월이 흘러 보수적인 학자들에게 익숙해진 루빈은 자신만의 방식으로 연구를 계속하다가 팔로마 천문대Palomar Observatory에서 최첨단 망원경으로 천문 관측을 할 수 있는 기회를 잡았다. 당시 그곳은 원칙적으로 여성 출입이 금지된 시설이었지만 루빈에게 그런 것은 아무런 문제가 되지 않았다. 그녀는 천문대에 처음 출근한 날 여자 화장실이 없다는 사실을 깨닫고, 자신의 방에서 가장 가까운 남자 화장실 문 앞에 치마 입은 여자 그림을 붙여놓았다.[9] 그러나 회전하는 우주를 연구할 때에도 그녀는 아직 학생 신분이었기에, 경직된 분위기에 휘말리지 않는 방법을 나름대로 찾아야 했다. "사람들은 조용히 자기 일을 하다가도 일단 논쟁이 시작되면 상대방을 무자비하게 공격하면서 소리를 질러댔다. 이런 살벌한 분위기에서 어떻게 재미를 찾는단 말인가? 그럴 때마다 나는 슬그머니 자리를 피해서 다른 일에 집중하곤 했다."[10]

루빈은 회전하는 우주에 여전히 관심을 갖고 있었지만 격한 논쟁을 피하기 위해 일단은 문제의 소지가 적은 "회전하는 은하"를 연구하기로 마음먹었다. 별들은 특정 별자리에 고정된 것처럼 보이지만, 사실은 엄청난 속도로 움직이고 있다(단, 별들 사이의 상대적 거리는 매우 천천히 변하기 때문에 별자리의 형태는 꽤 오랜 세월 동안 유지된다). 망원경에 포착된 대부분의 별은 은하수Milky Way | 태양계가 속한 나선형 은하에 속해 있고, 은하수는 초당 수백 킬로미터라는 엄청난 속도로 회전하고 있다.

이토록 빠르게 움직이는데도 거리가 워낙 멀기 때문에 운동을 감지하기가 쉽지 않다. 실제로 모든 별은 하늘에 고정된 것처럼 보인다. 그래서 천문학자들은 '도플러 편이Doppler shift'를 이용하여 은하의 회전운동을 분석하고 있다. 구급차가 나를 향해 다가올 때는 사이렌이 높은음을 내다가, 나를 지나쳐서 멀어지기 시작하면 갑자기 음이 낮아진다. 즉, 똑같은 파동인데 관측자를 향해 다가올 때는 파장이 짧아지고, 멀어질 때는 파장이 길어진다. 이 현상을 도플러 편이라 하는데, 빛도 파동의 일종이어서 동일한 효과를 관측할 수 있다. 단, 빛(가시광선)의 파장이 달라지면 색이 변하기 때문에, 빛의 도플러 편이는 별의 색상 변화로 나타난다. 예를 들어 관측자에게 다가오는 별은 푸른색 계열로 보이고(청색편이), 멀어지는 별은 붉은색 계열로 보인다(적색편이). 그러므로 망원경에 도달한 빛을 분광기를 통해 스펙트럼으로 펼치면 별의 운동상태를 알 수 있다.

은하가 회전한다는 것은 20세기 초부터 알려진 사실이다. 직경이 10만 광년이나 되는 거대한 접시가 통째로 돌아가려면 무지막지한 모터가 필요할 것 같지만, 사실은 중력만 작용하면 된다. 태양계의 행성들이 오로지 태양의 중력만으로 공전을 유지하는 것과 같은 이치다. 그런데 은하의 경우에는 한 가지 이상한 점이 있다. 일반적으로 행성은 태양과의 거리가 멀수록 공전 속도가 느리다. 예를 들어 지구의 공전 속도는 초당 30킬로미터인데, 가장 멀리 있는 명왕성의 평균 공전 속도는 초당 5킬로미터밖에 안 된다.ㅣ명왕성은 2006년에 태양계에서 퇴출당한 후 이름도 '왜소행성 134340 Pluto'로 바뀌었다. 그러나 이것은 일부 천문학자들이 정한 "그들만의 명명법"일 뿐이며, 명왕성은 50억 년 전이나 지금이나 똑같은 궤도를 돌고 있다. 거리가 멀면 중력이 약해지고, 중력이 약하면 공전 속도도 느려지기 때문이다. 이것은 뉴턴의 중력법칙으로부터 유도되는 자연스러운 결과다.

은하가 회전하는 것도 중력이 작용한 결과이므로, 중심에서 먼 별일수록 회전속도가 느려져야 한다. 전형적인 은하에서 대부분의 별은 중심부에 모여 있고(이들이 태양처럼 중력중심의 역할을 한다), 변두리에 있는 나머지 별들은 중심부와 거리가 멀어서 중력이 약하기 때문에 명왕성처럼 천천히 돌아야 할 것 같다. 그런데 막상 관측을 해보면 전혀 그렇지 않다. 베라 루빈은 1960~1970년대에 걸쳐 다양한 은하의 스펙트럼을 분석한 끝에, 은하의 가장자리에 있는 별들이 예상보다 훨씬 빠른 속도로 이동하고 있다는 놀라운 사실을 알아냈다. 다시 말해서, 곡선주로를 달리는 별들이 지나치게 빠른 속도로 코너링을 하고 있다는 뜻이다. 그렇다면 이런 별들은 과속으로 달리다가 도로를 이탈하는 자동차처럼 은하를 이탈하여 텅 빈 우주 공간으로 날아갔어야 한다.

그러나 변두리 별의 과속 운행에도 불구하고, 은하의 전체적인 형태는 멀쩡하게 유지되고 있다. 그 이유를 설명하려면 눈에 보이지 않는 무언가가 추가 중력을 제공하여 별을 붙잡아두고 있다고 생각하는 수밖에 없다. 그 옛날 천왕성의 기이한 움직임을 설명하기 위해 미지의 행성(해왕성)을 도입한 것과 비슷한 상황이다. 그러나 은하의 경우, 행성 하나로는 턱도 없다. 은하의 형태가 유지되려면 미지의 물질이 은하 전체에 걸쳐(변두리까지) 골고루 퍼져 있어야 한다. 천문학자들은 이 미지의 물질을 "암흑물질"이라 불렀다. 검은색 물질이 아니라, 보이지 않는 물질이라는 뜻이다. 은하의 형태가 유지되려면 암흑물질이 일상적인 물질보다 약 5.1배 많아야 한다.

루빈은 1970년대에 암흑물질의 증거를 수집하는 데 핵심적 역할을 했고, 그녀의 노력 덕분에 전 세계 천문학자들은 암흑물질을 심각하게 받아들이기 시작했다. 20세기 초에 일부 과학자들은 하늘에서 다량의 물질이 누락되었다는 희미한 증거를 발견하고 나름대로 이유를 설명했는데, 그중 몇 가지를 소개하면 다음과 같다. (1) 1904년에 영국의 물리학자 켈빈 경Lord Kelvin(본명은 윌리엄 톰슨 William Thomson)은 대부분의 별이 "어두운 물체dark body"일 것으로 예측했고,[11] (2) 1930년에 스웨덴의 천문학자 크누트 룬트마르크Knut Lundmark는 죽은 별과 검은 구름, 유성, 혜성 등이 은하의 질량을 크게 증가시킨다고 주장했으며,[12] (3) 1930년대에 스위스의 천문학자 프리츠 츠비키Fritz Zwicky는 자신이 과거에 발견했던 "어두운 물질 dunkle materie"의 후보로 희미한 빛을 발하는 기체 덩어리나 차가운 별을 제안했다.[13]

현대적 관점에서 보면 이들 중 어떤 것도 암흑물질이 될 수 없다. 암흑물질은 특정 지역에 집중되지 않고 넓게 퍼져 있어야 하기 때문에, 대부분의 우주론학자들은 암흑물질이 모종의 입자로 이루어져 있다고 생각했다. 이 입자는 일상적 물질의 구성성분인 양성자, 중성자 또는 전자와 비슷하지만 (알 수 없는 이유로) 입자감지기에 포착되지 않는다. 이런 점에서 보면 파울리가 예측했다가 나중에 발견된 뉴트리노와 비슷하다. 입자물리학자들은 새로운 입자를 찾기 위해 거대한 입자가속기로 수많은 실험을 해왔으나, 암흑물질의 후보로 인정할 만한 입자는 아직 발견되지 않았다. 그래서 요즘 대학생들은 2003년의 대학생들처럼 암흑물질 이야기를 들으면 코웃음을 친다.

루빈은 암흑물질 연구가 지지부진한 현실에 대해 강한 우려를 표명했다. 2011년에 출간된 그의 책에는 다음과 같이 적혀 있다. "관측으로 확인되지 않은 채 긴 세월이 흐르다 보니 내 생각도 달라지는 것 같다. 혹시 암흑물질은 우리 짐작보다 훨씬 복잡한 방법으로 상호작용을 하고 있는 것은 아닐까?"[14] (루빈은 2016년 88세를 일기로 세상을 떠났다.) 제아무리 긍정적인 우주론학자라 해도 은하 한 개를 따로 떼어놓고 봤을 때, 비정상적인 회전운동을 설명하기 위해 굳이 새로운 입자를 도입하지는 않을 것이다. 한편, 1970년대에 컴퓨터의 성능이 크게 향상되어 컴퓨터를 이용한 우주 시뮬레이션이 가능해졌고, 1980년대에는 시뮬레이션이 더욱 정교해지면서 암흑물질의 무대가 개개의 은하에서 우주 전체로 확장되었다. 시뮬레이션을 통해 암흑물질의 속성을 이해할 수 있는 새로운 시대가 열린 것이다.

드리프트drift와 킥kick

시뮬레이션의 기본 개념은 물리법칙을 이용하여 과학적 예측을 제시하는 것이다. 1장에서 우리는 지구의 날씨와 기후를 예측하는 시뮬레이션에 대해 알아보았다. 그러나 대상이 우주로 확장되면 공기와 습기의 순환이 문제가 아니라, 은하(또는 우주 전체) 안에서 일어나는 별과 물질의 운동에 집중해야 한다. 그렇다면 당장 이런 질문이 떠오른다. 암흑물질의 정체가 아직 밝혀지지 않았는데, 그런 물질의 거동을 컴퓨터가 어떻게 알아낸단 말인가? 이런 상황에서 우리는 어떤 물리법칙을 출발점으로 제시해야 하는가?

그 답은 암흑물질의 특성에서 찾을 수 있다. 암흑물질은 중력을 통해 자신의 존재를 드러낸다. 물론 우리가 아는 모든 물질도 중력을 행사하고 있지만, "보이지 않고 감지되지도 않으면서 중력을 행사하는" 물질은 암흑물질밖에 없다. 다행히도 우리가 아는 한, 중력은 물체의 종류에 상관없이 동일한 형태로 작용한다. 냉장고용 자석은 철과 니켈 등 특정 금속에 한하여 달라붙지만, 중력은 완벽한 잡식성이어서 물체의 종류를 가리지 않는다. 손에 쥐고 있다가 놓쳤을 때 바닥으로 떨어지지 않는 물체를 본 적이 있는가? (헬륨 풍선을 놓쳤을 때 위로 날아가는 이유는 주변 공기가 풍선에 작용하는 부력이 풍선에 작용하는 중력보다 강하기 때문이다.) 암흑물질은 다른 물질처럼 중력을 행사하지만, 그 외의 힘에는 아무런 영향도 받지 않는다(다른 물질과 상호작용을 하지 않는다는 점에서 뉴트리노와 비슷하다). 그 이유는 아직 확실치 않지만, 이렇게 생각해야 만사가 편하다. 암흑물질은 오직 중력에만 반응하기 때문에, 전자기력으로 결합된 일상적인 물질과 완전히 다른 방식으로 거동한다. 만일 뉴트리노나 암흑물질이 중력 외의 힘에 영향을 받았다면, 이들은 우리 주변에 흔한 일상적인 물질이 되었을 것이다.

중력은 우주 어디서나 똑같은 방식으로 작용하는 보편적인 힘이다. 그래서 중력을 시뮬레이션할 때에는 물체의 구성성분을 일일이 따질 필요가 없다. 은하에 작용하는 중력에 대한 최초의 시뮬레이션은 암흑물질이 학계에 수용되기 한참 전인 제2차 세계대전 중에 스웨덴의 천문학자 에리크 홀름베리Erik Holmberg에 의해 실행되었다.[15] 리처드슨의 일기예보와 마찬가지로 그 역시 컴퓨터를 사용하지 않았지만, 그렇다고 연필과 종이만으로 이루어진 단순 작업도 아니었다. 홀름베리의 작업과정을 대충만 훑어봐도, 그가 정말로 기술을 사랑하는 학자였다는 것을 쉽게 알 수 있다. 그는 작업을 좀 더

효율적으로 수행하기 위해 기발한 첨단 도구를 즐겨 사용했고 가끔은 직접 만들기도 했는데, 대표적인 사례가 바로 광도계photometer다. 이것은 기본적으로 빛의 세기(광도)를 측정하는 장치로서, 은하 사진을 광도계로 스캔하면 각 부분의 밝기가 숫자로 변환되어 후속 계산을 훨씬 쉽게 수행할 수 있다. 홀름베리는 자신이 만든 광도계를 다른 천문학자들이 사용하는 도구와 면밀하게 비교한 후 "광도계가 빛을 감지하는 능력은 사람의 눈보다 훨씬 뛰어나다"고 결론지었다.[16]

그 후 홀름베리는 광도계가 단순한 관측 도구를 뛰어넘어 계산 및 예측용 도구로 사용될 수 있음을 간파했고, 그 즉시 시뮬레이션에 착수했다. 사실 광도계의 외형은 별로 특별한 구석이 없다.[17] 나무로 만든 지지대에 조그만 구리조각을 얹어놓은 게 전부다. 그러나 구리의 내부에는 훗날 트랜지스터로 가공되어 컴퓨터 혁명을 이끌게 될 '반도체semiconductor'가 숨어 있었다. 광도계에 빛이 도달하면 내부에 전류가 흐르는데, 빛이 밝을수록 많은 전류가 생성된다. 그러므로 전류의 양을 감지하여 눈금용 바늘로 전달하면 숫자판에서 광도를 읽을 수 있다.

잠깐, 홀름베리가 시뮬레이션하려던 것은 빛이 아니라 중력이 아니었던가? 그런데 광도계가 우주를 시뮬레이션하는 데 무슨 도움이 된다는 말인가? 바로 여기서 홀름베리의 기발한 아이디어가 등장한다. "중력의 세기를 빛의 광도로 변환한다"는 아이디어가 바로 그것이다. 중력의 세기는 거리의 제곱에 반비례하여 약해지는데, 빛의 세기도 광원과의 거리의 제곱에 반비례하여 희미해진다. 그러므로 중력을 행사하는 물체를 전구로 대체하고 특정 위치에서 광도계로 밝기를 측정하면 그 지점에 작용하는 중력의 세기를 알 수 있다.

1941년, 홀름베리는 몇 주 동안 어두운 실험실에 웅크리고 앉아서 두 개의 은하를 몇 미터 크기로 축소한 모형을 만들었다. 별이 있는 곳에 전구를 설치하고, 광도계를 이용하여 중력의 세기를 관측했다. 물론 수십억 개의 별을 모두 재현할 수는 없었지만, 그는 74개의 전구를 이용하여 중요한 질문의 해답을 알아냈다. "중력은 두 개의 은하(각각 37개의 전구로 이루어진)를 하나로 합칠 수 있는가?" 그의 시뮬레이션은 실로 창의적이고 혁명적이면서…… 향후 30년 동안 까맣게 잊혔다. 일부 아이디어가 시대를 너무 앞서갔기 때문이다.

홀름베리의 실험은 단계적으로 진행되었다. 시간을 작은 구간으로 나눠서 구간별로 진행했던 일기예보 시뮬레이션과 비슷하다. 홀름베리는 모든 전구(별)를 초기조건에 해당하는 위치에 세팅한 후, 각 전구의 속도와 이동 방향을 도표로 정리했다. 물론 전구가 도표에 적힌 속도로 움직인다는 뜻이 아니라(이 실험에는 전구 스스로 이동하는 기능이 없었다), 홀름베리가 재현하고자 했던 시나리오대로 두 은하가 빠르게 접근할 때 각 별(전구)의 속도와 이동 방향을 도표로 작성했다는 뜻이다.

그 후 홀름베리는 100만 년에 걸친 별의 움직임을 재현하기 위해, 그에 해당하는 거리만큼 전구를 (도표에 명시된 방향을 따라) 수동으로 이동시켰다. 이 과정을 흔히 '드리프트drift'라 하는데, 현대 시뮬레이션에서도 가장 중요한 단계다. 별을 포함한 시뮬레이션의 모든 요소는 고정된 방향을 향해 고정된 속도로 "드리프트"된다.

그러나 중력은 모든 물체에 가속운동(속도와 방향이 변하는 운동)

을 유발하기 때문에, 드리프트는 시뮬레이션의 일부에 불과하다. 홀름베리는 1단계 드리프트를 실행한 후, 현재 전구의 위치에서 빛의 강도를 측정하여 운동 도표를 다시 작성했다. 이 과정은 '킥 스텝kick step'으로 알려져 있는데, 간단히 말하면 "중력을 고려하여 별의 이동 경로를 수정하는 단계"에 해당한다. 이렇게 처음 두 단계가 완료된 후, 홀름베리는 드리프트-킥, 드리프트-킥, 드리프트-킥……을 반복하면서 단계적으로 시뮬레이션을 실행해나갔다(이 실험에서 '드리프트-킥'의 주기는 100만 년이었다).

물론 실제 은하에서 별은 매 순간 중력을 느끼기 때문에 매끈한 곡선을 그리며 이동하고 있다. 즉, 현실에서는 드리프트와 킥이 분리되지 않고 동시에 일어난다. 이들을 인위적으로 분리하면 원래의 곡선 궤적이 "꺾어진 직선"으로 나타나지만, 드리프트되는 간격을 충분히 작게 분할하면 오차를 줄일 수 있다. | 홀름베리의 시뮬레이션은 곡선을 여러 구간으로 나눠서 각 구간을 직선으로 연결한 것과 비슷하다. 여기서 직선에 해당하는 부분이 "드리프트"이고, 드리프트가 끝나는 지점에서 다음 직선의 방향을 결정하는 것이 "킥 스텝"이다. 각 직선의 길이가 짧을수록 이들을 연결한 결과는 원래의 곡선과 더욱 비슷해진다. 날씨 시뮬레이션도 이와 비슷하다. 실제 대기는 연속적으로 변하지만, 이것을 적절한 시간대로 분할하여 각 구간이 끝날 때마다 대기가 점프를 일으키는 식으로 구현해도 실제와 비슷한 결과를 얻을 수 있다.

말은 쉽지만 엄청나게 번거로운 일이다. 각 지점의 밝기(광도)를 일일이 측정하고, 단계마다 도표를 업데이트하고, 74개의 전구를 일일이 재배치하고…… 생각만 해도 끔찍하다. 시뮬레이션을 실행하는 것은 말할 것도 없고, 전체적인 과정을 설계하고 도구를 제작하는 데에도 엄청난 시간과 인내가 필요했을 것이다. 홀름베리는 시뮬레이션을 완료한 후 동료 천문학자인 헤르베르트 로드Herbert Rood에게 보낸 편지에서 "모든 것을 혼자 해내고 나면 이루 말할 수 없는 만족감이 몰려온다"고 했다.

홀름베리의 시뮬레이션이 역사에 남은 이유는 그만의 독특한 발상으로 "다른 방법으로는 도저히 얻을 수 없는 결과"에 도달했기 때문이다. 그의 실험 도구가 없었다면 73개의 별이 나머지 하나의 별에 가하는 힘을 알아내기 위해 매번 73회의 번거로운 계산을 수행해야 한다. 아니, 실험 도구가 없었다면 별을 74개로 줄일 생각도 못했을 테니 수천 개의 별들이 하나의 별에 가하는 중력을 일일이 계산해야 할 뿐만 아니라, 이 끔찍한 작업을 수십 번 반복해야 한다. 이건 끔찍한 정도가 아니라, 평생을 매달려도 불가능한 일이다. 전구 시뮬레이션도 결코 쉬운 과제가 아니었지만, 이 작업을 완수한 홀름베리는 이 세상 어느 누구도 답할 수 없는 질문에 만족할 만한 해답을 제시할 수 있었다.

홀름베리는 재정이 넉넉지 않아서 실험을 끝까지 마무리하지 못했지만, 시뮬레이션이 끝날 무렵 "두 은하가 가까이 접근하면 스쳐 지나가지 않고 하나로 합쳐진다"는 것과 "두 은하가 충돌하면 나선형 팔이 생긴다"는 결론에 도달했다. 커피에 우유를 붓고 휘저었을 때 형성되는 바람개비 모양의 나선형 팔이 "충돌을 겪은 은하"에서도 숨 막힐 듯 아름다운 모습으로 나타났던 것이다. 이것은 현대에 이루어진 관측과 시뮬레이션을 통해 반복적으로 입증된 사실이다. 은하가 바람개비 모양의 팔을 갖게 된 이유는 여러 가지가 있는

데, "은하 간 충돌"도 그중 하나다. 홀름베리는 컴퓨터가 없던 시절에 창의적 시뮬레이션을 통해 이 사실을 알아냈다.

이것은 "아하, 그렇구나!" 하고 넘어갈 일이 아니다. 이 실험은 은하계, 특히 암흑물질의 시뮬레이션에 결정적인 힌트를 제공했다.

미지의 대상을 시뮬레이션하다

홀름베리의 시뮬레이션은 몇 가지 소중한 교훈을 남겼다. "시뮬레이션은 (일기예보가 그랬듯이) 컴퓨터 없이도 얼마든지 가능하다"는 것과 "시뮬레이션의 결과를 문자 그대로 해석할 필요가 없다"는 것이다. 별을 전구로 대체한 것이 직관적으로 자연스럽게 보이는 유일한 이유는 칠흑같이 어두운 실험실에서 반짝이는 전구가 '별'이라는 이미지를 연상시키기 때문이다.

눈을 가늘게 뜨면 전구가 별처럼 보일 수도 있지만, 아무리 생각해도 "74개의 전구"는 은하에 속한 별을 대표하기에 턱없이 부족한 것 같다. 홀름베리의 실험에서는 전구 한 개가 수십억 개의 별에 해당하는데, 이것은 정치적 선거를 앞두고 결과를 예측하는 과정과 비슷하다. 당선자를 예측하기 위해 모든 개인의 생각을 일일이 알 필요는 없다. 소수의 유권자에게 적절한 질문을 던지면 특정한 신뢰도로 선거 결과를 예측할 수 있다(설문 참여자가 많을수록 결과의 신뢰도가 높아진다. 그러므로 가장 신뢰도가 높은 여론조사는 선거 그 자체다). 즉, 74개의 전구는 수천억 개의 별들이 발휘하는 중력효과를 대표한다.

날씨를 예측할 때 대기 분자를 일일이 추적하지 않고 거대한 기체 덩어리의 움직임을 분석하는 것처럼, 시뮬레이션의 대상이 클 때는 무조건 단순화하는 것이 최선이다. 홀름베리는 은하를 달랑 74개의 전구로 과도하게 축약했지만, 그가 얻은 결과는 중력의 출처에 무관하다. 즉, 별(일상적인 물질)뿐만 아니라 그 외의 다른 요소가 추가 중력을 발휘한다 해도 결과는 크게 달라지지 않는다. 그러므로 은하의 거동을 좌우하는 가장 중요한 힘이 중력이라는 가정에 문제가 없는 한, 홀름베리의 실험 결과는 실제 은하와 거의 정확하게 일치할 것이다. 지구의 대기는 주로 압력과 바람에 의해 좌우되기 때문에 중력에 초점을 맞춰서 시뮬레이션하면 엉뚱한 결과가 나오겠지만, 대상을 우주로 확장하면 중력 하나만 고려해도 충분하다.

전구 시뮬레이션의 결과가 중력의 출처와 무관하다고 했으니, 암흑물질도 이와 비슷한 방법으로 시뮬레이션할 수 있을 것 같다. 암흑물질의 양이 눈에 보이는 물질보다 5배 이상 많다고 해도 특정 지역에 집중되어 있다는 증거는 발견되지 않았으므로, 암흑물질의 시뮬레이션에 홀름베리의 접근법을 적용해도 크게 틀리지 않을 것이다. 또한 "암흑물질은 빛을 발하지 않는다"는 사실은 이 시뮬레이션과 아무런 관련이 없으므로, 전구의 빛을 중력으로 취급해도 된다.

암흑물질의 개념이 천문학계에 수용되기 시작한 1970년대에도 세부 사항을 단순화하는 것은 여전히 시뮬레이션의 핵심 기술이었지만, 컴퓨터의 성능이 비약적으로 향상되어 굳이 빛을 사용할 필요가 없었다. 홀름베리의 실험에 잔뜩 고무된 우주론학자들은 탐구 대상을 은하가 아닌 우주 전체로 확장하여 "우주의 진화에 중력이 미친 영향"을 시뮬레이션한다는 야심찬 계획을 세웠다.[18] 단, 컴퓨터를 이용한 시뮬레이션에서 전구는 컴퓨터 내부의 숫자로 대치된다. 물론 숫자에는 별뿐만 아니라 암흑물질까지 내포되어 있으며, 중력의 영향은 빛 대신 컴퓨터의 순수계산속도raw speed에 의해 결정된다. 그러나 홀름베리가 시도했던 드리프트-킥 방식은 지금도 거의 비슷한 형태로 사용되고 있으며, 시뮬레이션에서 예측된 물질분포도를 실제 관측데이터와 비교하는 과정도 홀름베리의 방식과 비슷하다.

이쯤에서 용어 몇 개를 정의하고 넘어가자. 요즘 실행되는 디지털 시뮬레이션에는 "암흑물질로 이루어진 여러 개의 덩어리"가 홀름베리의 전구 역할을 대신하고 있는데, 1970년대에 붙인 이름이 지금까지 전수되어 여전히 '암흑물질입자'로 불리고 있다. 이것은 특정한 물질을 대체한 개념일 뿐, 실존하는 입자가 아니다(전구가 별이 아닌 것과 같은 이치다). 그러나 물리학자에게 입자란 뉴트리노나 힉스 보손처럼 "실험을 통해 발견되거나, 발견될 가능성이 있는 실제 입자"를 의미하기 때문에 오해의 소지가 있다. 그래서 지금부터는 시뮬레이션에 등장하는 암흑물질 덩어리를 '스마티클smarticle'(simulation과 particle을 합한 신조어)이라 부르기로 한다.

1970년대 중반에 은하 시뮬레이션은 수십 개로 분할된 드리프트-킥의 단계마다 700개의 스마티클이 발휘하는 중력을 25만 회씩 계산하는 수준으로 발전했고, 컴퓨터는 이 모든 작업을 몇 시간 내에 완수할 수 있었다.[19] 슈퍼컴퓨터가 등장한 후로는 계산 시간이 수억 분의 1로 단축되었는데, 지금까지 실행된 최대 규모의 시뮬레이션에는 스마티클이 무려 수조 개나 포함되어 있다. 스마티클의 개수는 천문학자들 사이에서 시뮬레이션의 우월성을 자랑하는 지표처럼 통용되고 있지만, 정확한 결과를 얻기 위해 반드시 필요한 요소이기도 하다. 그리드가 세밀할수록 일기예보가 정확해지듯이, 스마티클이 많을수록 은하의 거동을 더욱 정확하게 재현할 수 있다.

성능이 업그레이드된 컴퓨터를 최대한으로 활용하려면 어떻게 해야 할까? 시뮬레이션에 세부 사항을 추가하는 것도 좋은 방법이지만, 이것이 전부는 아니다. 예를 들어 화가는 식탁 위에 놓인 화분의 정밀화를 그릴 수도 있고, 커다란 캔버스 위에 도시 전체를 묘사한 풍경화를 그릴 수도 있다. 이와 마찬가지로 천체물리학자는 스마티클을 이용하여 은하 몇 개를 자세히 재현할 수도 있고, 캔버스 사이즈를 대폭 키워 관측 가능한 우주 안에서 수천억 개의 은하를 재현할 수도 있다. 두 경우 모두 시뮬레이션에 동원된 수조 개의 스마티클은 암흑물질을 포함한 모든 물질이 우주 공간으로 퍼져나가는 패턴을 일목요연하게 보여준다.♦

◆ 여기서 천문학astronomy, 천체물리학astrophysics, 우주론cosmology의 미묘한 차이를 짚고 넘어가고자 한다. 과거에 천문(기상)학은 "하늘과 대기를 연구하는 과학"으로 통했지만, 이들이 세분화되면서 기상학과 천문학으로 나뉬었고, 주로 관측에 의존하던 천문학에 물리학이 본격적으로 도입된 후 천체물리학으로 개명되었다. 그리고 우주의 기원(빅뱅)과 전체적인 구조, 팽창(인플레이션) 등을 연구하는 "통 큰 천문학"은 망원경으로 우주의 국지적 특성을 연구하는 기존 천문학과의 화끈한 차별화를 위해 "우주론"으로 업그레이드되었다. 그러니까 천문학, 천체물리학, 우주론의 차이는 재래시장, 대형 마트, 쇼핑몰의 차이와 비슷하다. 참고로 저자는 세 가지 단어를 별다른 구별 없이 혼용하고 있다.─옮긴이

차가운 암흑물질

20세기 중반부터 천문학자들은 우주의 나이가 대략 140억 년이고, 태초에 아주 작은 알갱이에서 출발하여 꾸준히 팽창해왔다는 사실을 알고 있었다. 그러나 우주가 팽창할 때 은하는 무작위로 흩어지지 않는다. 1980년대에 강력한 망원경으로 얻은 관측데이터에 의하면, 모든 은하는 텅 빈 공간에 무작위로 흩어진 외딴섬이 아니라, 방대한 공간에 친 거미줄처럼 긴밀하게 연결되어 있다.[20]

은하를 연결하는 (보이지 않는) 끈은 수십에서 수백 개의 은하를 하나의 집단으로 묶어준다. 하나의 은하는 끈 자체보다 거의 1만 배 이상 작기 때문에 먼 거리에서 보면 하나의 점에 불과하지만 그 안에는 수천억 개의 별이 존재하고, 개중에는 여러 개의 행성을 거느린 별도 있다. 그러므로 우주의 구조를 이해하려면 "빛을 발하는 작은 점"을 추적해야 한다. 이 과정은 거미줄에 맺힌 이슬방울로부터 전체적인 구조를 파악하는 것과 비슷하다.

이 기이한 '코스믹 웹cosmic web'(우주 거미줄)의 구조를 밝히는 프로젝트를 최초로 시도한 사람은 미국의 천체물리학자 마크 데이비스Marc Davis였다. 학창 시절에 소프트웨어 회사에서 아르바이트를 한 덕분에 컴퓨터에 능숙했던 그는 은하의 위치를 자동으로 파악하는 디지털 시스템을 구축하여 주변 사람들을 놀라게 했다. 당시 통용되던 은하 목록이 워낙 엉터리였기에, 컴퓨터를 이용하여 은하의 위치를 스캔하는 장치를 독자적으로 개발한 것이다. 그는 1988년에 물리학자 앨런 라이트먼Alan Lightman과 인터뷰하는 자리에서 당시의 일을 다음과 같이 회고했다. "그 장치 때문에 천문대의 돔형 지붕은 온갖 전선으로 도배되다시피 했습니다…… 깔끔한 작업은 결코 아니었지만 효과는 꽤 좋았지요."[21]

그러나 막상 은하의 정확한 위치를 파악하고 나니 더욱 중요한 의문이 떠올랐다. 은하는 언제, 그리고 왜 지금과 같은 식으로 배열되었는가? 데이비스는 이 질문의 해답을 찾기로 결심하고 세 명의 젊은 연구원과 함께 시뮬레이션에 착수했는데, 그중 두 사람은 암흑물질에 관한 논문을 써서 천문학계의 스타로 떠오른 사이먼 화이트Simon White와 그의 박사과정 학생 카를로스 프렌크Carlos Frenk였다. 현재 은퇴를 앞둔 프렌크는 2022년에 개최된 한 강연회에서 그 시절을 회상하며 말했다. "어쩌다 보니 운 좋게도 우주 최고의 직업을 갖게 되었습니다. 당시 나는 우주를 향한 열정을 주체하지 못하는 철부지 소년이었지요."[22]

연구팀에 마지막으로 합류한 조지 엡스타티우George Efstathiou는 더럼대학교에서 박사과정을 마친 젊은 천체물리학자로서, 데이비스가 원하는 정밀도로 시뮬레이션을 구현할 수 있는 유일한 컴퓨터 프로그래머였다. 나는 2005년에 학위 논문을 쓰기 위해 케임브리지 천문연구소로 자리를 옮겼는데, 당시 연구소의 소장이었던 엡스타티우는 다분히 권위적이고 무서운 사람이었다. 그러나 1980년대에 엡스타티우는 가죽 재킷을 입고 요란한 오토바이를 몰고 다니는 질풍노도의 청년이었다고 한다. 이렇게 모인 네 명의 이방인은 중국 공산당 급진주의자를 뜻하는 '4인조 갱단gang of four'으로 불리게 된다.[23]

우리가 아는 한, 우주에는 경계라는 것이 없다. 사람들은 흔히 팽창하는 우주를 상상할 때 "점점 커지는 비눗방울"을 떠올리곤 하는데, 사실 이것은 적절한 비유가 아니다. 우리 눈에 보이는 우주는 은하로 이루어진 코스믹 웹으로 이미 가득 차 있는데도 은하들 사이의 거리는 점점 멀어지고 있다. | 팽창하는 우주는 점점 커지는 풍선의 내부가 아니라 표면에 가깝다. 풍선의 내부는 명확한 경계(신축성 고무)가 존재하지만 표면에는 경계가 없다. 그러나 풍선이 팽창하면 표면 위에 임의로 찍은 두 점은 점점 멀어진다. 이런 상황은 머릿속에 그리기가 결코 쉽지 않으며, 우주를 시뮬레이션할 때마다 항상 부딪히는 문제이기도 하다. 경계가 없는 우주를 어떻게 유한한 컴퓨터로 재현한다는 말인가?

다행히도 방법이 있다. 유한한 우주에 수학적 트릭을 가하여 무한히 크게 보이도록 만들면 된다. 이와 비슷한 트릭은 고전 비디오 게임 '애스테로이드Asteroid'(소행성)에서 이미 써먹었다. 화면에 뜬 2차원 우주 공간에서 우주선을 타고 날아다니다가 사방에서 날아오는 바윗덩어리를 쏴 맞추는 간단한 게임인데, 우주선이나 바위가 화면 오른쪽으로 사라지면 왼쪽에서 다시 나타나고, 화면 위로 사라지면 아래에서 다시 나타난다. "공간은 제한되어 있지만 경계가 없는" 우주를 구현하는 기발한 방법이다. 엡스타티우는 이 아이디어를 이용하여 벽이 없는 상자 안에서 우주를 시뮬레이션하는 기적의 코드를 완성했다.

4인조 갱단은 상자 속 우주 시뮬레이션에 표준 드리프트-킥 방식을 적용하여 엄청난 중력을 발휘하는 암흑물질이 수십억 년에 걸쳐 물질 네트워크를 구성해온 과정을 실감 나게 보여주었다. 암흑물질이 상대적으로 많은 곳은 중력이 강해서 더 많은 물질을 빨아들이고, 암흑물질이 적은 곳에서는 물질이 쉽게 빠져나오는데, 이로 인해 걷잡을 수 없는 폭주효과runaway effect가 발생한다. 즉, 물질의 작은 파편들이 밀도가 높은 지역에 빠르게 모여들어서 은하와 같은 거대 천체가 만들어지는 것이다. 그리고 이 은하들이 중력으로 서로 잡아당기다가 일부는 홀름베리의 시뮬레이션처럼 대충돌을 일으키면서 하나로 합쳐지고, 그 외의 물질들은 하나로 뭉칠 정도로 가까워지지 않지만 데이비스의 은하 지도와 놀랍도록 유사한 은하 네트워크를 형성한다.

기상학자와 마찬가지로 우주론학자도 시뮬레이션의 가정을 이리저리 바꿔가면서 현실에 가장 가까운 모형을 만드는 사람들이다. 1980년대에 전 세계 천문학계가 뉴트리노 때문에 한바탕 난리를 치른 적이 있다. "보이지 않는 암흑물질의 정체가 혹시 뉴트리노 아닐까?" 아닌 게 아니라 뉴트리노는 암흑물질의 완벽한 후보였다. 눈에 보이지 않으면서 양도 풍부했고, 지구의 실험실에서 그 존재가 확인되었기 때문이다.

또한 이 무렵에 뉴트리노의 질량이 예상보다 훨씬 가볍다는 사실도 밝혀졌다. 뉴트리노 한 개의 질량은 수소 원자의 1억 분의 1밖에 안 된다.[24] 물론 이것만으로는 뉴트리노를 암흑물질 후보에서 제외시킬 수 없다. 무게는 가볍지만 양이 충분히 많아서 엄청난 중력을 행사할 수 있기 때문이다. 그러나 2019년에 노벨상을 수상한 캐나다 출신의 우주론학자 짐 피블스Jim Peebles는 "가벼운 입자는 이동속도가 빠르기 때문에, 뉴트리노는 암흑물질의 후보로 적절치 않다"고 주장했다. 무언가를 빠른 속도로 던져야 할 때 대포알보다 야구공이 유리한 것처럼, 우주 초창기에는 가벼운 뉴트리노가 우주 공간을 미친 듯이 휘젓고 다녔다.[25] 4인조 갱단은 뉴트리노의 빠른 속도를 고려하여 시뮬레이션을 실행한 끝에, 관측으로 확인된 "조밀하면서 매듭이 많은 코스믹 웹"이 형성될 수 없다는 결론에 도달했다.[26] 뉴트리노의 속도가 너무 빨라서, 어떤 구조체가 만들어지기도 전에 우주를 가로질러 산산이 흩어진 것이다.

이들의 시뮬레이션이 학계에 알려지자 천문학자들은 큰 충격을 받았다. 지금까지 발견된 입자 중 최후의 보루였던 뉴트리노조차 암흑물질 후보에서 탈락했다니, 대체 암흑물질은 무엇으로 이루어져 있다는 말인가? 그 후로 사람들은 암흑물질 앞에 형용사 하나를 추가하여 "차가운 암흑물질cold dark matter"로 부르기 시작했다. 빠르게 이동하는 뉴트리노가 암흑물질 후보에서 제외되었기 때문이다. 일반적으로 미시적 규모에서 입자가 빠르게 이동하거나 빠르게 진동하는 물질은 온도가 높다. 사실 온도의 정의는 "구성 입자가 보유한 운동에너지의 평균값"이다. 그런데 속도가 빠른 뉴트리노는 암흑물질이 될 수 없음을 시뮬레이션으로 증명했으니, 암흑물질은 "눈에 보이지 않으면서 느리게 움직이는 무거운 입자"로 이루어졌을 것이고, 느린 입자는 온도가 낮으므로 "차가운 암흑물질"이 된 것이다. 뜨거우면 묽어지고 차가우면 끈적끈적하게 뭉치는 것이 퐁뒤fondue l 와인을 넣어 녹인 치즈에 빵을 찍어 먹는 스위스 전통 요리와 비슷하다.

4인조 시뮬레이션은 뉴트리노가 암흑물질이 될 수 없음을 증명함과 동시에, 뉴트리노의 질량이 1980년대에 예견된 값보다 훨씬 작아야 한다는 결론에 도달했다. 암흑물질이 차갑다는 사실만으로는 지금과 같은 우주를 재현할 수 없기 때문이다. 암흑물질은 우주에서 가장 막강한 중력의 원천이어야 한다. 그런데 뉴트리노의 질량이 어느 한계를 초과하면 차가운 암흑물질로 애써 만들어놓은 코스믹 웹이 붕괴되어 현실과 맞지 않는다. 그렇다고 뉴트리노를 입자 목록에서 지울 수는 없으므로(실험실에서 분명히 발견되었다), "뉴트리노의 질량이 엄청나게 작아서 중력에 거의 영향을 미치지 않는다"고 생각하는 수밖에 없다. 현재 알려진 뉴트리노의 질량은 1980년대에 예측된 값보다 30배 이상 작다. 결국 4인조 갱단의 시뮬레이션이 옳았던 것이다.[27]

4인조 갱단의 논문이 발표된 후, 시뮬레이션은 우주론 및 입자물리학계에서 핵심 연구 수단으로 떠올랐다. 갱단의 일원인 사이먼 화이트는 모스크바에서 개최된 학회에 참석했을 때 러시아 최고의 물리학자이자 "암흑물질=뉴트리노"를 오랫동안 주장해온 야코프 젤도비치Yakov Zeldovich를 만났다.[28] 화이트가 한바탕 논쟁을 각오하고 인사를 건넸더니, 젤도비치가 점잖게 말했다. "내일 아침 우리 집으로 와주시겠습니까? 아침 식사를 대접하고 싶습니다." 이튿날 그의 아파트에서 아침을 먹던 중 화이트가 시뮬레이션 결과를 보여주자 젤도비치는 마지못해 고개를 끄덕이고는 곧바로 대화 주제를 바꿨는데,[29] 그것은 자신의 패배를 인정한다는 그만의 제스처였다.

암흑에너지

차가운 암흑물질은 "은하가 빠르게 회전하면서도 흩어지지 않는 이유"를 대충 설명하는 땜질용 도구가 아니다. 암흑물질이 존재한다는 가정하에 시뮬레이션을 실행하면 코스믹 웹의 형성과정을 정확하고도 일목요연하게 알 수 있다. 그러나 천체물리학자에게 암흑물질은 여전히 불편한 개념이다. 1988년에 마크 데이비스는 "실험실에서 발견되지 않는 한, 암흑물질을 달갑게 수용할 물리학자는 없을 것"이라고 했다.[30] 뉴트리노와 힉스 보손도 이론적으로 예견된 후 실험실에서 발견될 때까지 수십 년이 걸렸으니, 우리가 할 수 있는 일이란 인내심을 갖고 기다리는 것뿐이다. 그런데 과거에 물리학자들이 기다리는 동안 우주론은 점점 더 이상한 쪽으로 변해갔다.

  1980년대에는 연달아 등장한 첨단 망원경 덕분에 코스믹 웹에 대한 이해가 한층 더 깊어졌다. 이 무렵 데이비스는 시뮬레이션에 집중하느라 다른 연구에 한눈팔 겨를이 없었지만, 우주 지도 작성팀을 이끌던 마거릿 겔러Margaret Geller는 암흑물질 외에 새로 발견될 무언가가 아직 남아 있다고 생각했다. 어린 시절부터 3차원 패턴에 유난히 관심이 많았던 그녀는 물질의 결정結晶을 연구하는 부친의 실험실을 수시로 방문하면서 원자의 규칙적인 배열에 강한 흥미를 느꼈다. 과거에 천문학자들은 은하가 무작위로 분포되어 있다고 믿었으나, 코스믹 웹이 알려진 후로는 "보이지 않는 규칙"이 중요한 화두로 떠올랐다. 겔러는 사람들이 알고 있다고 믿는 것 중 대부분이 전혀 알려지지 않았음을 깨닫고,[31] 두 명의 동료와 함께 데이비스의 시뮬레이션을 뛰어넘어 더욱 깊은 단계에서 우주를 탐구하기 시작했다.

1980년대 말에 겔러는 자동 관측의 해상도를 높여서 기존의 은하 목록을 무려 6배로 늘려놓았는데, 새로 추가된 은하 중 상당수는 웬만한 망원경으로는 보이지 않을 정도로 멀리 떨어져 있었다.[32] 그녀는 이렇게 업그레이드된 우주 지도를 분석하던 중 코스믹 웹이 수억 광년에 걸쳐 뻗어 있는 개별적인 '끈'으로 이루어져 있음을 발견하여 우주론학자들을 흥분시켰다. 코스믹 웹 자체는 전 공간에 걸쳐 골고루 퍼져 있지만, 차가운 암흑물질 시뮬레이션에서 개별적인 끈의 길이는 3000만 광년을 넘지 않았던 것이다. 겔러는 현재의 시뮬레이션에 무언가가 누락되었음을 감지하고, 좀 더 복잡한 우주 모형을 만들기로 마음먹었다.[33]

누락된 요소는 코스믹 웹을 길게 연장시키는 '반중력anti-gravity' (밀어내는 중력)이었다. 물체를 밀어내는 중력이라니 대체 뭔 소린지 의아해하는 독자들도 있겠지만, 사실 이것은 꽤 오래전부터 거론되어온 개념이다. 뉴턴과 아인슈타인은 중력이론을 보완하기 위해 자신의 이론에 반중력을 도입했다가 실험적 증거를 찾지 못하여 폐기했다.[34] 그러나 현대의 우주론학자들이 밀어내는 중력의 필요성을 절감하여 이미 폐기된 개념을 부활시켰고, 직접 관측은 안 되지만 은하들을 서로 밀어내는 암흑물질과 반대 역할을 한다는 의미로 돌림자를 써서 "암흑에너지dark energy"로 명명했다.

암흑에너지의 효과는 태양계나 은하 한 개 정도의 규모에서 거의 관측되지 않을 정도로 미미하지만, 충분히 큰 규모에서는 우주의 운명을 좌우한다(아인슈타인은 이것을 "우주상수cosmological constant"

라 불렀다). 우주의 팽창 속도가 점점 빨라지는 이유는 미약한 척력을 꾸준히 발휘하는 암흑에너지 때문이다.

1980년대에 실행된 시뮬레이션에는 암흑에너지가 포함되어 있었지만 오직 이론을 확인하기 위한 수단이었을 뿐, 그런 것이 존재한다고 믿는 사람은 거의 없었다. 1990년에 조지 엡스타티우는 새로운 세대의 은하 탐사를 앞두고 "암흑에너지는 우주 팽창을 가속화하면서 마치 거대한 사진복사기처럼 코스믹 웹을 확대시켰다"고 주장했다.[35] 만일 시뮬레이션으로 재현된 우주의 80퍼센트가 암흑에너지이고(현재 확인된 값은 70퍼센트에 가깝다) 나머지 대부분이 암흑물질이라면, 계산으로 얻은 우주와 실제 우주는 거의 정확하게 일치한다. 이는 곧 우주가 팽창하는 현장을 직접 관측할 수 있다면, 거시적 규모에 작용하는 반중력(암흑에너지)에 의해 팽창 속도가 빨라지고 있음을 확인할 수 있다는 뜻이다.

그로부터 8년이 지난 1998년, 두 개의 천문관측팀이 허블 우주망원경Hubble Space Telescope으로 우주 팽창을 끈질기게 관측한 끝에, 팽창 속도가 시뮬레이션에서 예견된 대로 점차 빨라지고 있다는 사실을 확인했다. 내가 학부생이었던 2000년대 중반에 천문학 강사들이 암흑물질과 암흑에너지를 하늘같이 믿은 데에는 그럴 만한 이유가 있었던 것이다. 천문학자들은 정교한 이론과 방대한 관측데이터, 그리고 컴퓨터 시뮬레이션을 결합하여 우주를 재현하는 데 성공했다. 이 얼마나 놀라운 성과인가!

지금과 같은 경우에는 "예측"이라는 말이 어울리지 않는다. 시뮬레이션으로 하는 예측이란 미래를 내다보는 것이 아니라 과거를 재창조하는 것이기 때문이다. 일반적으로 과학적 예측은 미래에 초점이 맞춰져 있다. 입자물리학자는 내일 실행할 실험의 결과를 예측하고, 이튿날 실험실로 출근하여 자신이 내린 예측의 진위 여부를 확인한다. 천문학자도 미래를 예측할 수 있지만, 별로 유용하지 않다. 예를 들어 대부분의 천문학자들은 우리가 속한 은하수가 앞으로 50억 년 안에 가장 가까운 이웃인 안드로메다은하Andromeda galaxy와 충돌한다는 데 대체로 동의하고 있다. 그때가 오면 밤하늘에 멋진 장관이 펼쳐질 것이다. I 구경보다 살아남는 게 급선무다. 그러나 이런 예측은 현재의 우주론을 검증하는 데 별 도움이 되지 않는다. 어느 누가 자신의 예측이 맞는지 확인하기 위해 1억 5000만 세대를 기다리려 하겠는가?

그런 초인적인 인내심은 필요 없다. 사람이 한평생을 사는 동안 우주 자체는 거의 변하지 않지만, "우주에 대한 지식"은 드라마틱하게 변한다. 그래서 우주론학자들의 예측은 "미래에 발생할 사건"보다 "미래에 우리가 보게 될 우주의 모습"에 초점이 맞춰져 있다. 암흑에너지는 수십억 년 전부터 위력을 발휘하기 시작했지만, 우리는 1998년까지 우주 팽창이 가속화되고 있다는 사실을 전혀 알지 못했다. 이런 의미에서 볼 때, 1990년의 시뮬레이션은 문자 그대로 "예측"이었던 셈이다.

그 후로 망원경의 성능이 30배 이상 좋아졌는데도 암흑물질과 암흑에너지 가설을 위협하는 증거는 단 한 번도 발견되지 않았다. 천체망원경으로 먼 곳을 바라볼 때 당신의 눈에 보이는 별이나 은하는 현재 모습이 아니라 아득한 과거의 모습이다. 즉, 망원경을 볼 때마다 당신은 과거로 거슬러 가고 있다. 그러므로 시뮬레이션을 실행하면 현재의 코스믹 웹뿐만 아니라, 그 웹이 지난 수십억 년에 걸쳐 형성된 과정까지 "예측"할 수 있다. 또한 시뮬레이션은 "과거에 이미 일어났지만 그 증거가 아직 발견되지 않은 사건"도 재현할 수 있다.

1980~1990년대에 활동했던 우주론학자들은 위기가 흥분으로 바뀌는 극적인 순간을 경험한 이들이다. 나는 1983년에 태어나 2000년대 초반부터 우주론을 공부하기 시작했는데, 그 무렵에는 이 모든 아이디어가 학계에 진지하게 수용되었다. 대학원생 시절에 조지 엡스타티우를 처음 만났을 때(아니면 그와 처음 대화를 나눴을 때) 암흑물질의 존재를 정말 믿냐고 물었더니, 다음과 같은 답이 돌아왔다. "당연하지! 그걸 질문이라고 하나?"

암흑을 보다

암흑물질이 은하의 빠른 회전속도를 설명하는 데 그쳤다면, 이 장에서 언급된 모든 내용은 기껏해야 어린이 동화 수준을 넘지 못한다. 하나의 고립된 현상을 설명하기 위해 이런저런 이야기를 만들어내는 것은 별로 어렵지 않다. 그러나 은하의 회전은 암흑물질로 설명되는 수많은 현상 중 하나에 불과하다. 더욱 중요한 것은 암흑물질의 인력과 암흑에너지의 척력이 조화롭게 공모하여 우주의 핵심 구조인 코스믹 웹을 만들어낸다는 점이다. 이 분야의 개척자들은 우주의 구조가 올바르게 보일 때까지 시뮬레이션을 꾸준히 실행하여 중요한 사실을 정확하게 추론해냈다. 실험실에서 직접 관측을 통해 얻은 데이터로는 코스믹 웹의 존재를 설명할 수 없다. 뉴트리노는 너무 가벼워서 중요한 역할을 할 수 없는데도, 우주의 팽창 속도는 점점 빨라지고 있지 않은가. 이런 예측 능력은 성공적인 과학의 표상이다. 그동안 은하의 회전을 설명하기 위해 여러 가설이 제안되었으나, 암흑물질만큼 만족스럽게 설명한 이론은 단 하나도 없었다.

우주의 25퍼센트가 암흑물질이고 70퍼센트가 암흑에너지라는 것은 1980~1990년대에 실행된 다양한 관측과 시뮬레이션, 그리고 정교한 이론을 통해 확고한 사실로 자리 잡았다(당신과 나, 행성과 별 등 눈에 보이는 물질의 기본 재료인 원자와 분자는 전체의 5퍼센트밖에 안 된다). 그 증거는 이 책의 나머지 부분에서 틈날 때마다 제시할 것이다.

그렇다고 해서 암흑물질과 암흑에너지가 우주에서 일어나는 모든 현상을 설명한다는 뜻은 아니다. 물리학적 관점에서 설명되지 않는 한, 완성된 개념이라 할 수 없다. | 암흑물질과 암흑에너지의 궁극적 구성성분이 아직 알려지지 않았다는 뜻이다. 만일 암흑물질의 정체가 뉴트리노로 판명되었다면, 물리학자들은 쌍수를 들고 환영했을 것이다. 그들은 뉴트리노의 존재를 확인했을 뿐만 아니라, 일상적인 물질의 재료를 모아놓은 입자동물원에서 뉴트리노가 존재하는 이유까지 설명했다. 뉴트리노는 파울리가 베타붕괴beta decay | 양성자가 중성자로 바뀌거나 그 반대로 바뀌는 핵붕괴과정을 설명하기 위해 궁여지책으로 도입한 가상의 입자였지만, 지금은 물리학의 표준모형standard model | 자연계에 존재하는 모든 입자와 그들의 상호작용을 설명하는 이론에서 당당하게 한자리를 꿰차고 있다.

암흑물질과 암흑에너지는 표준모형과 분리되어 있으므로 아직은 가설로 간주되어야 한다. 암흑물질과 일상적인 입자 사이의 관계는 아직도 오리무중이다. 암흑물질과 관련된 입자 후보로는 초대칭 입자supersymmetry particles | 보손-페르미온 사이의 대칭을 통해 연결되는 가상의 입자와 액시온axion | 전하가 없고 느리게 움직이면서 상호작용을 거의 하지 않는 가상의 입자, 비활성 뉴트리노sterile neutrino | 표준 뉴트리노의 사촌 격인 가상의 입자 등이 있는데, 이름만 요란할 뿐 아직 발견된 사례는 없다. 물리학자들은 CERN의 대형 강입자 충돌기나 특수 감지기가 초대칭 입자를 발견해줄 것이라며 긴 세월 동안 희망의 끈을 놓지 않았지만, 지금은 기다리다 지쳐서 거의 포기한 상태다. 암흑물질뿐만 아니라 암흑에너지도 증거가 없기는 마찬가지다. 과거의 경험으로 미루어볼 때, 이들이 발견되려면 꽤 오랜 시간을 기다려야 할 것 같다.

그다지 좋은 상황은 아니지만, 시뮬레이션 종사자들(시뮬레이터)에게는 그만큼 기회가 많다는 뜻이기도 하다. 암흑물질과 암흑에너지의 후보가 이토록 많으니, 시뮬레이터는 프로그램을 계속 수정해가면서 다양한 가상 우주를 테스트하면 된다. 물론 완벽하게 맞아떨어지는 모형은 없다. 시뮬레이션과 현실의 차이는 정도의 문제일 뿐이다. 모든 시뮬레이션에는 개선의 여지가 남아 있으며, 현실과의 차이를 조금씩 줄여나가다 보면 언젠가는 만족할 만한 결과가 얻어질 수도 있다.

혹시 암흑물질이 중력 이외의 힘에 미약하게나마 반응하지는 않을까? 아니면 우리 예측보다 좀 더 빠르게(뉴트리노보다는 느리지만 차가운 암흑물질보다는 빠르게) 움직일 수도 있지 않을까? 그리고 암흑에너지는 아인슈타인의 우주상수와 조금 다른 방식으로 우주를 밀어내고 있는 것은 아닐까?

4인조 갱단이 했던 것처럼 암흑물질의 성분을 이리저리 바꿔가면서 시뮬레이션을 실행하여 실제 우주(관측 결과)와 비교하면 올바른 답에 조금씩 다가갈 수 있다. 기존의 가정을 바꿔 시뮬레이션을 했는데 더 좋은 결과가 나왔다면, 해답으로 가는 길이 어느 정도 정해진 셈이다. 이런 경우에는 입자물리학자(특히 실험물리학자)에게 어떤 입자를 집중적으로 찾아야 할지 가이드라인도 제시할 수 있다.

우주론학자들 중에는 "암흑물질의 후보를 바꿔서 더 좋은 결과를 얻었으므로, 이제 곧 우주론의 혁명기가 도래할 것"이라고 주장하는 사람도 있다.[36] 그렇게 된다면야 더없이 좋겠지만, 속단은 금물이다. 시뮬레이션의 결과를 현실과 비교하는 것은 결코 만만한 일이 아니어서, 자칫 잘못하면 틀린 결론에 도달하기 십상이다.[37] 문제는 20세기 후반에 실행된 대부분의 시뮬레이션이 눈에 보이는 5퍼센트가 아닌 나머지 95퍼센트에 집중되었다는 점이다. 당시 천문학자들은 시뮬레이션의 결과를 망원경으로 관측된 현실과 비교할 때 다음과 같은 가정을 세웠다. "암흑물질은 중력을 발휘하여 기체와 별을 끌어당긴다. 그러므로 은하가 존재하는 곳은 암흑물질의 밀도가 가장 높은 곳이다."

처음에는 꽤 그럴듯한 가정인 것 같았다. 중력은 물질의 종류를 구별하지 않기 때문에, 시뮬레이션에서 별이 거동하는 방식은 암흑물질과 거의 비슷하다. 그러므로 암흑물질의 중력이 강한 곳에 별이 집중되는 것은 당연한 결과다. 그러나 여기에는 암흑물질과 별의 중요한 차이가 누락되어 있다. 시뮬레이션의 기본 가정 중 하나는 빅뱅이 일어난 후 단 몇 초 만에 암흑물질이 생성되었다는 것이다. 바로 여기서 암흑물질과 별의 차이가 확연하게 드러난다. 최초의 별은 빅뱅이 일어나고 무려 1억 년이 지난 후에야 탄생했다.[38]

별은 수소와 헬륨 기체가 자체 중력으로 응축된 결과이기 때문에, 한번 생성되려면 꽤 오랜 시간이 걸린다. 그리고 별의 원재료인 기체 구름은 일상적인 원자로 이루어져 있으므로, 중력 이외의 다른 힘에도 영향을 받는다. 예를 들어 기체 구름은 '압력'에 의해 한 지역에 모여들거나 멀리 흩어질 수 있지만, 암흑물질은 아무런 반응도 하지 않은 채 제 갈 길을 갈 뿐이다. 기체의 복잡한 거동을 시뮬레이션으로 추적하지 못하면 별이 언제 어디서 태어나고 어떻게 죽는지 예측할 수 없다. 그러므로 "암흑물질이 있는 곳에 별도 함께 존재한다"는 가설은 (시뮬레이션에 도움이 되긴 하지만) 정확한 가이드라인이 아니다.

21세기로 접어들면서 눈에 보이는 것과 보이지 않는 것 사이의 관계가 생각보다 훨씬 복잡하다는 사실이 더욱 분명해졌다. 우주론 학자들은 암흑물질과 암흑에너지의 정체를 규명하기 전에 은하가 형성되고 진화하는 과정부터 정확하게 파악해야 한다는 사실을 뒤늦게 깨달았으나 바로 그 5퍼센트가 문제였다. 우주의 95퍼센트에 대한 시뮬레이션은 꽤 인상적인 결과를 낳았는데, 나머지 5퍼센트는 시뮬레이션하기가 훨씬 어려웠던 것이다.

3장
은하와 서브 그리드

번화한 도시에서 밤하늘을 올려다보면 별이 거의 보이지 않는다. 그러나 한적한 시골로 가면 수백 개의 별이 시야에 들어오고, 조금 더 바라보면 안 보였던 별들이 나타나기 시작하면서 맑은 날에는 수천 개까지 볼 수 있다. 여기서 좀 더 바라보면 눈이 어둠에 적응하면서 밤하늘을 둘로 가르는 희미한 띠가 시야에 들어온다. 이것이 바로 우리 태양계가 속한 은하수의 모습이다. 은하수는 수천억 개의 별들로 이루어진 거대한 천체인데, 그 안에서 개개의 별을 구별하려면 초강력 망원경이 필요하다. 또 1년 중 적절한 시기에 달이 뜨지 않은 날에는 안드로메다 별자리의 한가운데에서 반짝이는 천체를 볼 수 있다. 언뜻 보기엔 별 같지만, 사실 이것은 우리 은하와 분리된 별개의 은하, 즉 안드로메다은하다. 두 은하 사이의 거리는 약 250만 광년 I 1광년=약 9조 5000억 킬로미터이며, 두 은하 사이는 거의 텅텅 비어 있다. 은하수의 크기가 약 10만 광년이니, 공간이 대부분 비어 있는 셈이다. 왜 그럴까? 우주의 천체들은 왜 망망대해에서 고립된 섬처럼 띄엄띄엄 존재하는 것일까? 우주론학자들은 아직도 속 시원한 답을 내놓지 못했다.

은하수는 우리의 집이고 안드로메다는 우리와 가장 가까운 이웃 은하다. 그러나 이보다 먼 곳으로 나가면 헤아리기 어려울 정도로 수많은 은하가 곳곳에 널려 있다. 1997년에 개봉한 영화 〈콘택트 Contact〉의 오프닝 시퀀스는 하늘에서 내려다본 지구의 모습에서 시작하여 점차 멀어지는 식으로 진행된다. 잠시 후에 달과 화성을 지나고, 소행성 벨트를 넘어 목성과 토성을 지나면 태양계 전체가 화면에 들어온다. 여기서 더 멀어지면 수많은 별과 기체 구름이 나타나고 | 이 지역을 카이퍼 벨트Kuiper belt라 한다, 은하수는 광활한 우주에 떠 있는 점으로 보일 뿐이다. 이 정도만 해도 실제 우주선이 날아갔던 거리보다 수십억 배나 먼데, 영화의 시퀀스는 드라마틱하게 계속된다.

머나먼 우주로 나가니 수십 개의 낯선 은하가 나타난다. 알고 보니 우리 은하수는 이들과 한 식구였다. 어느덧 화면은 점처럼 작아진 은하로 가득 차게 되는데, 크기와 색상이 제각각이어서 경외감과 함께 감탄이 절로 나온다. 우주가 이토록 아름다운 곳이었나?

영화 〈콘택트〉의 오프닝 시퀀스에는 현대 우주론이 알아낸 우주의 구조가 일목요연하게 담겨 있다. 우주는 형형색색의 밝은 섬들이 거대한 그물망처럼 얽혀 있는 "광활한 어둠의 바다"다.

우리는 2장에서 다뤘던 암흑물질 시뮬레이션을 통해 그물망 구조를 어느 정도 이해했지만, 그물망을 따라 늘어선 은하에 대해서는 알아낸 것이 별로 없었다. 암흑물질만을 고려한 시뮬레이션은 실제 우주(관측데이터)와 직접 비교할 만한 것이 없기 때문이다. 다량의 암흑물질이 한 지역에 뭉쳐 있으면 그 안에 은하가 있을 것 같긴 하다. 그러나 이것만으로는 은하의 크기와 모양, 색상 등 물리적 특성을 설명할 수 없기 때문에, 은하를 시뮬레이션할 때에는 별과 기체를 반드시 고려해야 한다. 이런 요소가 추가되어야 관측데이터와 암흑물질의 양립 가능성을 검증하는 '우주 회계감사'에 들어갈 수 있다. 게다가 우리는 은하 안에서 살고 있으므로, 시뮬레이션이 업그레이드되면 우리 자신의 역사를 이해하는 데에도 큰 도움이 된다. 우주 전역에 기체와 별이 퍼져나간 이유를 제대로 파악하지 못하면, 은하수에서 태양계와 지구가 탄생한 이유도 알 수 없다.

내가 우주 시뮬레이션에 관심을 갖게 된 건 박사과정을 막 시작했던 2005년의 일이었다. 우주의 모든 것을 조그만 컴퓨터에 담아낸다는 발상 자체가 매우 참신하게 느껴졌고, 때마침 시기도 적절했다. 그 무렵 천체물리학자들이 최신 시뮬레이션 기법을 이용하여 (실제와는 다르지만) 꽤 그럴듯하게 우주를 재현한 것이다.

그러나 시뮬레이션의 속사정을 알고 난 후 커다란 실망감이 몰려왔다. 천체물리학자들이 원하는 시뮬레이션을 실행하기에는 컴퓨터의 성능이 너무 떨어졌기 때문이다. 달랑 은하 한 개를 시뮬레이션할 때도 기본 물리법칙을 최대한 단순화하지 않으면 컴퓨터가 먹통이 될 지경이었다. 특히 별(은하가 눈에 보이도록 만들어주는 우주의 용광로)의 일생을 시뮬레이션하려면 핵심 원리를 안타까울 정도로 느슨하게 풀어놓아야 한다.

이것은 앞서 언급한 '서브 그리드sub-grid'와 비슷한 개념이다. 지구의 날씨를 시뮬레이션할 때는 무수히 많은 빗방울과 나뭇잎을 일일이 추적할 수 없어서 근사적 접근법을 사용했다. 이와 마찬가지로 은하를 시뮬레이션할 때는 그 안에 있는 수십억 개의 별을 일일이 추적할 수 없으므로, 서브 그리드에 대략적인 규칙을 부여하여 별과 비슷한 효과를 내는 것이 최선이다. 그런데 날씨와 은하에는 근본적인 차이가 있다. 날씨 시뮬레이션은 실용성이 생명이어서 지름길을 택해도 용납이 되지만, 은하 시뮬레이션은 우주의 역사를 규명하는 학문적 성격이 강하기 때문에 서브 그리드를 도입하기가 왠지 꺼림칙하다.

이 문제는 앞으로 여러 번 언급될 것이다. 나는 오랜 세월 동안 시뮬레이션과 함께하면서 이 답답한 상황에 어느 정도 익숙해졌는데도, 물리학과 시뮬레이션 사이의 불편한 관계를 생각하면 여전히 심란하다. 컴퓨터는 수십억 개의 은하는 말할 것도 없고 우리 은하 한 개의 세부 사항도 완전히 포착할 수 없다. 그러므로 시뮬레이션의 수용 여부를 판단하는 것도 그 자체로 하나의 기술이다. 현대의 은하 시뮬레이션은 우주 탄생 직후에서 시작하여 물질이 뭉쳐서 은하가 탄생하는 과정을 재현하고 있지만, 모든 세부 사항을 일일이 추적하지는 못한다. 지금의 컴퓨터로는 턱도 없다. 시뮬레이션은 단지 우주 변천사의 개괄적인 스케치만 보여줄 뿐이다. 그러나 우리는 이 결과물을 이용하여 이미 지나온 과거를 논리적으로 해석할 수 있다. 앞서 말한 대로 천체망원경에 잡힌 풍경은 아득한 과거의 모습이다. 멀리 떨어진 은하에서 방출된 빛이 지구에 도달하려면 수십억 년이 걸리기 때문이다. 태고의 모습을 간직한 작은 점들은 비교적 가까운 거리에 있는 은하들과 사뭇 다른 형태를 띠고 있는데, 그 이유는 시뮬레이션을 통해 설명할 수 있다.

천체물리학자들이 은하를 발견해온 역사와 시뮬레이션의 신뢰도를 알아보기 위해, 관측 가능한 거리가 14억 광년 미만이었던 1960년대로 돌아가보자. 이 시절에는 은하가 어디서 왔는지, 탄생 후 지금까지 어떤 변화를 겪어왔는지 아무도 관심을 갖지 않았다. 게다가 천문학자들은 은하가 지난 수십억 년 동안 변하지 않고 지금과 같은 모습을 유지해왔다고 굳게 믿고 있었다. 그러나 학계의 막연한 믿음을 무작정 수용할 수 없었던 박사과정 학생 비어트리스 틴슬리Beatrice Tinsley는 새로운 시뮬레이션을 설계하여 진실을 밝히기로 마음먹었다.

틴슬리의 은하

과학자가 남긴 업적 중에는 정확하면서 명쾌한 것도 있고, 무슨 선언문처럼 새로운 사고방식을 제시하는 것도 있는데, 틴슬리가 1967년에 발표한 박사학위 논문에는 두 가지 스타일이 절묘하게 결합되어 있었다.[1] 그녀는 은하가 시간에 따라 변할 수밖에 없는 몇 가지 이유를 설명하고 시뮬레이션으로 이것을 구현하는 방법을 제시한 후, "그러므로 지금(1960년대)의 우주론은 수정되어야 한다"고 결론지었다.

그 무렵, 미국의 저명한 천문학자 앨런 샌디지Allan Sandage는 세계에서 가장 큰 천체망원경으로 수십억 광년 거리에 있는 은하를 관측하고 있었다. 그의 목적은 각 은하의 이동속도와 지구와의 거리를 측정하여 우주의 팽창 속도를 알아내는 것이었는데, 도플러 편이를 이용하여 속도를 측정하고, 은하의 밝기로부터 거리를 알아내는 식이다. 다들 알다시피 가까운 발광체는 밝게 보이고, 거리가 멀수록 희미해진다. 그러나 정확한 거리를 산출하려면 은하의 절대광도, 즉 "진짜 밝기"를 알아야 한다. 이 정보가 없으면 멀리 떨어져 있으면서 밝은 은하와 가까이 있으면서 어두운 은하를 구별할 수 없다. 샌디지는 이 문제 때문에 고민하다가 "모든 은하는 동일한 강도로 빛을 방출한다"는 과감한 가정을 내세웠다. 중력의 대체물로 전구를 사용했던 홀름베리와 달리, 샌디지의 관측 대상은 전구가 아니라 진짜 은하에서 날아온 빛이었다. 그러나 샌디지는 자신이 내세운 가정을 증명할 방법이 없었다. 앞에서도 말했듯이 멀리 있는 은하는 빛이 지구에 도달할 때까지 긴 시간이 걸리기 때문에, 지금 망원경에 포착된 것은 오랜 옛날의 모습이다. 그러므로 샌디지가 내놓은 결과는 갓 태어난 은하와 늙은 은하가 동일한 밝기로 빛을 방출해야 의미가 있다(이것을 '균일광도 가정'이라 하자). 과연 그럴지 살짝 의심이 가지만, 이 문제를 심각하게 여기지 않았던 샌디지는 자신이 계산한 팽창 속도가 옳다는 믿음하에 "우주는 앞으로 30억 년 후에 팽창을 멈춘 후 수축 모드로 접어들 것이며, 70억 년 후에는 모든 은하와 별, 행성들이 격렬하게 충돌하면서 종말을 맞이할 것"이라고 예측했다.[2]

샌디지는 초대형 망원경 몇 개만 더 있으면 자신의 예측을 확인할 수 있다고 주장했으나, 그의 자신감은 1960년대 미국의 최대 현안이었던 아폴로 계획Apollo Project | 사람을 달에 보내기 위해 나사를 중심으로 추진

했던 우주개발 프로젝트에 밀리고 말았다. 그는 1967년에 〈월스트리트 저널〉과의 인터뷰에서 다음과 같이 말했다. "우리의 계산이 옳다면 창세기를 다시 써야 할지도 모른다. 이것은 사람을 달에 보내는 것보다 철학적으로 훨씬 중요한 문제다."[3]

샌디지가 성경을 인용하면서 자신의 주장을 펼치는 동안, 틴슬리는 신중하고도 설득력 있는 논리로 샌디지의 '균일광도 가정'을 위태롭게 만들었다. 이 무렵 그녀가 아버지에게 보낸 편지에는 다음과 같이 적혀 있다. "샌디지의 계산은 지금 지구에 도달한 빛이 처음 방출되었을 때 해당 은하의 상태에 따라 달라질 수 있어요. 저는 모든 은하가 똑같은 상태에서 빛을 방출했다고 생각하지 않습니다."[4] 과거에 은하가 빛을 방출하는 방식이 지금과 달랐다면, 샌디지의 예측은 완전히 설득력을 잃게 된다.

틴슬리는 설계부터 코딩 및 분석까지 혼자 시뮬레이션을 실행하면서 자신의 주장을 입증해나갔다. 모든 우주 시뮬레이션이 그렇듯이, 그녀도 별의 재료인 기체 구름의 초기조건에서 출발하여 일정한 시간 간격을 따라 단계적으로 진행했다. 그러나 홀름베리의 은하 충돌 시뮬레이션과 달리, 틴슬리의 관심사는 별의 개별적인 움직임이 아니라 은하 안에서 별들이 태어나고 죽는 과정이었다. 홀름베리의 시뮬레이션에서는 모든 별(전구)이 시종일관 똑같은 광도로 빛을 발했던 반면, 틴슬리는 은하에 속한 별들의 탄생과 죽음을 고려하여 별의 밝기에 변화를 주었다. 틴슬리의 시뮬레이션에서 우주의 구성성분으로는 초기에 존재했던 수소와 헬륨뿐만 아니라, 별의 내부에서 생성된 핵반응 폐기물(탄소, 산소, 철 등)까지 포함된다.

모든 별은 은하 내부를 표류하는 기체 구름에서 시작된다. 입자들 사이에는 안으로 잡아당기는 중력과 바깥쪽으로 밀어내는 압력이 작용하는데, 구름은 이 두 힘이 미묘하게 섞이면서 만들어진 결과물이다. 그 후 구름은 자체 중력에 의해 둥그런 공 모양으로 뭉치고, 내부에서 핵융합반응이 일어나 불활성기체 덩어리(헬륨)를 빛나는 별로 바꿔놓는다. 이 단계가 되면 별은 성인기에 접어드는데 시간이 흐르면서 색상과 밝기가 변하고, 내부의 핵연료가 바닥나면 극적인 폭발을 일으키면서 최후를 맞이한다. 가장 밝은 별은 수백만 년 동안 빛을 발하는데, 우주의 장구한 역사에 비하면 찰나에 불과하다.

틴슬리는 현명한 판단을 내렸다. 자신의 시뮬레이션에 이 모든 것을 욱여넣으려고 애쓰지 않은 것이다. 그녀는 별이 형성되는 과정을 일일이 추적하는 대신, 하나의 은하에서 일정 기간 형성되는 별의 평균 개수를 펜과 종이로 계산하여 컴퓨터에 수동으로 입력했다 (이 값을 알아내려면 별의 내부에서 핵융합반응이 진행되는 속도와 연료의 양, 중력의 세기를 알아야 하는데, 결코 쉬운 계산이 아니었다).

틴슬리의 시뮬레이션은 "이렇게 줄여도 되나?" 싶을 정도로 단순했지만, 샌디지의 결론을 뒤집어엎기에 충분했다. 컴퓨터에 어떤 값을 입력해도, 태어나서 죽을 때까지 동일한 밝기로 빛나는 은하를 만들 수가 없었던 것이다. 은하가 안정적으로 유지되려면 죽은 별이 남긴 빈자리를 메울 수 있을 만큼의 적절한 속도로 새로운 별이 탄생해야 한다. 그러나 갓 태어난 별은 색상이 다르기 때문에, 은하 전체가 균일한 광도를 유지한다는 것은 이치에 맞지 않는다. 틴슬리는

1967년에 발표한 박사학위 논문에 "은하의 진화과정으로 미루어볼 때, 우주의 기원과 운명은 지금까지 생각해왔던 것보다 훨씬 복잡하다"고 적어놓았다. 우주론에 대대적인 수정이 필요하다는 것을 우회적으로 표현한 것이다.

틴슬리의 시뮬레이션에서 가장 눈에 띄는 것은 은하의 형성과 변화과정에 대해 최종적인 해답을 제시하지 않았다는 점이다. 그런 것은 별로 중요하지 않다. "정확한 하나의 답"을 얻는 것은 그녀의 관심사가 아니었다. 거대하고 복잡한 계에서 정확한 답을 얻기란 애초부터 불가능했기 때문이다. 그 대신 틴슬리는 은하의 밝기가 변하지 않는다는 샌디지의 가정이 틀렸음을 확실하게 보여주었다. 그녀의 시뮬레이션은 정확한 답을 제시하지 못했지만, 기존의 아이디어를 뒤집기에 부족함이 없었다.

샌디지는 틴슬리의 논문에 공식적인 반응을 보이지 않았으나, 주변 인물들의 증언에 의하면 "신출내기가 나의 프로그램을 망치려 든다"며 몹시 격분했다고 한다.[5] 틴슬리의 시뮬레이션에 실제 우주가 제대로 반영되지 않았다고 굳게 믿었던 그는 1967년 옥스퍼드에서 개최한 강연회에서 "틴슬리의 결과는 완벽한 오류"라고 주장했다.[6] 그러나 틴슬리는 자신이 옳다는 것을 확실하게 알고 있었기에, 시뮬레이션의 세부 사항을 또 한 편의 논문으로 발표했다. 이 논문에서 그녀는 샌디지가 자신(틴슬리)의 논문을 검증할 때 수학적 오류를 범했다고 지적한 후, "지금의 관측데이터에는 은하가 빠르게 변한다는 것을 반박할 만한 증거가 없다"고 결론지었다.[7]

샌디지는 "아직 동의하기 어렵다"면서 틴슬리의 시뮬레이션에

계속해서 의문을 제기했지만,[8] 그녀의 명성은 어느새 샌디지의 반박에 영향받지 않을 정도로 높아져 있었다. 그러나 안타깝게도 틴슬리는 흑색종 | 멜라닌 세포에서 발생하는 피부암의 일종에 걸려 1981년 40세의 젊은 나이로 세상을 떠나고 말았다. 천문학계에는 커다란 손실이었지만, 그녀가 남긴 100여 편의 논문은 후대의 천체물리학자와 시뮬레이터의 앞길을 밝혀주는 등불이 되었다. 틴슬리가 말기에 남긴 논문 중 대부분은 현대 시뮬레이션의 고질적인 문제와 관련되어 있다. "별은 은하 속에서 얼마나 빠르게 형성되는가?"

이 질문의 답을 구하지 못하면 시뮬레이션이 진행되는 동안 우주의 각 부분이 얼마나 밝아야 할지 알 수 없고, 시간에 따른 밝기의 변화도 예측할 수 없다. 생전에 틴슬리가 지적한 대로, 은하의 밝기에 대해 틀린 가정을 세우면 우주의 역사가 총체적으로 잘못될 수도 있다.

은하와 암흑물질

1980~1990년대는 우주론의 중흥기였다. 특히 코스믹 웹을 설명하는 수단으로 "차가운 암흑물질"이 등장하면서 우주론의 판도가 크게 바뀌었다. 그러나 여러 은하를 이어서 만든 코스믹 웹은 암흑물질을 설명하는 출발점이 아니라, "은하의 과도한 회전속도"와 같은 비정상적 현상을 설명하는 수단일 뿐이다. 천체물리학자들은 관측 자료에 입각하여 "보이지 않는 물질이 은하를 에워싸고 있다"고 가정하

고, 이 가상의 물질을 '암흑 헤일로dark halo'라 불렀다.┃암흑물질은 물질 자체를 뜻하는 용어이고, 암흑(물질) 헤일로는 암흑물질이 은하 전체를 에워싼 상태를 일컫는 말이다. '암흑'과 '헤일로'(후광)를 연달아 이어붙인 것이 영 어색하게 들리지만, 이 용어에는 천체물리학자들의 상상력이 잘 반영되어 있다. 만일 미래에 암흑물질을 눈으로 보는 기술이 개발된다면, 모든 은하의 주변에서 은하보다 거의 10배쯤 크게 퍼져 있는 흐릿한 안개를 볼 수 있을 것이다. 지금 당장 볼 수는 없을까? 방법이 있긴 있다. 우주 공간을 가로지르는 빛이 암흑물질의 중력에 끌려 경로가 휘어지는 현상, 즉 '중력렌즈 효과gravitational lensing effect'를 이용하면 된다. 물론 눈으로 직접 보는 게 아니라 간접적인 관측일 뿐이지만, 지금까지 얻은 데이터에 의하면 중력렌즈 효과로 빛이 휘어진 정도는 천문학자들이 예측한 암흑물질 헤일로에 의한 효과와 거의 일치한다.[9]

암흑물질에 대한 최초의 컴퓨터 시뮬레이션은 은하보다 훨씬 큰 코스믹 웹을 대상으로 실행되었다. 그러나 컴퓨터의 성능이 크게 향상된 후 시뮬레이션을 실행해보니 코스믹 웹 안에서 암흑물질이 은하와 비슷한 크기로 뭉치는 현상이 나타나기 시작했고, 천문학자들이 예측한 암흑 헤일로의 구조(질량과 크기)도 밝혀졌다. 이 시뮬레이션에서 암흑 헤일로는 초기 우주의 밀도가 가장 높은 곳에서 형성되었으며, 그 후로 주변 물질을 중력으로 끌어당기면서 점차 규모를 키워나갔다. 가끔은 여러 개의 암흑 헤일로가 하나로 합쳐지면서 초대형 헤일로가 형성되기도 한다.

기체 구름이 암흑물질의 강한 중력에 끌려 한 지점에 모여들고, 밀도가 점점 높아져서 별이 탄생한다는 것도 꽤 자연스러운 추측이다. 우주 전역에서 빈번하게 일어나는 은하합병(은하의 충돌)도 은하의 모태인 헤일로가 합병되면서 나타나는 부수적 결과일 것이다. 이로써 암흑물질 가설은 거의 완전한 이론으로 자리 잡게 된다. 원래 암흑물질은 은하의 움직임(특히 회전운동)을 설명하기 위해 도입되었지만 얼마 후에는 은하가 배열된 방대한 우주의 구조를 예측했고, 지금은 은하의 형성 및 변천 과정을 설명하는 수준까지 도달했다.[10]

그러나 아직은 만족할 때가 아니다. 시뮬레이션은 은하를 에워싼 헤일로를 재현할 뿐, 눈에 보이는 은하에 대해서는 아무것도 알려주지 않는다. 시뮬레이션에는 별이나 기체가 프로그램되어 있지 않기 때문에, 관측 결과와 비교하려면 일련의 가정과 추론을 내세울 수밖에 없다. 4인조 갱단의 일원인 사이먼 화이트와 카를로스 프렌크는 이 단점을 보완하기로 마음먹었다. 특히 화이트는 1988년에 개최된 천문학회에 참석하여 자신의 연구가 필요한 이유를 다음과 같이 역설했다. "은하의 형성과정은 아직도 베일에 싸여 있다……. 지금 한창 형성되고 있는 은하가 망원경에 포착된다 해도, 우리는 그 귀한 영상에 담긴 의미를 이해하지 못할 것이다."[11] 눈에 보이는 은하들은 암흑 헤일로와 같은 방식으로 합병되면서 성장해왔을까? 그 여부는 기체 구름이 암흑물질의 중력에 반응하는 '감도'에 달려 있으며, 우주의 역사에서 별이 탄생한 시기와 장소도 이로부터 결정된다.

이것은 틴슬리가 직면했던 문제와 본질적으로 동일하지만 암흑물질로부터 완전히 새로운 질문이 제기되었기 때문에 화이트와 프렌크는 새로운 규칙을 고안해야 했다. 기체 구름은 암흑 헤일로가 형성된 후 얼마나 빠르게 그 안으로 빨려 들어가는가? 헤일로 안으로 유입된 기체가 뭉쳐서 별이 되려면 어느 정도의 시간이 소요되는가? 두 개의 헤일로가 합쳐지면 그 안에 있는 은하가 합쳐질 때까지 얼마나 걸리는가? "암흑물질"과 "은하의 형성과정"을 하나의 논리로 설명하기란 결코 쉬운 일이 아니다. 화이트와 프렌크는 1990년에 발표한 공동논문에서 "하나의 은하가 형성되려면 상상을 초월할 정도로 다양한 재료가 필요하다"고 했다.[12]

그러나 허블 우주망원경이 발사된 후로 우주 깊숙한 곳을 들여다볼 수 있게 되자, 천체물리학자들은 은하에 필요한 재료를 찾기 위해 하늘을 이 잡듯이 뒤지기 시작했다. 허블 망원경은 인공위성처럼 약 500킬로미터 상공에서 지구궤도를 선회하기 때문에 대기의 영향을 받지 않는다. 그 덕분에 이 우주관측소는 우주 초창기부터 100억 년이 넘는 세월 동안 줄기차게 날아온 빛을 고성능 렌즈로 포획하여 초기 은하가 생성되는 장면을 생생한 스냅숏으로 보여주었다. 한편, 이론가들은 이 사실을 모르는 채 보이지 않는 암흑 헤일로의 성장 과정에 집중하고 있었으니, 이대로 가면 이론과 관측 사이의 격차가 더욱 벌어질 판이었다. 이 격차를 메우는 방법은 단 한 가지, 시뮬레이션을 통해 눈에 보이는 은하를 가능한 한 정확하게 재현하는 것뿐이다.

독자들은 이런 의문을 떠올릴지도 모른다. "전 세계 천문학자들이 암흑물질을 보편적으로 수용하고 있다는데, 대체 뭐가 문제란 말인가?" 일부 우주론학자와 입자물리학자들은 코스믹 웹이 차가운 암흑물질의 증거로 충분하다고 생각할 수도 있다. 그러나 우주 전체를 다루는 천문학자들은 새로운 패러다임으로 은하 자체를 이해할 수 있어야 직성이 풀릴 것이다.[13] 시뮬레이션이 이 작업을 감당해내지 못하면 암흑물질 우주론은 찬밥 신세가 될 수도 있다.[14]

허블 딥 필드Hubble Deep Field

1995년 크리스마스 시즌에 허블 우주망원경은 우주의 한 영역(시야각이 달 직경의 10분의 1도 안 되는 좁은 영역)에 초점을 맞추고 무려 10일 동안 그곳만 집중적으로 노려보았다. l 카메라 셔터를 1초도 아니고 1분도 아닌 10일 동안 열어놓은 셈이다. 1994년에 우주망원경과학연구소STSI, Space Telescope Science Institute의 천문학자들이 "허블 망원경의 초점을 우주 아무 곳에나 맞춰놓고 무작정 기다려보자"고 제안했는데, 이 엉뚱한 프로젝트가 반대 의견을 무릅쓰고 실현된 것이다. 사실 그 지점(큰곰자리 근처)은 지구에 있는 망원경으로 아무리 들여다봐도 특별한 것이 없는 영역이었다. 그런데 망원경의 초점을 그 썰렁한 곳에 맞추고 무려 10일 동안 빛을 모았더니, 숨이 막힐 정도로 놀라운 사진이 나타났다.

멀고 희미한 은하에서 날아온 빛은 모래시계의 잘록한 허리를 통과하는 모래처럼 아주 조금씩 망원경에 도달한다. 그러나 모래가 아무리 느리게 떨어져도 충분한 시간이 지나면 결국 모래시계의 아래쪽 칸을 가득 채우듯이, 망원경 렌즈를 특정 방향으로 고정해놓고 오랫동안 기다리면 아무리 희미한 빛도 선명한 사진으로 재구성될 수 있다. 허블 망원경이 10일에 걸쳐 찍은 사진이 지구로 전송되었을 때, 관계자들은 벌어진 입을 다물지 못했다. 아무것도 없다고 생각했던 곳에 오색찬란한 은하들이 빽빽하게 들어서 있었던 것이다.

이 아름답고 경이로운 사진에는 "허블 딥 필드"라는 이름까지 붙었다. 검은 캔버스 위에 밝은 점이 촘촘하게 박혀 있는 그림을 상상해보라. 그중 몇 개만 골라서 소용돌이처럼 날개를 그려 넣으면 더욱 멋질 것이다. 허블 딥 필드가 바로 이런 모습이었다. 작은 점들은 언뜻 보기에 별인 것 같지만, 사실은 그들 모두가 먼 곳에 있는 은하다. 나는 열두 살 때 TV에서 이 사진을 처음 보았는데, 그 작은 영역 안에 수천 개의 은하가 빼곡하게 들어차 있다는 것을 도저히 믿을 수 없었다. 이런 식으로 하늘 전체를 촬영한다면, 사진에 찍힌 은하의 수는 2600만 배로 늘어난다. 그러나 천문학자들이 흥분한 이유는 다른 곳에 있었다. 영국의 천문학자 리처드 엘리스Richard Ellis는 허블 딥 필드를 보고 "텅 빈 공간이 너무 넓어서 놀랐다"고 했다.[15] 1995년 9월에 발행된 시사지에는 우주망원경 운용팀이 예측한 우주의 모습이 게재되었는데, 그 상상화는 크고 밝은 은하로 가득 차 있었다. 그러나 허블이 촬영한 실제 은하는 예상했던 것보다 훨씬 작았다.[16]

어떤 면에서 보면 이것은 차가운 암흑물질 시뮬레이션의 성공을 의미한다. 은하를 에워싼 암흑물질 헤일로가 합쳐지면서 규모를 키운다는 가설이 확인되었기 때문이다. 이때 헤일로 내부의 은하도 합쳐진다고 가정하면 과거의 은하는 지금보다 작고 어두웠을 것이다. 차가운 암흑물질이 실제로 우주의 운명을 좌우해왔다면, 초강력 망원경으로 130억 광년 떨어진 영역을 관측해도 대부분의 공간은 텅텅 비어 있어야 한다.

그러나 이런 예측은 여전히 모호한 구석이 있기 때문에 진지하게 받아들이는 천문학자가 별로 없었다. "과거에는 은하가 더 작고 어두웠다"고 주장하는 것과 거기에 숫자를 붙이고 관측 결과를 예상하는 것은 별개의 문제다. 과거에 시뮬레이션이 "알려지지 않은 요소들" 때문에 하도 어려움을 겪어서인지 천문학자들은 많은 기대를 걸지 않았다.

가장 큰 골칫거리는 다음과 같다. "기체 구름에서 별이 탄생할 때까지 시간이 얼마나 걸리는가?" 수십 년 전에 틴슬리도 시뮬레이션을 실행할 때 바로 이 문제 때문에 골머리를 앓았다. 우주에는 기체가 풍부하게 널려 있기 때문에, 중력에 모든 것을 맡겨두면 암흑 헤일로의 내부는 빠른 시간 안에 별들로 가득 채워질 것이다. 비교적 규모가 작은 헤일로 안에도 밝은 은하가 생성될 수 있다. 그렇다면 허블 딥 필드는 밝은 빛으로 가득 차 있어야 하고, 오늘날의 은하들은 지금보다 훨씬 밝아야 한다. 허블 망원경이 발사되기 훨씬 전인 1970년대 중반에 틴슬리의 연구 동료였던 리처드 라슨Richard Larson 은 은하계에 별이 넘쳐나지 않는 것을 이상하게 생각하다가 "별의 생성 속도를 조절하는 무언가가 우주 전역에 걸쳐 작용하고 있다"는 아이디어를 떠올렸다. 이것이 바로 현대 시뮬레이션에서 핵심적 역할을 하는 '피드백feedback'이다.[17]

피드백의 기본 아이디어는 소수의 별이 "자기 파괴적 순환고리 self-defeating loop"를 이용하여 새로운 별의 생성을 막는다는 것이다. 대부분의 별은 "초신성 폭발supernova explosion"이라는 극단적 사건을 겪으면서 생을 마감한다. 예를 들어 우리 은하(은하수)에서는 1년에 한 번꼴로 초신성 폭발이 일어나고 있다. 라슨은 초신성이 폭발할 때마다 기체를 은하 바깥으로 밀어내서 새로운 별이 생성되는 것을 방해한다고 생각했다. 변기 물통의 수위가 일정 수준을 넘으면 밸브가 닫히면서 더 이상 물이 유입되지 않는 것처럼, 은하에서 별의 수가 일정 수준에 도달하면 초신성 폭발이 자주 일어나서 새로운 별이 탄생하기가 어려워진다.

이러한 자체 조절 아이디어는 꽤 설득력이 있지만, 이것만으로는 별이 형성되는 속도를 알 수 없다. 피드백에 의한 효과는 기체의 총량뿐만 아니라 기체의 위치와 이동 패턴에 따라 달라진다. 심지어 어떤 특별한 경우에는 반대 효과가 나타날 수도 있다. 예를 들어 은하의 가장자리에서 몇 개의 초신성이 비슷한 시기에 폭발한다면, 기체 구름이 은하의 안쪽으로 밀려나면서 더 많은 별이 생성될 것이다. 시뮬레이션에 이런 세부 사항이 추가되지 않으면 피드백 효과를 수치로 정량화하기가 쉽지 않다.

허블 망원경이 보내온 사진만으로 차가운 암흑물질에 대한 예측을 내놓을 수 없었던 것은 바로 이런 이유 때문이다. 1990년대 초에 몇몇 연구팀은 틴슬리의 접근법에 "끊임없이 성장하는 은하에 기체와 별을 끌어들이는 암흑 헤일로"를 추가한 혼합형 시뮬레이션을 개발했다. 그러나 개개의 은하를 단 몇 개의 숫자로 표현했기 때문에, 피드백 효과를 예측하기에는 정보가 턱없이 부족했다. 그렇다고 허블 망원경이 찍은 사진과 완전히 다른 결과가 나온 것은 아니다. 연구팀은 새로운 관측데이터가 도착할 때마다 시뮬레이션 결과를 업데이트하여 새로운 해석을 내릴 수 있도록 미리 준비해두었다. 기상학자가 올바른 일기예보가 나올 때까지 구름에 관한 서브 그리드 설정을 조정하는 것처럼, 은하 시뮬레이터는 과거 은하의 수가 관측 결과와 일치할 때까지 피드백의 서브 그리드를 조정할 수 있다. 1990년대 말에 일부 연구팀은 이 방법으로 큰 성공을 거두었으며, 시뮬레이션으로 딥 필드를 재현했을 때 은하가 넘쳐나지 않으려면 매우 강력한 "규제형 피드백"이 필요하다는 사실도 알게 되었다.[18]

이 정도면 꽤 그럴듯하지만 만족할 순 없다. 천문학자들은 허블 딥 필드를 재현한 시뮬레이션을 어디까지 받아들여야 할지 확신이 서지 않았다. 리처드 엘리스는 "사람들이 최근 실행된 시뮬레이션을 위대한 업적으로 평가하는 경향이 있는데, 내가 보기엔 좀 더 신중한 접근이 필요한 것 같다"며 다소 유보적인 태도를 보였다.[19] 엘리스의 경고는 다음과 같이 계속된다. "만족스러운 결과가 나올 때까지 피드백을 계속 가하면 은하의 개수를 맞출 수 있겠지만, 결과만 맞고 원인이 틀리는 불상사가 초래될 수도 있다." 그의 경고는 결국 옳은 것으로 판명되었다. 차가운 암흑물질 문제가 갈수록 악화되었기 때문이다.

그리드와 스마티클

틴슬리는 은하 시뮬레이션을 설계할 때부터 결코 만만한 작업이 아님을 누구보다 잘 알고 있었다. 시뮬레이션에 문제가 될 만한 요소들은 하나같이 중요한 것이어서 무시할 수가 없었기에, 그녀는 어려운 문제의 긍정적인 측면을 떠올리기로 마음먹고 말년에 발표한 논문에 다음과 같이 적어놓았다. "이 주제는 앞으로 많은 관측과 정교한 이론으로 보강되어야 한다. 따라서 은하의 진화과정을 규명하는 작업은 앞으로 다양한 연구를 유도하는 자극제 역할을 할 것이다."[20]

20세기가 끝날 때까지 대부분의 은하 시뮬레이션은 틴슬리의 방식에 따라 실행되었다. 간단히 말해서, 은하 내부의 특정 온도에 존재하는 기체의 양과 특정 시기(은하의 나이)에 존재하는 별의 수를 몇 개의 숫자로 요약하는 식이다. 이렇게 하면 암흑물질은 숫자에 녹아 들어가서 겉으로 드러나지 않지만, 기본 아이디어를 바꾸지 않은 채 은하 안에서 여전히 제 역할(은하에 새로운 기체를 끌어들이거나 이웃 은하와 충돌을 유도함)을 할 수 있다. 틴슬리는 여기에 별의 일생과 관련된 일련의 규칙을 적용하여 은하의 진화과정을 컴퓨터로 재현하는 데 성공했다.

사실 은하의 특성을 단 몇 개의 숫자에 담기란 현실적으로 불가능하다. 이것은 바람의 속도와 강우량으로 태풍을 예측하는 것과 같다. 이렇게 얻은 결과는 부분적으로 도움이 될 수 있지만, 태풍의 경로와 위력을 예측하기에는 정보가 너무 부족하다. 마찬가지로, 별과 기체의 소용돌이 운동에 대한 세부 사항이 누락되면 은하의 거동을 정확하게 예측할 수 없다. 이 점은 라슨의 피드백에서 더욱 분명하게 드러난다. 그의 시뮬레이션에서는 별의 생성 빈도가 초신성 폭발로 결정되는데, 은하 안에서 별과 기체가 모여 있는 위치를 정확하게 지정하지 않으면 피드백이 어떤 영향을 미칠지 알 수 없다. 바로 이런 이유 때문에 천문학자들은 그의 시뮬레이션을 별로 신뢰하지 않았다.

피드백을 좀 더 깊이 이해하려면 우주를 표류하면서 나선운동을 하는 기체를 추적해야 한다. 기상통보관이 대기의 습도와 이동을 추적하는 것과 같은 이치다. 시뮬레이션에서 기체를 고려하는 한 가지 방법은 리처드슨이 했던 것처럼 우주를 거대한 육면체 그리드로 분할하고, 각 육면체를 통과하는 기체에 유체역학의 세 가지 규칙(보존, 힘, 에너지)을 부과하는 것이다. 그러나 우주론학자들은 그리드의 문제점을 곧바로 간파했다.[21] 일기예보의 경우에는 대기의 모든 부분이 날씨에 영향을 주기 때문에 대기를 똑같은 크기의 그리드로 나눠도 별문제가 없지만, 대부분이 텅텅 비어 있는 우주를 동일한 그리드로 나누면 낭비가 너무 심하다. 광활한 사막에 몇 개의 도시가 띄엄띄엄 배치된 지도를 상상해보라. 도시를 구경하려고 찾아온 관광객에게 이런 지도는 별 도움이 되지 않는다. 이보다는 도시를 크게 확대하고 사막을 대충 그려 넣은 지도가 훨씬 유용하다. 이와 마찬가지로 우주를 똑같은 그리드로 분할해서 시뮬레이션을 실행하면 대부분의 계산력이 텅 빈 공간에 투입되기 때문에, 은하의 세부 사항을 서술하기가 어려워진다.

스마티클(그리드가 없어도 시뮬레이션 공간을 마음대로 날아다닐 수 있는 암흑물질 알갱이)을 이용하여 암흑물질을 추적하는 경우에는 이런 문제가 발생하지 않는다. 암흑물질이 없는 공간에는 스마티클도 존재하지 않으므로, 컴퓨터가 텅 빈 공간에 시간을 낭비할 염려가 없다. 기체가 한곳에 모이는 과정을 구현할 때에도 이와 비슷한 방법을 사용할 수 있다. 즉, 고정된 그리드를 사용하는 대신 기체를 새로운 유형의 스마티클(암흑물질과 비슷하지만, 중력 외의 압력도 느낄 수 있는 기체 알갱이)로 간주하는 것이다. 단, 이를 위해서는 날씨 시뮬레이션의 기초인 나비에-스토크스 방정식을 기체 스마티클에 맞도록 수정해서 적용해야 한다.

첫 번째 방정식은 보존 법칙에 관한 것으로, 비교적 쉬운 부분에 속한다. 스마티클의 질량과 개수를 고정된 값으로 입력하면, 시뮬레이션 도중 스마티클이 사라지거나 새로 나타나는 것을 방지할 수 있다. 힘과 관련된 두 번째 방정식은 조금 까다롭지만 다룰 수 없을 정도는 아니다. 컴퓨터가 각 스마티클의 주변을 검색하여 이웃 스마티클로부터 가해지는 압력과 중력을 계산한 후, 최종 결과에 따라 스마티클이 갈 길을 정하면 된다. 에너지와 관련된 세 번째 방정식은 각 스마티클이 운반하는 열을 추적하여 주변 스마티클에 가하는 압력을 조정한다.

방금 서술한 세 개의 방정식은 날씨의 경우처럼 복잡한 소용돌이를 발생시키지만, 모든 운동은 그리드가 아닌 "움직이는 스마티클"로 표현된다. 이 분야의 선구자 중 한 사람인 조 모너핸Joe Monaghan은 기체 스마티클을 이용한 시뮬레이션을 "평활입자 유체역학SPH, Smoothed Particle Hydrodynamics"이라 불렀다.[22] 은하보다 별과 행성에 관심이 많았던 그는 새로운 시뮬레이션을 별과 행성의 구조, 지구와 달의 형성과정, 블랙홀이 주변 물체를 빨아들이는 방식 등에 적용하여 믿을 만한 결과를 얻어냈다(이 내용은 4장에서 다룰 예정이다).[23] 모너핸은 비교적 작은 규모에서 시뮬레이션을 실행했지만 거기에 사용된 기술은 큰 규모에도 적용 가능하며, 컴퓨터의 연산 능력을 가장 중요한 곳에 집중시킬 수 있다는 장점이 있다.

모너핸의 새로운 시뮬레이션 기법은 1980년대 후반부터 우주론학자들의 관심을 끌기 시작했다. 그러나 정작 본인은 우주가 아닌 화산 폭발과 쓰나미, 미노스 문명의 몰락과정을 시뮬레이션으로 재현하느라 바쁜 나날을 보냈다.[24] 그의 접근법은 해양학, 생물학, 의학, 지구물리학 등을 비롯하여 할리우드 영화의 특수효과와 컴퓨터 게임에 이르기까지, 거의 모든 분야에 적용되었다. 1990년대 초에는 우주론학자들의 관심을 끄는 데 성공했고 컴퓨터의 성능도 엄청나게 좋아졌으니, 은하를 시뮬레이션하는 데 아무런 문제가 없을 것 같았다. 사람들은 새로운 시뮬레이션으로 재현된 은하가 몇 개의 숫자 대신 "소용돌이치는 기체와 별의 집합"으로 그 모습을 드러내리라 예상했다.

새로운 시뮬레이션은 1995년 허블 딥 필드가 공개되기 전에 실행되었다. 그러나 처음에 얻은 결과는 한마디로 재앙에 가까웠고, 그 바람에 시뮬레이션에 대한 천문학자들의 신뢰도 거의 바닥으로 떨어졌다.[25] 우리가 알고 있는 크기와 모양이 다양한 은하가 아니라, 만원 버스처럼 서로 가까이 붙어서 북적대는 별들의 집합체가 얻어졌기 때문이다.[26] 시뮬레이션으로 재현된 은하는 실제보다 훨씬 밝으면서 밀도도 엄청나게 높았다. 게다가 은하수와 비슷한 은하들이 오랜 세월 동안 병합을 겪으면서 수백 개의 작은 은하(위성은하)들로 에워싸여 있다는 결과가 나왔는데, 실제로 이런 은하는 10여 개에

불과하다.[27]

    내가 학부생이었던 2000년대 초반에 전 세계적으로 학계는 심각한 분열 조짐을 보이고 있었다. 차가운 암흑물질은 이미 그 가치가 입증되었고, 대부분의 우주론학자들은 자신이 올바른 길을 가고 있다고 생각했다. 내가 학부 때 배웠던 교과서에서도 차가운 암흑물질은 제일 중요한 주제였다. 그러나 이 무렵에 발표된 논문 중 "우주론이 기초부터 잘못되었다"고 주장하는 경고성 논문이 수십 편에 달했으며, 시뮬레이션 결과도 부정적이었다. 시뮬레이션을 업그레이드했으면 당연히 개선된 결과가 나와야 하는데, 실망스러운 결과만 계속 양산되었기 때문이다. 과학평론가들은 "우주론의 위기"라며 잔뜩 공포 분위기를 조성했고,[28] 은하를 집중적으로 연구해온 한 천문학자는 과학잡지 〈뉴사이언티스트〉에 다음과 같은 글을 기고했다. "암흑물질 지지자들은 공상에 빠져 있다. 지금이라도 늦지 않았으니, 우주론의 기초를 미련 없이 포기하고 한시라도 빨리 새로운 이론을 구축해야 한다."[29]

피할 수 없는 서브 그리드

모든 천문학자들이 위기감을 느낀 것은 아니었다. 2005년에 개최된 한 학회에서 (훗날 나와 공동연구를 하게 될) 파비오 고베르나토Fabio Governato는 자신이 실행한 시뮬레이션을 공개하면서 "지금의 우주론은 아무 문제 없다"고 주장했다.[30] 이런 결과를 얻으려면 별에서 생성되는 빛의 양을 계산하고, 기체와 먼지에 의한 그림자 효과를 고려하고, 가상의 우주를 관측했을 때 망원경에 잡히는 은하의 모습까지 예측해야 한다. 다소 번거롭긴 하지만, 시뮬레이션 결과를 실제 사진과 즉석에서 비교할 수 있으므로 시도해볼 가치가 충분히 있다.

고베르나토는 차가운 암흑물질로 은하를 설명할 수 있다고 장담하면서 시뮬레이션이 실행되는 과정을 일일이 보여주었다. 그 자리에서 나는 별과 기체로 이루어진 원반이 소용돌이치면서 회전하는 모습을 보았는데, 밝기도 적당했고 원반 주변을 공전하는 작은 위성은하의 개수도 실제와 거의 비슷했다. 고베르나토는 "피드백을 개선하고 해상도를 꾸준히 높여온 덕분에 이와 같은 결과를 얻을 수 있었다"고 했다(자세한 내용은 잠시 후에 소개할 것이다). 그러나 내가 보기에는 아직 부족한 점이 많았다. 그가 재현한 은하는 은하를 닮긴 했지만 망원경으로 찍은 휘황찬란한 나선은하보다 훨씬 희미했고, 원반의 두께가 실제 은하보다 두툼해서 마치 넓게 펴놓은 솜뭉치를 보는 것 같았다(실제 은하를 옆에서 보면 두께가 면도날처럼 가늘어서 거의 직선처럼 보인다).

오전 발표를 마치고 식당에 갔는데, 마침 점심 메뉴로 피자가 나왔다. 나는 두툼한 피자를 앞에 놓고 고베르나토에게 말을 걸었다. (그는 자존심 강한 이탈리아 사람이다!)

나: 이 피자를 보니 당신이 시뮬레이션으로 얻은 은하가 생각 나네요. 원래 피자는 얇아야 제맛 아닙니까? 물론 은하도 마찬 가지고요.

고베르나토: (당혹스러운 표정을 지으며) 말도 마세요, 반죽 덩어리 같은 은하가 나온 적도 있답니다. 근데 이탈리아 피자 중에는 두꺼운 것도 많아요!

우리는 그 자리에서 바로 의기투합했다. 그해에 고베르나토가 공개한 영상은 실제와 가까운 시뮬레이션의 신호탄이었다. 그리고 당시의 슈퍼컴퓨터로는 망원경 사진처럼 선명한 은하를 재현할 수 없었으니, 은하의 모습이 희미한 것은 당연한 결과였다. 둥그런 반죽에서 두툼한 피자로 진화한 것은 괄목할 만한 성과였기에, 결과가 실망스럽다고 암흑물질의 개념을 수정하거나 폐기할 이유는 전혀 없었다. 은하가 희미해진 것은 암흑물질의 잘못이 아니라, 별에서 방출된 빛에너지와 열을 기체에 저장하는 피드백 알고리듬 때문이었다.

처음에는 시뮬레이션에 평활입자 유체역학을 적용해도 달라지는 것이 별로 없었다. 1992년 초에 실행된 시뮬레이션에서는 별에서 방출된 다량의 에너지를 고려했는데도, 최종적으로 얻어진 은하는 이전과 비슷했다.[31] 두말할 것도 없이 실망스러운 결과다. 처음에 스마티클을 도입한 것은 올바른 피드백을 얻기 위해서였다. 여기에 유체역학을 적용하면 시뮬레이션 도중 에너지가 별이 생성되는 속도를 늦춰서 실제와 비슷한 은하가 재현될 것으로 예상한 것이다. 만일 에너지의 효과가 크지 않다면, 이것은 지나치게 낙관적인 생각이다.

2000년대 초부터 고베르나토를 포함한 다수의 시뮬레이터들은 "피드백도 중요하지만, 올바른 결과를 얻으려면 에너지와 관련된 규칙부터 수정되어야 한다"고 주장하기 시작했다.[32] 이들은 모든 가능성을 면밀히 검토한 끝에, 각 요소에 에너지를 할당한 후 유체역학 법칙을 적용하는 대신, 에너지의 효과를 극대화하기 위해 "서브 그리드"를 도입하기로 결정했다. 결과가 마음에 들지 않는다고 해서 시뮬레이션 프로그램을 변경하는 것은 그다지 과학적인 발상이 아닌 것 같지만, 별과 기체의 복잡다단한 상호작용을 시뮬레이션에 완벽하게 구현할 수 없다는 것도 부인할 수 없는 사실이었다.

별은 자신이 속한 은하보다 1조 배나 작다. 그러나 은하에 존재하는 열에너지의 대부분은 별이 방출한 복사에너지다. 즉, 은하의 열은 별에서 집중적으로 방출되고 있다. 1990년대의 시뮬레이션에서 별에 의한 효과는 가장 가까운 곳에 있는 기체 스마티클을 통해 확산되었다. 스마티클을 모두 합쳐봐야 은하와 비교가 안 될 정도로 훨씬 작지만, 별이나 초신성보다는 훨씬 크다. 그런데 이 효과가 좁은 영역에 집중되어 있어서 컴퓨터로 구현하기 어려웠고, 그 결과 에너지는 시뮬레이션에 별다른 영향을 미치지 못했다. 고베르나토가 이끌던 연구팀은 이 문제를 해결하기 위해 그 옛날 날씨 시뮬레이션에서 사용했던 서브 그리드를 도입하기로 결정했다. 개개의 스마티클에서 에너지가 작용하는 방식을 알아내어 서브 그리드의 규칙으로 지정한 것이다.[33] 그랬더니 피드백이 중력에 대항하기 시작하면서, (라슨이 기대했던 대로) 별이 생성되기가 훨씬 어려워졌다.[34]

은하를 단 몇 개의 숫자로 표현하면(그 기원은 틴슬리와 라슨으로까지 거슬러 올라간다) 누락된 요소가 많아서 당연히 서브 그리드가 필요할 것 같다. 그러나 서브 그리드를 도입한 이유는 이뿐만이 아니다. 컴퓨터가 제아무리 좋아져도 해상도에는 분명한 한계가 있으므로, 평활입자 유체역학을 정교하게 적용하려면 서브 그리드를 도입해서 세부 규칙을 할당하는 수밖에 없다. 이런 식으로 시뮬레이션을 수정한 고베르나토는 2005년도 학회에서 시뮬레이션의 결과를 담은 정지 사진과 함께 은하가 형성되는 과정을 생생한 동영상으로 보여줄 수 있었다. 청중들은 수십억 년에 걸쳐 서서히 형성된 은하가 단 몇 분 만에 급조되는 궁극의 저속촬영 영상ㅣ긴 시간 동안 변화하는 피사체의 모습을 짧은 시간 안에 보여주는 영상을 지켜보면서 수시로 감탄사를 내뱉었다.

이런 동영상을 만들려면 시뮬레이션 도중에 수천 장의 이미지를 캡처해서 매끄럽게 이어붙여야 한다. 요즘 시뮬레이터에게는 별일 아니지만, 당시에는 꽤 참신한 아이디어였다. 고베르나토의 영상은 희미한 코스믹 웹이 느슨하게 연결되어 있는 컴컴한 우주에서 시작된다. 잠시 후 웹의 마디에 작은 불꽃이 점화되면서 별이 탄생하고, 이들이 점점 밝아지다가 어느새 수백만, 수십억 개로 증가한다. 여기에 막강한 중력이 작용하여 별들이 한 덩어리로 뭉치는가 싶더니, 드디어 사진으로만 보아왔던 거대한 은하가 모습을 드러낸다.

시각적 효과는 정말 대단하다. 그런데 픽사 애니메이션 작가도 이 정도는 만들 수 있지 않을까? 천문학자의 시뮬레이션이 만화영화보다 나은 점은 무엇인가? 영화 못지않게 드라마틱한 시뮬레이션을 통해 재현된 은하가 망원경으로 찍은 사진과 비슷하다고 해서, 실제 은하가 시뮬레이션과 똑같은 과정을 거쳐 형성되었다는 뜻은 아니다. 물리학은 별과 기체의 운동을 거의 완벽하게 서술하고 있지만,

이것을 컴퓨터로 옮기려면 논쟁의 여지가 다분한 서브 그리드를 도입할 수밖에 없다.(게다가 번거롭기까지 하다!) 시뮬레이션이 물리학을 온전하게 반영하지 못한다면, 여기서 만들어진 영화로부터 무엇을 알아낼 수 있다는 말인가?

시뮬레이션으로부터 알 수 있는 것

과학의 핵심은 정답을 찾는 것이 아니라, 검증 가능한 설명을 내놓는 것이다. 나의 박사과정 지도교수였던 막스 페티니Max Pettini는 천체망원경을 끼고 사는 관측 전문가였지만, 시뮬레이션이 진행되는 장면을 옆에서 지켜본 후 "고베르나토의 동영상을 실제 우주의 역사와 비교해보라"며 나의 연구를 지지해주었다.

사람이 한평생 사는 동안 하늘은 거의 변하지 않는다. 우주의 변화는 수백만 년 또는 수십억 년에 걸쳐 아주 느리게 진행되기 때문에, 당신이 살아 있는 동안 별이 뭉쳐서 은하가 되는 장관은 절대로 볼 수 없다. 그러나 망원경으로 하늘을 잘 뒤지면 10억 년 전이나 50억 년 전, 또는 100억 년 전의 은하를 볼 수 있다. 1995년에 과학자들이 허블 망원경의 초점을 한곳에 고정시켜놓고 무려 열흘을 기다린 것도 바로 이런 이유였다. 평소 은밀하게 숨어 있던 은하들이 이때 무더기로 "적발"되었는데, 거리가 제각각이니 나이도 제각각이어서 생긴 모습이 문자 그대로 각양각색이었다. 은하의 모습과 색상이 시간에 따라 변한다는 것을 한 장의 사진(허블 딥 필드)으로 증명한 셈이다.

시뮬레이션에 의하면 우리 은하수처럼 평범한 은하는 초창기의 코스믹 웹을 따라 점처럼 박혀 있는 소형 은하들이 모여서 생성되었다. 문제는 소형 은하들이 너무 희미해서 거리가 멀면 보이지 않는다는 점이다. 허블 딥 필드가 텅 빈 것처럼 보이는 것도 아주 먼 은하들(즉, 아득한 과거의 은하들)이 망원경에 포착되지 않았기 때문이다. 망원경으로 직접 볼 수 있는 은하는 "장차 거대 은하로 성장할 가능성이 있는" 예외적인 은하들이다. 그래서 "소형 은하들이 뭉쳐서 은하로 자란다"는 시나리오는 망원경으로 검증하기가 쉽지 않은데, 이런 증거가 없으면 시뮬레이션의 진위 여부를 확인할 길이 없다.

나의 지도교수였던 페티니는 이 문제 해결의 전문가다. 특이한 것은 그가 은하 대신 "은하의 그림자"를 찾기 위해 하늘을 뒤진다는 점이다. 우리 우주에는 '퀘이사quasar'(준항성체)라는 괴물이 존재하고 있다. 자세한 설명은 뒤로 미루고, 지금 당장은 엄청나게 밝은 천체라는 것만 알면 된다. 퀘이사에서 방출된 빛은 우주를 가로지를 정도로 강력하기 때문에, 지구의 망원경에 도달할 때까지 온갖 산전수전을 겪을 수밖에 없다. 지구로 날아오는 도중에 소형 은하와 마주쳤다면, 그 안에 별이 거의 없다 해도 은하를 가득 채운 기체가 빛의 진로를 방해할 것이다.

다행히 퀘이사의 빛은 소형 은하 내부의 기체를 관통하지만, 은하를 지나는 동안 기체 안에 포함된 원소들과 상호작용을 하면서 특정 색상의 빛이 흡수된다. | 형제 여럿이 함께 여행길에 올랐다가 장애물을 만나서 체력이 약한 몇 명이 낙오된 것과 비슷한 상황이다. 그래서 지구에 도달한 퀘이사의

빛을 스펙트럼으로 펼치면 특정 색상이 누락되어 있다. 이것을 전문 용어로 '흡수선absorption line'이라 한다. 그러므로 스펙트럼을 분석하면 빛이 지구로 오는 도중에 원시은하와 마주쳤다는 것을 알 수 있고, 그 은하를 구성하는 기체의 성분까지 알 수 있다. 은하가 너무 희미해서 망원경으로 보이지 않아도 상관없다. 그 은하를 통과하는 빛(퀘이사)만 밝으면 된다.

내 박사학위 논문 주제는 은하 집단에 의해 드리워진 "그림자 지문"과 고베르나토의 시뮬레이션으로 재현된 은하를 비교하는 것이었다. 처음 몇 달 동안은 시뮬레이션의 매력에 흠뻑 빠져 시간 가는 줄도 몰랐다. 아마 평소에는 구경하기도 어려웠던 대형 컴퓨터를 마음껏 쓸 수 있었기 때문일 것이다. 나는 은하에서 흡수된 스펙트럼선(흡수선)을 예측하는 프로그램을 짜느라 컴퓨터실에서 거의 살다시피 했다. 이 작업이 끝나면 천문학자들이 얻은 실제 스펙트럼선과 비교할 참이었다.

그런데 시뮬레이션의 속사정을 알아갈수록 조금씩 회의감이 들기 시작했다. 그 무렵 나는 암흑물질과 암흑에너지의 존재를 마지못해 받아들이고 있었는데(증거가 하도 많아서 부정하기도 어려웠다), 시뮬레이션에 이들을 포함시켰더니 좋은 일이 하나도 없었다. 암흑물질도 스마티클이고, 기체도 스마티클이고, 스마티클이라는 가상의 입자가 은하 전체를 뒤덮고 있는데, 이들이 유체역학 방정식을 따른다고는 하지만 작은 규모의 세부 사항은 도저히 컴퓨터에 구현할 수 없었다. 게다가 이 문제를 해결하기 위해 도입한 서브 그리드는 불완전한 결과를 내놓고서 은하가 그럴듯하게 보일 때까지 자잘한 변수들을 조정했다. 이런 시뮬레이션을 대체 누가 믿어줄까? 내가 하는 일 자체가 무의미해 보일 지경이었다.

나는 수천 줄에 달하는 코드를 작성하고서도 유용한 결과를 얻지 못했다. 인내심이 바닥난 나는 지도교수를 찾아가 연구 주제를 바꾸겠다고 고집을 부렸고, 그 후로 1년 동안 시뮬레이션과 무관한 연구를 수행했다(자세한 사연은 6장에서 소개할 예정이다). 그러나 한창 외도를 하던 어느 날, 내가 작성했던 코드(프로그램)가 컴퓨터의 성능을 엄청나게 낭비했다는 사실을 깨닫고 결국 시뮬레이션으로 되돌아왔다. 이제 와서 말이지만, 내가 한동안 시뮬레이션을 떠난 것은 회의감 때문이라기보다 컴퓨터가 내놓은 결과물과 실제 우주가 완전 딴판일 수도 있다는 두려움 때문이었다. 솔직히 말해서 나는 시뮬레이션이 첨단기술을 이용한 사기라고까지 생각했다.

그러나 놀랍게도 시뮬레이션은 현실과 거의 정확하게 일치했고, 오랫동안 천문학자들을 괴롭혀온 문제의 해답까지 제시했다. 천문관측데이터에 의하면 지구로부터 멀리 떨어진 고대 은하에는 무거운 원소가 매우 드물다. 이곳의 탄소(C), 산소(O), 철(Fe), 규소(실리콘, Si)의 농도는 우리 은하수의 30분의 1도 안 된다. 이 현상은 시뮬레이션에서도 똑같이 나타나는데, 그 이유는 다음과 같다. 방금 말한 원소들은 태초부터 존재한 것이 아니라, 별의 내부에서 핵융합반응을 통해 만들어진다. 별이 무거운 원소를 만들어내려면 나이가 충분히 많아야 하는데, 갓 태어난 소형 은하에는 이런 별이 극히 드물기 때문에 철이나 규소의 농도가 낮은 것이다. 앞으로 긴 세월이 흐르면 소형 은하에 무거운 원소가 충분히 누적되어 지구와 같은 바위형 행성도 존재하게 될 것이다.

나는 지금도 시뮬레이션과 현실이 톱니바퀴처럼 맞아 들어갈 때마다 감탄을 자아내곤 한다. 1998년에 리처드 엘리스는 "피드백 규칙을 잘 조절하면 엉터리 시뮬레이션도 현실과 일치하도록 만들 수 있다"고 경고한 바 있다. 그러나 내가 알기로 소형 은하의 그림자를 재현하기 위해 규칙을 수정한 적은 한 번도 없었다. 그런데도 은하 시뮬레이션이 관측데이터와 거의 일치하는 것을 보면, 그 많은 단점에도 불구하고 꽤 많은 진실을 반영하고 있는 듯하다.

내가 시뮬레이션 때문에 깜짝 놀랐던 또 하나의 사례를 여기 소개한다. 그동안 컴퓨터의 성능이 향상됨에 따라 시뮬레이션의 해상도도 높아져서 세부 사항을 추가할 수 있게 되었고, 그 덕분에 컴퓨터가 만들어낸 은하의 모습도 더욱 현실에 가까워졌다. 2010년 시애틀을 방문했을 때 그곳에서 일하던 고베르나토가 최신 시뮬레이션으로 만든 영화를 보여줬는데, 내 예상과는 다르게 피드백이 의외의 방향으로 흘러가고 있었다. 원래 에너지는 기체가 별로 진화하는 것을 막는 정도로만 작용해야 하는데, 이 영화에서는 에너지가 너무 강력해서 기체를 은하로부터 수천 광년 바깥으로 날려버렸다. 깜짝 놀라 이유를 물었더니, 고베르나토는 "서브 그리드의 규칙을 바꾼 게 아니라, 해상도가 높아져서 별의 폭발력이 훨씬 큰 영향을 미치게 된 것"이라고 했다.

그런데 정말 놀라운 것은 은하에서 폭발한 기체가 밖으로 밀려나갈 때 (물귀신처럼) 암흑물질을 함께 끌고 가는 것처럼 보였다는 점이다. 1990년대부터 천문학자들은 가장 작은 은하의 중심에 있는 암흑물질이 시뮬레이션으로 예측된 양보다 조금 적지 않을까 걱정해왔는데, 이것으로 의문이 풀렸다. 천문학자 중에는 시뮬레이션과 현실이 일치하지 않는다는 이유로 암흑물질 가설을 믿지 않는 사람도 있었지만, 시뮬레이션이 스스로 문제를 해결한 것이다.

시뮬레이션에는 암흑물질의 거동을 바꿀 만한 어떤 요소도 추가되지 않았으므로, 암흑물질의 일부가 은하 바깥으로 끌려나간 것은 해상도가 높아졌기 때문이다. 우리는 일주일 동안 고베르나토의 단골 카페에 출근 도장을 찍으면서 시뮬레이션 결과를 분석한 끝에, 작은 은하에서 기체는 그냥 방출되지 않고 밖으로 밀려났다가 안으로 되돌아오기를 반복한다는 것을 깨달았다. 그리고 기체가 한 번 나갔다가 들어올 때마다(즉, 매 주기마다) 마치 물건을 실어 나르는 컨베이어 벨트처럼 주변의 암흑물질을 은하로 끌고 들어온다는 사실도 알게 되었다. 간단히 말해서, 오락가락하는 기체가 "암흑물질 채굴 장치"였던 셈이다. 그리하여 우리는 "작은 은하의 내부에서도 별이 생성되었다가 폭발하고, 그 여파로 기체가 외부로 밀려 나가고, 한동안 잠잠했다가 그 기체가 되돌아와서 또다시 별이 생성되는 과정을 되풀이한다"는 내용을 주제로 공동논문을 발표했고,[35] 우리의 주장은 얼마 후 관측을 통해 사실로 확인되었다.[36] 수백만 년 전 또는 수십억 년 전에 일어났던 이 순환과정을 관측 천문학자(망원경)보다 시뮬레이터(고베르나토와 나)가 먼저 발견한 것이다.

시뮬레이션이 중요한 이유는 이와 같은 결과가 종종 얻어지기 때문이다. 거대한 은하를 조그만 컴퓨터 안에서 재현하려면 어떻게든 속임수를 써야 하기 때문에, 시뮬레이션 결과를 액면 그대로 받아들일 수는 없다. 그러나 시뮬레이션을 통해 예측된 우주 현상이 실제 관측을 통해 확인될 때마다 신뢰도는 조금씩 높아진다.

시뮬레이션을 통해 알려진 (빅뱅 이후의) 우주 변천사는 다음과 같다. 태초에 암흑물질이 소량의 기체를 끌어들여 별이 만들어지면서 창조의 역사가 시작되었다. 별이 모여서 형성된 작은 은하들은 암흑물질의 중력에 끌려 서로 충돌하고 뭉치면서 더욱 큰 은하가 되었고, 그러는 사이에 별들은 탄생과 죽음을 반복하면서 탄소, 산소 등 주요 원소를 생산했다. 그 후로 다시 장구한 세월이 흘러 무거운 원소들이 풍부해졌을 때, 드디어 우주에는 지구와 같은 바위형 행성이 탄생하게 되었다. 이 모든 과정에서 암흑물질이 제 역할(별 만들기, 별에서 생산된 원소를 중력으로 단단히 묶어두기 등)을 하지 못했다면 생명체도 태어나지 못했을 것이다. 결국 우리는 "눈에 보이지 않는 것" 덕분에 존재하게 되었으며, 이 사실을 알아낸 일등공신은 단연 시뮬레이션이었다.

다양성의 미스터리

틴슬리가 논문을 쓴 지 60년, 그리고 홀름베리가 실험실에 전구를 밝힌 지 80여 년이 지난 지금, 두 사람의 연구를 결합한 시뮬레이션은 천문학자의 일상사가 되었다. 그 사이에 컴퓨터의 성능이 비약적으로 발전하고 시뮬레이션 프로그램도 정교해지면서 은하의 탄생 비화가 더욱 세밀하게 드러났다. 별이 탄생하려면 기체 구름이 한곳으로 뭉쳐야 하는데, 이 집결을 유도한 힘은 암흑물질의 중력이었다. 기체 구름의 거동을 좌우하는 것은 세 개의 유체역학 법칙이지만, 컴퓨터가 변두리 노동에 시달리지 않고 핵심 계산에 집중하려면 약간의 트릭을 구사해야 한다. 그리고 마지막으로 은하가 안정적으로 형성되려면 서브 그리드의 규칙을 사용하여 별에서 방출된 에너지를 주의 깊게 추적해야 한다. 이 과정을 빠뜨린 채 시뮬레이션을 실행하면 허블 망원경이 촬영한 딥 필드와 달리 지나치게 밝은 우주가 만들어진다.

시뮬레이션은 철저하게 검증된 물리학과 정교한 계산법, 그리고 이미 알려진 사실에 변수를 맞추는 튜닝 기술 등 다양한 처방전에 기초하고 있다. 그러므로 결과를 올바르게 해석하려면 방금 언급한 분야의 전문지식이 필요하다. 시뮬레이션은 시각적 효과가 매우 강렬하기 때문에 현실에 대한 통찰을 제공하는 쪽으로는 단연 챔피언이다. 그러나 추후 분석 없이 눈으로만 보고 이해하면 잘못된 선입견을 쌓기 쉽다. 예측과 가정을 분리하고 믿을 수 있는 것과 없는 것을 구별하려면 방금 말한 대로 전문지식이 필요한데, 몇 안 되는 전문가들 사이에서도 의견이 엇갈리는 경우가 종종 있다.

나 역시 시뮬레이션 학계의 현 상황을 안타깝게 생각하고 있지만, 회의적인 자세는 별 도움이 되지 않는다. 시대를 한참 앞서갔던 틴슬리의 시뮬레이션은 천문학자들이 은하와 별의 탄생 및 성장 과정을 이론적으로 규명하기 훨씬 전에 등장했다. 만일 사람들이 그녀의 진가를 알아봤다면 우주론의 혁명은 1960년대에 일어났을 것이다. "시뮬레이션은 현실과 일치하지 않아도 얼마든지 유용하게 쓸 수 있다." 이것이야말로 틴슬리가 남긴 가장 값진 교훈이다. 그녀의 말대로 현대 시뮬레이션은 현실 재현과 거리가 멀다. 그래도 시뮬레이터들은 우주의 현재와 과거에 대해 많은 것을 예측해왔고, 이 가운데 상당 부분이 옳은 것으로 판명되었다. 나 역시 시뮬레이션으로 우여곡절(열광→회의→다시 열광)을 겪으면서 나름대로 통찰을 얻을 수 있었다.

암흑물질과 암흑에너지의 정체는 아직도 미지로 남아 있지만, 은하의 탄생 시기와 탄생 이유에 대해 일관적이고 타당한 설명을 제공한다는 것만은 분명한 사실이다. 이들은 초창기 우주와 광활한 코스믹 웹, 그리고 그 안에 있는 은하와 별, 행성을 하나로 연결해준다. 강력한 망원경으로 얻은 최신 관측데이터와 비교해볼 때, 이 모든 이야기는 사실일 가능성이 높다. 지금 우리는 샌디지가 예상했던 것보다 훨씬 정확한 수준에서 창세기를 다시 쓰고 있는 것이다.

그러나 과학에는 완벽한 해답이 존재하지 않기에, 암흑물질과 암흑에너지로 풀어낸 시나리오는 언제든지 수정될 수 있다. 특히 시뮬레이션에서는 올바른 결과에 감탄하는 것보다 틀린 부분을 찾아서 원인을 규명하는 것이 훨씬 중요하다. 이론물리학자들은 현대 우주론의 단점을 끈질기게 파고들면서 암흑물질을 기존의 입자나 아직 발견되지 않은 새로운 입자로 설명하기 위해 안간힘을 쓰고 있다. 지금까지는 서브 그리드를 개선하여 단점을 커버해왔지만, 언제까지나 이런 식으로 버틸 수는 없다. 언젠가는 우주의 구성 요소를 수정해야 설명할 수 있는 기이한 현상이 발견될지도 모른다.

우주에는 천문학자와 시뮬레이터들이 자신 있게 설명할 수 없는 부분이 아직도 많이 남아 있는데, 그중 대표적인 것이 "은하의 다양성"이다. 은하의 크기가 다양한 것은 별로 문제가 되지 않는다. 암흑물질 헤일로의 규모에 따라 은하의 크기는 얼마든지 달라질 수 있기 때문이다. 그러나 은하마다 출산율(은하 안에서 새로운 별이 태어나는 비율)이 다른 이유는 아직도 불분명하다. 예를 들어 우리 은하(은하수)에서는 새로운 별이 계속 태어나고 있는데, 일부 은하는 마치 산아제한이라도 하는 듯 나이 든 별밖에 없다. 이 차이는 어디에서 비롯된 것일까?

1995년에 촬영된 허블 딥 필드는 시간에 따른 은하의 변화를 한눈에 보여줬지만, 유난히 밝은 수천 개의 은하만으로는 일반적인 결론을 내리기 어려웠다. 그 후 2000년부터 슬론 디지털 전천탐사 Sloan Digital Sky Survey ǀ 우주의 모든 천체를 이 잡듯이 관측하여 3차원 지도를 작성하는 세계 최대 천문관측 프로젝트가 시작되면서 수백만 개의 은하에 대한 정보가 축적되었고, 그 덕분에 은하의 크기, 색상, 형태뿐만 아니라 화학 성분과 나이, 밝기, 회전속도 등도 제각각이라는 사실이 밝혀졌다. 천문학자들이 시뮬레이션 결과와 관측데이터를 신중하게 비교하기 시작한 것도 이 무렵의 일이다. 또한 2021년에 발사된 제임스웹 우주망원경James Webb Space Telescope은 허블 망원경이 봤던 것보다 훨씬 먼 과거의 사진을 보내줄 것이며, 베라 루빈 천문대Vera Rubin Observatory(암흑물질 가설의 선구자 베라 루빈의 이름을 이어받은 천문대)에서는 우리와 비교적 가까운 은하 200억 개의 데이터를 수집할 예정이다.

지금 알려진 것이 아무리 많아도, 이 프로젝트는 새로운 놀라움을 선사할 것이다. 허블 딥 필드가 말해주듯이, 새로운 개척지에서 무엇이 발견될지는 아무도 알 수 없다. 새로운 데이터가 시뮬레이션과 일치하는 정도를 확인하려면 꽤 긴 시간이 소요된다. 은하의 형성과 관련된 이야기는 적어도 2030년까지 계속 변하면서 더욱 풍요롭고 미묘해질 것이다.

앞으로 발견하게 될 200억 개의 은하 중 모든 특성이 똑같은 은하는 하나도 없을 것이다. 모든 은하는 동일한 물리법칙을 따르기 때문에, 이들이 각자 다른 이유는 초기조건이 다르기 때문이다. 즉, 은하는 우주 초창기에 조금씩 다른 환경에서 형성되었다. 이 책의 6장에서 다시 언급되겠지만, 그 차이는 지극히 작으면서 극도로 미묘하다. 초기조건의 미세한 차이가 지금처럼 다양한 은하로 자라나는 과정을 논리적으로 설명할 수 있을까?

똑같은 은하가 생성되는 것을 방지하는 물리적 효과 중에는 시뮬레이션에 아직 도입되지 않은 것도 많다. 은하 시뮬레이션 학술회 의장에 가면 자기장과 우주선宇宙線, cosmic ray | 우주에서 지구로 쏟아지는 고에너지 입자의 총칭, 항성풍stellar wind | 별의 상층부 대기에서 분출되는 하전입자의 흐름. 태양이 방출하는 항성풍만 특별히 '태양풍'이라 부른다, 성간 먼지 등을 때려 넣은 난해한 서브 그리드 때문에 고민에 빠진 물리학자를 쉽게 볼 수 있다. 논문을 발표할 때는 표정에 여유가 넘치지만, 중간에 난처한 질문이 들어오면 얼굴색이 금방 달라진다.

그러나 은하의 운명을 좌우하는 큰손은 따로 있다. 이 천체는 은하를 파괴하기도 하고 때로는 번성시키기도 하는 변덕스러운 괴물이자 우주에서 가장 강력한 에너지원이기도 하다. 초등학교 아이들부터 대학교수에 이르기까지, 모든 사람의 관심을 한 몸에 받아온 우주의 슈퍼스타, 은하를 지금과 같은 모습으로 존재하게 만든 원동력, 그 주인공은 바로 '블랙홀black hole'이다.

4장
블랙홀

블랙홀은 원리적으로 아주 단순한 개념이다. "엄청난 중력에 끌려서 물질이 초고밀도로 밀집된 지역"을 블랙홀이라 한다. 이곳은 중력이 너무 강해서 우주최강 스프린터인 빛조차 빠져나올 수 없다. 그런데 빛이 방출되지 않는 영역은 당연히 검게 보이기 때문에, 검은 구멍이라는 뜻의 블랙홀로 불리게 된 것이다.

학부생 시절, 나는 블랙홀에 완전히 매료되었다. 막강한 중력만으로도 충분히 멋진데 그것이 수학과 물리학의 합작품이라니, 과학에 막연한 로망을 품고 입학한 나에게는 우주의 상징과도 같은 존재였다. 1915년에 아인슈타인은 새로운 중력이론인 일반상대성이론을 발표했고, 바로 이듬해에 독일의 물리학자 카를 슈바르츠실트Karl Schwarzschild가 상대성이론의 방정식을 풀다가 블랙홀이 존재할 수도 있음을 이론적으로 증명함으로써, 천문학자들에게 엄청난 일거리를 안겨주었다. 그러나 당시에는 시뮬레이션이 별로 정교하지 않았기 때문에 천문학자들이 블랙홀을 이해하기까지는 수십 년을 기다려야 했다. 블랙홀이 우주에 미치는 영향을 제대로 이해하기 시작한 것은 불과 몇 년 전의 일이다.

블랙홀은 공상과학영화에 나오는 맥거핀MacGuffin | 등장 인물에게 동기를 부여한 후 아무런 설명도 없이 퇴장하는 사람이나 물건처럼 보일 수도 있지만, 엄연히 실제로 존재하는 천체다. 물론 처음에는 천문학자들도 몹시 당혹스러워했다. 자고로 천문 관측이란 망원경으로 '빛'을 포획하는 행위인데, 빛을 방출하지 않는 천체를 무슨 수로 확인한다는 말인가? 다행히도 일부 천문학자들이 방법을 알아냈다. 블랙홀의 무지막지한 중력에 사정없이 휘둘리고 있는 별이나 기체 구름을 찾으면 된다. 이들이 비정상적으로 격렬하게 움직이면 그 근처에 블랙홀이 존재할 가능성이 높다. 이 정도로 성에 차지 않는다면 블랙홀 충돌사건도 있다. 두 개의 블랙홀이 격렬하게 충돌하면 고요한 연못에 돌멩이가 떨어졌을 때 잔물결이 일어나는 것처럼 공간 자체가 파동치면서 바깥쪽으로 퍼져나간다. 이 파동을 '중력파gravitational wave'라 하는데, 한 번 발생하면 우주를 가로질러 먼 곳까지 전달되기 때문에 지구에서도 감지할 수 있다(지난 2016년 미국의 중력파 실험실 라이고LIGO 에서 중력파를 감지하는 데 성공했다).

지난 10년 사이에 블랙홀은 "의심의 여지 없이 실존하는 천체" 로 확인되었다. 블랙홀의 증거를 찾는 데 기여한 여섯 명의 물리학자가 2017년과 2021년도 노벨 물리학상을 싹쓸이한 것만 봐도 그 위세를 실감할 수 있다. 이들 중 앤드리아 게즈Andrea Ghez와 라인하르트 겐첼Reinhard Genzel은 은하수의 중심에서 질량이 태양의 수백만 배에 달하는 괴물 같은 블랙홀을 발견했다(일반적으로 질량이 태양의 5만 배가 넘는 천체에는 이름 앞에 '초질량supermassive'이라는 수식어가 붙는다).

대부분의 은하는 중심에 블랙홀을 숨기고 있을 것으로 추정된다. 그래서 내 연구도 자연스럽게 블랙홀로 집중되었다. 블랙홀의 출처는 아직 미지의 영역으로 남아 있지만, 시뮬레이션이 답을 찾아줄지도 모른다. 우리는 다양한 버전의 시뮬레이션을 실행하던 중 블랙홀이 수십억 년 동안 은하의 중심에 머물다가 서서히 은하를 죽일 수도 있다는 놀라운 사실을 알게 되었다. 막강한 중력으로 은하를 먹어치우기 때문이 아니라, 강렬한 복사선으로 은하 중심부에 있는 기체를 분열시켜서 별이 생성되는 것을 방해하기 때문이다(그래도 주변에 있는 별들이 수십억 년 동안 빛을 발할 것이므로, 은하의 죽음은 아주 느리게 진행된다).

은하와 블랙홀 사이의 상호작용은 극히 일부만 알려져 있다. 초대형 블랙홀이라 해도 직경이 은하의 500억 분의 1밖에 안 되기 때문에 컴퓨터로 블랙홀을 포착하기가 매우 어렵다. 그래서 우주 시뮬레이션에 블랙홀을 포함시키려면 별의 경우처럼 일련의 서브 그리드 규칙을 부과하는 수밖에 없다.

블랙홀만 다루고 싶다면 은하를 모두 걷어내고 컴퓨터가 한 개 또는 두 개의 블랙홀에 집중하도록 만들면 된다. 이런 경우에는 계산에 적합한 특수 그리드(더욱 세분화된 그리드)를 사용할 수 있다. 그러나 블랙홀이 부각되면 그 유명한 일반상대성이론의 장방정식field equations을 풀어야 하고, 컴퓨터로 이 작업을 수행하려면 기발한 트릭을 부려야 한다.

일반상대성이론은 다양한 실험으로 검증된 이론이지만, 그 결과는 여전히 낯설기만 하다. 이 이론에 의하면 시간은 모든 사람에게 똑같은 속도로 흐르지 않고, 물질은 한 지점에 무한정 쌓일 수 있으며, 블랙홀의 사촌이자 우주의 두 지점을 연결하는 지름길인 '웜홀worm hole'이 존재한다. 물리학자들은 이 난해한 결과를 이해하기 위해 상상력을 한계까지 밀어붙여야 했는데, 설상가상으로 그때는 제1차 세계대전이 절정으로 치닫던 시기였다.

붕괴되는 별

일기예보를 개척한 루이스 프라이 리처드슨은 1915년에 치열한 전선에서 부상병을 실어나르는 고된 임무를 수행했다. 그러나 이 전투에서 사활을 걸고 싸운 물리학자는 리처드슨뿐만이 아니었다. 참호 반대편 독일군 진지에서는 카를 슈바르츠실트가 그만의 방식으로 전쟁을 치르고 있었다. 연구소에 사표를 던지고 비전투요원으로 참전했던 리처드슨과 달리, 괴팅겐대학교 교수였던 슈바르츠실트는 신분을 그대로 유지한 채 자원입대했다. 그는 성격도 리처드슨과 완전 딴판이어서, 괴팅겐 천문대의 소장으로 있던 시절에 밤마다 시끌벅적한 파티를 주최할 정도로 활기 넘치고 외향적인 사람이었다.[1] 정부 기관의 지원을 받는 40대 학자가 안락한 연구실을 마다하고 스스로 군복을 입었다니, 분명히 보통 인물은 아니다. 슈바르츠실트는 최전선에 배치되어 탄두의 궤적을 계산하는 등 다양한 임무를 수행했다.

원래 슈바르츠실트의 주 관심사는 하늘의 별이었다. 그러나 아인슈타인이 1915년에 일반상대성이론을 발표한 후로 이 분야에 완전히 매료되었고, 아인슈타인의 장방정식을 풀다가 "별이 가질 수 있는 밀도에는 한계가 없다"는 이상한 결론에 도달했다. 슈바르츠실트는 그 이듬해인 1916년 이와 관련된 논문 두 편을 연달아 발표했는데,[2] 주 내용은 "태양의 반지름이 3킬로미터(현재 반지름의 약 23만 분의 1) 이하로 압축되면 어떤 힘으로도 그 상태를 유지할 수 없기 때문에, 그런 별은 존재할 수 없다"는 것이었다.[3] 당시 슈바르츠실트가 처한 상황을 고려할 때, 그의 계산은 정말 속사포처럼 이루어졌다. 그는 전투를 치르는 와중에 천포창(피부와 점막에 물집이 생기는 만성 피부질환)이라는 병까지 걸려 무진 고생을 하다가, 논문이 출판된 지 일주일 만에 합병증으로 사망했다.[4]

아인슈타인은 슈바르츠실트의 논문에 깊은 인상을 받았다. 별의 크기에 하한선이 있다는 주장만은 선뜻 받아들이기 어려웠지만, 심각한 문제로 여기지 않았다. 별이 그토록 극단적으로 압축되는 사건은 현실적으로 일어날 가능성이 없다고 생각했기 때문이다. 그러나 그로부터 수십 년이 지난 후, 별이 슈바르츠실트 반지름 Schwarzschild radius | 임의의 천체가 블랙홀이 되는 임계반지름. 반지름이 이보다 작으면 블랙홀이 된다보다 작아질 수 있음이 분명해졌다. 별의 모든 질량이 이 영역 안에 밀집되면 중력이 너무 강해져서, 물질은 말할 것도 없고 빛조차 탈출하지 못한다. 즉, 이 별은 "하늘에 뚫린 검은 구멍"인 블랙

홀이 된다.

그 똑똑하다는 물리학자들이 이렇게 중요한 사실을 어떻게 수십 년 동안 알아채지 못했을까? 사실 여기에는 그럴 만한 이유가 있었다. 아인슈타인이 유도한 장방정식이 너무 난해해서, 간단한 사례에 적용하는 데에도 엄청난 노동이 필요했던 것이다. 아인슈타인의 일반상대성이론 방정식은 몇 개의 간략한 기호로 이루어져 있어서, 외관상으로는 별로 어려울 게 없어 보인다.(심지어 아름답기까지 하다!) 그러나 개개의 기호는 수학적으로 엄청나게 복잡한 개념이어서 자세한 내용을 풀어쓰면 수학 교과서 몇 권을 채우고도 남는다. 슈바르츠실트는 문제를 단순화하기 위해 완벽한 구형球形 천체를 대상으로 장방정식을 풀었다. 그러나 이런 해법은 거의 연습 문제에 가깝기 때문에 물리적 해석을 내리려면 몇 가지 추가 작업이 필요하다. 더글러스 애덤스Douglas Adams의 공상과학소설 《은하수를 여행하는 히치하이커를 위한 안내서Hitchhiker's Guide to the Galaxy》에서는 컴퓨터가 "삶과 우주, 그리고 그 안에 존재하는 삼라만상에 대한 궁극적 질문"의 답을 찾다가 최종적으로 "42"라는 답을 내놓고는 "아무도 만족하지 않는다 해도 이것이 무조건 정답"이라고 우기는데, 아인슈타인의 방정식도 살짝 이런 느낌이다. 수학적으로 완벽한 답을 얻어도 변수가 워낙 복잡하기 때문에 의미가 금방 와닿지 않는다. 문제를 푸는 것보다 답을 해석하는 것이 훨씬 어렵다는 이야기다.

1939년에 로버트 오펜하이머Robert Oppenheimer와 그의 제자 하틀랜드 스나이더Hartland Snyder는 별이 슈바르츠실트의 임계반지름까지 붕괴하여 실제로 블랙홀이 형성된다는 아이디어를 최초로 제안했다. 흥미롭고 유별난 연구 주제를 개발하는 데 탁월한 재능을 발휘했던 오펜하이머는 10여 명의 제자에게 각기 다른 주제를 던져 주고 논문을 지도했는데,[5] "에너지가 고갈된 별의 최종 운명"이라는 주제를 받아든 운 좋은 제자가 바로 스나이더였다. 박사과정 학생에게는 결코 만만한 주제가 아니었지만, 오펜하이머는 연구 결과가 이론물리학에 심오한 영향을 미칠 것으로 굳게 믿고 있었다.

정상적인 별은 안으로 잡아당기는 중력과 밖으로 밀어내는 압력이 절묘한 균형을 이룬 상태에서 아슬아슬하게 명줄을 유지하고 있다. 그런데 압력이 중력과 비기려면 온도가 엄청나게 높아야 하기 때문에, 핵융합 연료가 고갈되면 별의 온도가 내려가면서 균형이 무너지고, 결국 중력에 의해 무자비하게 압축된다. 오펜하이머와 스나이더는 별에 압력이 전혀 작용하지 않으면 안으로 붕괴되어 슈바르츠실트의 임계반지름보다 작아질 수 있다는 것을 증명했다. 이들의 연구 결과는 1939년 〈피지컬 리뷰〉라는 학술지에 게재되었는데, 여기에는 블랙홀의 특징이 다음과 같이 서술되어 있다. "……그러므로 별은 멀리 떨어진 관측자와의 의사소통을 차단하려는 경향이 있다. 핵융합 연료가 고갈된 후 끝까지 작용하는 것은 오직 중력뿐이다."[6]

그러나 별의 압력이 완전히 사라진다는 것은 문제를 지나치게 단순화시킨 가정이다. 이 문제 때문에 고민하고 있을 때, 오펜하이머의 또 다른 제자가 다음과 같은 가설을 제안했다. "적절한 환경에서 수명을 다한 별이 폭발하면 중심부에 있던 초고밀도의 중성자별 neutron star이 폭발의 잔해로 남을 수도 있다. 이 별은 여전히 핵융합 반응을 하면서 현상 유지에 필요한 압력을 발휘한다."[7] 그렇다면 별의 진짜 운명은 죽어가는 별의 각기 다른 부분들이 서로 밀어내는 방식에 달려 있는 셈이다. 이것은 시뮬레이션으로 확인할 수 있지만, 당시는 컴퓨터가 발명되기 전이었다.

블랙홀에 관한 연구는 제2차 세계대전이 발발하면서 갑자기 중단되었고, 오펜하이머를 비롯한 대부분의 전문가들은 맨해튼 프로젝트에 차출되어 원자폭탄 개발에 모든 열정을 쏟아부었다.(오펜하이머는 프로젝트의 핵심 인물이었음에도 불구하고 무기 개발에 시종일관 이중적인 태도를 보였다. FBI도 그를 예의주시하고 있었는데, 사실 그는 열렬한 공산주의자였다.[8]) 전쟁이 끝날 무렵, 세계 최초의 디지털컴퓨터 에니악 ENIAC이 원자폭탄 개발과 일기예보에 투입되면서 새로운 시대의 서막을 열었다. 만일 이 기계가 학술적인 목적으로 사용되었다면 거대한 별의 운명을 좀 더 빨리 알아낼 수 있었을 것이다. 그러나 제2차 세계대전이 끝난 직후부터 미국과 소련은 냉전체제로 접어들었고, 두 나라의 물리학자들이 수소폭탄 개발에 집중적으로 투입되어 "폭발하는 별"에 대한 시뮬레이션은 20년 이상 미뤄지게 된다. 아이러니한 것은 핵무기를 개발하고 그 결과를 예측하기 위해 반드시 필요한 지식이 바로 "별의 죽음"이었다는 점이다.

블랙홀 시뮬레이션

1955년에 미국, 영국, 소련이 대기권 위에서 열핵무기 실험을 시작하면서 핵폐기물의 부작용이 뜨거운 논쟁거리로 떠올랐다. '전쟁'과

'우주'가 드디어 하나로 엮인 것이다. 미국 리버모어 연구소Livermore National Laboratory의 핵무기 전문가인 스털링 콜게이트Stirling Colgate 는 미소 핵실험 금지조약을 위한 협상이 진행되던 중에 국무부 자문위원으로 위촉되었다.[9]

콜게이트의 아버지와 삼촌은 치약회사를 설립하여 탄탄한 기업으로 키운 유능한 사업가였다(그 유명한 콜게이트 치약이 이 회사 제품이다).[10] 만일 그가 가업을 이었다면 완전히 다른 삶을 살았을 것이다. 그러나 그는 로스앨러모스 랜치 스쿨Los Alamos Ranch School이라는 고등학교에 다니면서 물리학에 관심을 갖게 되었고, 무슨 운명의 장난인지 그가 재학 중이던 1942년에 미군이 비밀 핵무기 실험실로 사용하겠다며 학교 부지를 통째로 사들였다. 물론 모든 과정은 극비리에 진행되었지만, 콜게이트는 무언가 심상치 않은 일이 벌어지고 있음을 한눈에 알아차렸다. 교과서에서만 봐왔던 당대 최고의 물리학자들이 가명을 써가며 교정을 활보하고 있었기 때문이다.[11] 그로부터 10년이 지난 후, 콜게이트는 바로 그 프로젝트의 핵심 요원으로 활동하게 된다.

핵실험 금지조약 자문위원회에 합류한 그는 열핵실험 장소로 의심되는 지역을 꾸준히 감시하고 조금이라도 수상한 낌새가 보이면 곧바로 제재를 가해야 한다고 강력하게 주장했다. 그러나 우리 태양계 바깥에서 수명을 다한 별이 폭발한 경우에도 대기 상층부에서 열핵실험과 비슷한 징후(주로 방사선)가 포착된다. 이런 우주 섬광은 인공적으로 만든 폭탄보다 훨씬 밝지만, 거리가 워낙 멀기 때문에 무기로 오인될 가능성이 높다. 콜게이트는 미국 측 협상가들을 만난

자리에서 다음과 같이 경고했다. "소련 대표단이 하늘에서 방사선을 발견하고 대경실색했다고 합니다. 만일 그들이 이것을 미국의 핵폭탄이라고 생각했다면 당장 제3차 세계대전이 일어났을 겁니다!"[12] 그렇다. 당시 지구는 사소한 오해로 인해 파멸할 수도 있는 일촉즉발의 상황이었다. 필요 없는 전쟁을 막으려면 성층권 이상의 고도에서 진행되는 핵실험과 머나먼 우주에서 발생한 초신성 폭발을 어떻게든 구별해야만 했다.

무기 시뮬레이션은 많은 면에서 물리학 시뮬레이션과 비슷하다. 그래서 콜게이트는 연구팀을 구성하여 무기 시뮬레이션을 용도에 맞게 개조하는 작업에 착수했다. 폭탄이건 별이건, 이들에 대한 시뮬레이션은 분석 대상을 여러 개의 동심구同心球 ¦ 중심이 같으면서 반지름이 다른 구체로 분할한 후, 개개의 구체가 안팎으로 움직이면서 이웃한 구체에 미치는 영향을 계산하는 식으로 진행된다. 복잡하고 너저분한 3차원 문제를 완벽한 구체문제로 단순화하면 중요한 세부 사항이 누락될 수도 있지만, 당시에는 이것이 최선이었다. 한 가지 다행스러운 것은 당대 최고의 컴퓨터를 사용하는 곳이 연구소가 아닌 군대였다는 점이다.

콜게이트의 연구팀은 무기 시뮬레이션을 별에 적용하여 핵융합 연료가 고갈되면 자체 중력에 의해 안쪽으로 붕괴되기 시작한다는 사실을 알아냈다. 여기까지는 별로 놀라운 일이 아니다. 그런데 놀랍게도 별이 그다음 단계에 겪게 될 일은 전적으로 별의 질량에 달려 있었다. 별의 질량이 어떤 임계점보다 작으면 원자핵들이 서로 접촉하면서 바깥쪽으로 밀어내는 힘이 작용하기 시작한다. 조그만 상자에 구슬을 너무 많이 욱여넣었을 때 밖으로 튀어나오는 것과 비슷한 상황이다. 이 힘에 의해 별의 바깥층이 거의 빛의 속도로 부풀어 오르면서 엄청난 충격파가 발생하는데, 이것이 바로 앞서 말했던 "초신성 폭발"이다.

콜게이트는 이런 종류의 폭발 사건이 군사위성에 포착될 것으로 예측했으나, 다행히도 무기와 초신성은 당시의 기술로 쉽게 구별될 수 있었다.[13] 급격하게 부풀어 오른 별의 바깥층은 처음에 엄청난 빛을 발하다가 시간이 지날수록 희미해진다. 일본과 중국의 옛 문헌에는 게 성운crab nebula 근처에서 대낮에도 환하게 빛나는 별이 발견되었다고 기록되어 있는데,[14] 1000년이 지난 지금까지 빛을 발하는 것을 보면 초신성일 가능성이 매우 높다. 이 별은 지금도 주변 공간으로 빛과 잔해를 흩뿌리면서 자신이 과거 한때 멀쩡한 별이었음을 증명하고 있다. 폭발 후 남은 잔해는 질량이 훨씬 작으면서 밀도가 태양의 100조 배에 달하는 중성자별이 된다.

이보다 무거운 별로 시뮬레이션을 실행하면 외부를 향해 부풀지 않고 중심부가 계속 수축된다. 핵력조차 견딜 수 없을 정도로 무지막지한 중력이 작용하기 때문이다. 질량을 그대로 유지한 채 크기만 줄어들고 있으니 밀도가 대책 없이 높아지다가, 어느 시점에 이르면 아인슈타인의 중력이론은 뉴턴의 고전 중력이론과 완전히 다른 형태를 띠게 된다. 연구팀의 일원인 리처드 화이트Richard White와 마이클 메이Michael May가 아인슈타인의 장방정식을 시뮬레이션에 삽입했는데도 붕괴(수축)는 걷잡을 수 없이 계속되었고, 질량이 충분히 큰 별은 수축이 시작된 지 1초가 채 지나기 전에 완전히 으깨졌다.[15]

블랙홀이라는 수수께끼의 천체가 아인슈타인의 장방정식에서 초래된 필연적 결과물임이 입증된 것이다.

붕괴되는 별과 핵무기 시뮬레이션은 비교적 단순하여 별다른 문제 없이 진행되었다. 그러나 두 개의 블랙홀이 충돌하면서 발생한 중력파를 시뮬레이션으로 재현한 것은 그로부터 거의 반세기가 지난 2005년의 일이었다. 일반상대성이론은 배우는 데만 몇 년이 걸리고 마스터가 되려면 수십 년이 걸리는 엄청난 주제인 데다, 두 개 이상의 블랙홀을 한꺼번에 시뮬레이션하다 보면 이론의 희한한 특성이 더욱 두드러지게 나타난다. 블랙홀 시뮬레이션에 일반상대성이론이 왜 필요한 것일까? 그 이유를 이해하려면 시간의 신축성과 특이점singularity이라는 두 가지 개념을 짚고 넘어갈 필요가 있다.

첫째, 시뮬레이션의 핵심 요소인 "시간의 흐름"은 블랙홀을 바라보는 관점에 따라 달라진다. 메이와 화이트의 시뮬레이션은 붕괴 중인 블랙홀을 향해 추락하는 불운한 관측자의 시점에서 바라본 결과인데, 이 모든 상황을 멀리 떨어진 곳에 있는 두 번째 관측자의 시점에서 보면 완전히 다른 시나리오가 펼쳐진다. 즉, 별이 수축될수록 시간이 느리게 흐르다가, 슈바르츠실트 반지름(수 킬로미터)에 도달하면 시간이 완전히 멈추면서 시야에서 사라진다. 어떤 신호도 외부로 방출하지 않은 채, 얼어붙은 검은 구체만 남는 것이다.

이것은 결코 착시현상이 아니다. 일반상대성이론에 의하면 블랙홀로 빨려 들어간 관측자와 바깥에 있는 관측자는 체감 시간이 다르다. 중력이 강한 곳에서는 시간이 느리게 흐르기 때문이다. 이 현상은 실험을 통해 사실로 입증되었다. 물리학자들은 똑같은 초정밀

시계를 두 개 만들어서 하나는 지상에 놔두고 다른 하나는 비행기에 실은 채 60시간 동안 비행한 후 시간을 비교했는데, 비행기의 시계가 지상의 시계보다 빠르게 간 것으로 확인되었다.[16]◆ 결론적으로, 시간은 관측자의 위치와 운동상태에 따라 다른 속도로 흘러간다. 그러므로 시뮬레이션의 결과를 해석할 때 관측자의 시점을 신중하게 고려하지 않으면 엉뚱한 결론이 내려질 수도 있다.

이것만으로도 충분히 골치 아픈데, 일반상대성이론은 여기서 끝나지 않는다. 메이와 화이트의 시뮬레이션에서 블랙홀로 떨어지는 물체를 생각해보자. 블랙홀의 중력에 한번 걸려들면 빠져나올 길이 없다. 그러므로 블랙홀의 중심에는 외부에서 유입된 물체가 무한정 쌓이게 된다. 질량이 커지면 중력도 강해지므로 블랙홀의 중심부가 점점 더 작아져서 밀도와 압력이 계산 불가능할 정도로 높아지는데, 이런 점을 "특이점"이라 한다.

특이점이 존재한다는 것은 별로 좋은 소식이 아니다. 별의 모든 질량이 한 점으로 수축되면 밀도는 당연히 무한대가 된다. 그런데 무한대는 정상적인 수학 법칙을 따르지 않기 때문에 컴퓨터로 다루기가 쉽지 않다. 특이점에서는 물질을 바깥쪽으로 밀어내는 무한대의 압력이 작용하고 있지만, 안으로 잡아당기는 중력도 무한대여서

◆ 특수상대성이론에 의하면 비행기 내부의 시간이 느리게 흐르고, 일반상대성이론에 의하면 (고도가 높으면 중력이 약해지므로) 시간이 빠르게 흐른다. 이 두 가지 효과 중 후자의 효과가 약간 우세하기 때문에, 결국 비행기의 시계는 지상의 시계보다 빠르게 간다. GPS 위성에 탑재된 원자시계도 마찬가지다.—옮긴이

어떤 결과가 초래될지 아무도 알 수 없다. "무한대에서 무한대를 빼면 0 아닌가?" 그렇게만 된다면 지난 100년 동안 물리학은 탄탄대로를 걸어왔을 것이다. 그러나 아쉽게도 무한대는 기존의 연산 법칙을 따르지 않는다.

특이점에 대한 설명은 기원전 3세기에 활동했던 중국의 한비韓非까지 거슬러 올라간다. 그의 저서인 《한비자韓非子》에는 어떤 방패도 뚫을 수 있는 창과 어떤 창도 막을 수 있는 방패를 파는 상인이 등장하는데, 지나가던 한 행인이 "그 창으로 그 방패를 찌르면 어떻게 되는 겁니까?"라고 묻자 꿀 먹은 벙어리가 되었다고 한다.[17] 우리가 익히 알고 있는 모순矛盾의 어원이다. 특이점은 무엇이건 뚫는 창과 무엇이건 막아내는 방패가 맞붙은 상황과 비슷해서, 물리학자는 창과 방패 장수처럼 입을 닫을 수밖에 없다. 고속도로를 내달리듯 일사천리로 진행되던 시뮬레이션도 특이점을 만나는 순간 곧바로 먹통이 된다.

메이와 화이트는 특이점이 나타나기 직전(수백만 분의 1초 전)까지만 시뮬레이션을 실행하는 식으로 문제를 해결했다. 결정적 순간에 도달하기 전에 결론을 내렸으니, 문제를 해결한 게 아니라 피해 간 셈이다. 블랙홀이 실존한다는 가장 확실한 증거는 두 개의 블랙홀이 충돌할 때 생성된 중력파에서 찾을 수 있다. 이런 파동을 재현하려면 시뮬레이션은 블랙홀이 충돌하기 수백만 년 전부터 실행되어야 한다.

중력파 시뮬레이션은 특이점을 피하고 무한대를 제거하는 등 정교한 작전이 필요하기 때문에 21세기가 되어서야 완성되었다. 여기서 얻은 결과는 일반상대성이론이 낳은 또 하나의 괴물인 웜홀wormhole

과 깊이 관련되어 있다.

파동과 웜홀

현대 시뮬레이션에서 특이점을 피해 가는 방식은 한 편의 공상과학 소설을 방불케 한다. 1935년에 아인슈타인은 제자인 네이선 로젠 Nathan Rosen과 함께 일반상대성이론을 연구하던 중 "한 쌍의 블랙홀은 우주의 두 지점을 연결하는 웜홀의 입구와 출구가 될 수 있다"는 결론에 도달했다.[18] 하나의 블랙홀에서 출발하여 특정한 경로를 따라가다가 다른 블랙홀에 도달하면 우주의 반대편으로 나갈 수도 있다. 이런 경우에 두 블랙홀을 연결하는 통로가 바로 '웜홀'이다. 즉, 웜홀은 시공간에서 멀리 떨어진 두 지점(또는 우리 우주와 다른 우주)을 연결하는 지름길 역할을 한다. 수학자와 물리학자들 사이에서 괴물 취급을 받던 블랙홀이 "새로운 세계로 통하는 신비한 입구"로 탈바꿈한 것이다.

정말 그럴까? 블랙홀이 진정 다른 세상으로 통하는 웜홀의 현관문이었단 말인가? 아직 확실한 증거는 없다. 아인슈타인은 출입구가 생성되는 역학적 원리를 제시하지 않았고, 붕괴된 별이 반드시 웜홀의 입구가 된다는 보장도 없다. 이들은 그저 블랙홀이 될 뿐이다(물론 질량이 커트라인을 넘어야 한다). 그러나 아인슈타인과 로젠은 "블랙홀이 웜홀의 입구로 변해도 외부의 관측자에게는 달라진 것이 아무것도 없다"는 것을 수학적으로 증명했다. 바깥에서 바라보면 그

저 어두운 구체일 뿐이다. 구의 내부에서 일어나는 모든 사건은 바깥 세계와 완전히 단절되어 있다. 그래서 검은 구체의 표면을 사건지평선event horizon | 블랙홀의 표면에 해당이라 한다. 그 안에서는 빛조차 빠져나올 수 없으므로, 내부의 정보를 밖에서 알아낼 방법이 없다. 즉, 사건지평선(웜홀의 입구 또는 특이점) 안에서 일어난 모든 사건은 아무런 정보도 유출하지 않은 채 그 안에서 끝난다.

1950년대에 핵물리학자 존 휠러John Wheeler는 블랙홀 시뮬레이션에 웜홀을 도입해야 한다고 처음으로 주장했다. 원래 그의 관심사는 별 내부에서 진행되는 핵융합반응이었으나, 오펜하이머의 제자들이 붕괴하는 별을 주제로 발표한 논문을 읽은 후부터 블랙홀의 매력에 빠져들었다고 한다. 그는 두 개의 블랙홀이 충돌하는 사건을 분석하던 중 "극단적인 충돌의 와중에도 사건지평선의 내부는 절대로 들여다볼 수 없다"는 사실을 깨닫고, 시뮬레이션에서 블랙홀을 특이점이 아닌 웜홀로 간주한다는 아이디어를 떠올렸다. 이렇게 하면 그 골치 아픈 무한대가 사라지면서, 블랙홀 내부에서 어떤 일이 일어나건 외형은 변하지 않는다. 그 덕분에 무한대의 공포에서 해방된 요즘 시뮬레이터들은 블랙홀 대신 "구멍puncture"이라는 용어를 사용하고 있다.[19] 휠러는 그의 박사과정 제자인 리처드 린드퀴스트Richard Lindquist에게 두 개의 구멍이 충돌하는 과정을 시뮬레이션으로 재현하는 과제를 내주었다.[20]

휠러는 검증 가능성에 연연하지 않고 일반상대성이론을 있는 그대로 이해하려고 노력했지만,[21] 지금 우리는 이론을 검증하는 수준까지 도달했다. 예를 들어 두 개의 블랙홀이 충돌하면 지구에서도 감지될 정도로 강한 중력파가 발생한다. 앞에서 나는 수면 위의 특정한 지점에서 발생하여 주변으로 퍼져나가는 파동을 유체역학 법칙으로 설명할 수 있다고 말한 적이 있는데, 이와 비슷하게 공간 자체의 파동(중력파)도 일반상대성이론으로 설명 가능하다. 밀도가 높은 무거운 물체가 빠르게 움직이면 공간이 순간적으로 변형되었다가 다시 원래의 형태로 되돌아가고, 물체의 궤적을 따라 이 과정이 반복되면서 중력파가 발생하는 것이다. 그러므로 지구에서 중력파가 감지되면 일반상대성이론의 타당성이 입증되는 셈이다. 특이점과 관련된 문제만 해결된다면, 블랙홀이 충돌할 때 발생한 중력파를 시뮬레이션으로 재현할 수 있다.

린드퀴스트는 웜홀을 컴퓨터에 코딩해줄 사람을 수소문하던 중 헝가리 출신의 수학자 수전 한Susan Hahn을 알게 되었다. 그녀는 1951년에 소련군이 부다페스트를 점령했을 때 남편과 함께 고향을 탈출하여 뉴욕으로 이주한 후 은행원으로 새로운 생활을 시작했다. 그러나 항상 수학자가 되기를 원했던 한은 뉴욕대학교에 시간제 학생으로 등록하여 야간 강좌를 듣다가 얼마 후 전일제 학생이 되어 박사과정에 입학했고,[22] 몇 년이 지난 1957년에 "모든 방정식의 해를 그리드에 기초한 시뮬레이션으로 구하는 방법"을 개발하여 박사학위 논문으로 제출했다.[23]

수전 한은 이런 종류의 계산에서 범할 수 있는 오류를 완전히 꿰차고 있었기에, "구멍 난 시공간"이라는 추상적 개념을 구체적인 계산으로 구현하는 데 더없이 적절한 인물이었다. 게다가 당시 그녀는 IBM의 프로그래머로 일하면서 풍부한 코딩 경험을 쌓았고, IBM

측도 난해한 물리학 문제를 컴퓨터로 해결하는 것이 회사의 홍보에 도움이 된다고 생각했다. 웜홀을 이용하여 특이점을 제거한다는 아이디어가 린드퀴스트에 의해 구체화되고, 다시 수전 한의 손을 거쳐 컴퓨터 시뮬레이션으로 재탄생한 것이다.[24]

한과 린드퀴스트는 공동으로 발표한 논문에서 그들의 연구가 "과학적 중요성을 따지기 이전에 원리적 단계에서 타당성을 확인하는 것"임을 강조했다. 블랙홀이 충돌하면서 발생한 중력파를 감지하는 것은 당시만 해도 요원한 일이었기 때문이다.[25] 사실, 두 사람이 설계한 시뮬레이션(정면으로 충돌하는 두 개의 블랙홀)은 현실 세계에서 일어날 가능성이 거의 없다. 실제 우주에서 두 개의 블랙홀이 가까이 접근하면 상대방을 중심으로 나선을 그리면서 공전하다가 비스듬한 각도로 충돌한다. 게다가 특이점 문제를 해결했음에도 불구하고 | 앞에서도 말했지만 해결한 게 아니라 피해 간 것이다, 두 블랙홀 사이의 거리가 가까워질수록 무의미한 결과가 마구 튀어나왔다. 계에 내재하는 혼돈적 특성chaotic properties이 부작용을 낳은 것이다. 일기예보가 2주 이상을 예측할 수 없는 것처럼, 시뮬레이션 초기에 공간에 대해 정확한 서술을 하지 않으면 여기서 발생한 오차가 조금씩 누적되어 충돌 직전에 심각한 오류를 낳게 된다.

한과 린드퀴스트의 시뮬레이션은 중력파에 대한 질문에 만족할 만한 답을 제시하지 못했지만, 특이점을 "공간에 난 구멍"으로 대체한다는 아이디어는 원리적 단계에서 검증되었다. 블랙홀 충돌사건에서 혼돈적 요소를 제거하려면 더욱 세밀한 계산 테크닉이 필요한데, 이 작업이 성공리에 이루어진 것은 그로부터 무려 40년이 지난 후의 일이었다. 2005년에 세 개의 연구팀이 각자 독립적으로 시뮬레이션을 개발하여, 두 개의 블랙홀이 나선을 그리며 접근하다가 하나로 합쳐지는 장관을 거의 동시에 구현했다.[26] 제안자인 아인슈타인조차 예측하지 못했던 장방정식의 결과가 거의 90년 만에 시각적 효과와 함께 적나라하게 드러난 것이다.

그로부터 다시 10년이 지난 후, 블랙홀이 충돌하면서 생성된 중력파가 미국의 라이고LIGO, Laser Interferometer Gravitational-Wave Observatory(레이저 간섭계 중력파 관측소)의 장비에 드디어 감지되었다. 1960년대에 처음으로 설계된 라이고는 그 자체만으로도 엄청난 기술적 업적이다. 물론 시뮬레이터들도 "감지될 수 있는 중력파의 모든 가능한 형태"를 일일이 분석하여 데이터 북을 만들고 코딩 기술을 개발하는 등 중력파 감지에 커다란 공을 세웠다. 전 세계에서 모인 수백 명의 과학자들은 라이고에 포착된 신호를 분석한 끝에 "지구로부터 수억 광년 떨어진 곳에서 각각 태양 질량의 36배, 29배인 두 블랙홀이 하나로 합쳐지면서 발생한 중력파"라고 결론지었다. 충돌 후 탄생한 거대 블랙홀의 질량은 태양의 62배일 것으로 추정된다.

물론 36 더하기 29는 62가 아니다. 이것은 계산상의 실수가 아니라, 질량의 일부가 중력파의 에너지로 변환되었기 때문이다. 질량과 에너지는 아인슈타인의 그 유명한 방정식 $E=mc^2$을 통해 서로 호환 가능하며, 블랙홀 주변은 우주를 통틀어 이 변환이 가장 극명하게 나타나는 곳이기도 하다. 충돌의 마지막 몇 초 사이에 발생한 중력파의 총에너지는 은하수에 존재하는 수천억 개의 별들이 1000년 동안 방출한 빛에너지를 모두 합한 양과 맞먹는다.

에너지

과학자들은 라이고의 관측데이터와 시뮬레이션으로 얻은 중력파를 면밀히 비교한 끝에, "블랙홀은 실제로 존재하며, 일반상대성이론의 장방정식에 따라 거동한다"는 결론에 도달했다. 그러나 블랙홀의 존재 여부가 확실치 않았던 20세기 중반에 천문학자들은 우주에서 날아온 전파 신호를 탐지하다가 "에너지 손익계산서"에서 무언가가 누락되었음을 발견하고 당혹감에 빠졌다.

처음에 천문학자들은 강한 전파(라디오파)가 방출되는 지점을 기존의 광학망원경 | 가시광선을 이용한 전통적인 망원경으로 이 잡듯이 뒤진 끝에 별처럼 보이는 작은 점을 발견했다. 1950년대에 이 점을 처음으로 분석한 사람은 은하가 변한다는 주장에 가장 강하게 반대했던 앨런 샌디지였다. 그는 관측데이터를 받아든 순간, 곧바로 당혹감에 빠졌다. 별의 색상도 유별난데, 강한 전파를 방출하는 이유마저 오리무중이었기 때문이다. 훗날 이 천체는 "별과 비슷하면서 전파를 방출하는 천체quasi-stellar radio source"라는 뜻의 퀘이사quasar(준항성체)로 불리게 된다(3장에서 잠깐 언급한 바 있다).

샌디지는 패서디나에 있는 카네기 천문대Carnegie Observatory를 자주 방문하여, 그곳에 파견된 칼텍Caltech(캘리포니아 공과대학교)의 연구원들과 의견을 주고받았다. 그러나 나중에 퀘이사의 수수께끼를 푼 주인공은 칼텍의 젊은 천문학자들이었고, 여기서 소외된 샌디지는 그들이 자신의 연구를 훔쳤다며 강한 불만을 토로했다.[27]

어쨌거나 칼텍의 천문학자들이 내린 결론은 정말 놀라웠다. 강력한 전파의 진원지는 별이 아니라, 멀리 떨어진 은하의 중심부였던 것이다. 작디작은 점에서 어떻게 그토록 강력한 에너지가 방출되는 것일까? 아무리 생각해도 적절한 후보는 태양의 수백만 배, 또는 수십억 배에 달하는 블랙홀밖에 없었다.

홀로 고립된 블랙홀은 완전한 칠흑의 구멍일 뿐이지만, 기체로 에워싸여 있으면 밝게 빛날 수 있다. 기체가 블랙홀의 막강한 중력장에 진입하면 사건지평선을 향해 나선을 그리면서 빨려 들어가고, 이 과정에서 블랙홀 주변에 '강착원반accretion disk'이 형성된다. 그런데 개개의 구름 덩어리는 각기 다른 방식으로 움직이기 때문에 블랙홀로 빨려 들어가다가 서로 충돌하거나 마찰을 일으켜서 중력 위치에너지의 일부가 열에너지로 바뀌고, 그 후로 몇 단계를 거쳐 결국 빛이나 복사에너지로 변환된다. 이 과정은 질량으로부터 빛을 생성하는 핵융합반응보다 10배 이상 효율적이며, 블랙홀의 질량이 클수록 주변 물질을 더욱 빠르게 흡수하면서 자신의 영향력을 더 오랫동안 발휘할 수 있다. 이것이 바로 먼 거리에서 강한 빛을 방출하는 작은 점의 정체였다. 퀘이사는 우주 전역에 신호등처럼 흩뿌려져 있는데, 지금까지 발견된 것만 수백만 개에 달한다.

모든 구름(기체)은 블랙홀로 빨려 들어간 후에도 여전히 나선운동을 하면서 블랙홀 안에 추가 에너지를 저장한다. 물론 이들은 사건지평선 내부에 있지만, 회전하는 블랙홀이 자기장에 영향을 주어 강착원반에 있는 물질을 바깥으로 밀어낸다. 그런데 저장된 에너지가 워낙 막대하여 밀려나는 물질은 거의 빛의 속도로 내달리고, 이과정에서 강력한 전파가 방출되는 것이다. 샌디지의 망원경에 포착

된 것이 바로 이 전파였다.[28]

우리 은하(은하수)의 중심에도 초대형 블랙홀이 자리 잡고 있다. 이곳에서 상당량의 물질이 블랙홀로 빨려 들어가면, 우리 은하도 밝게 빛나는 퀘이사가 된다. 아마도 이때 발생한 강력한 열 때문에 빛은 연한 푸른색을 띨 것이다. 현재 은하의 중심부를 가리고 있는 먼지 장막이 모두 타고 나면 금성보다 1000배쯤 밝은 으스스한 빛이 하늘을 밝힐 것이다. 이 빛의 출처(은하수의 중심부)는 태양보다 10억 배 이상 떨어져 있음에도 불구하고 대낮에도 훤하게 보인다. 상상만 해도 등골이 오싹하다.

이것 때문에 당장 인류가 멸망하진 않겠지만, 장기적으로 보면 은하도 결코 안전하지 않다. 처녀자리에 있는 타원은하 M87이 대표적 사례다. 이 은하는 중심에서 수천 광년 떨어진 곳까지 강력한 제트류ㅣ물질이 빠른 속도로 분출되는 현상를 뿜어내고 있는데, 분출 속도가 거의 광속에 가까워서 경로에 놓인 모든 것을 쓸어버린다. 그야말로 '죽음의 별Death Star'이 따로 없다. 다행히도 빔의 폭이 워낙 가늘어서 별이나 행성이 날벼락을 맞을 확률은 별로 높지 않지만, 이 엄청난 에너지는 결국 어딘가에 도달할 것이다. 그다음에는 과연 어떤 일이 벌어질까?

은하 속의 블랙홀

블랙홀의 에너지를 대상으로 시뮬레이션을 개발하려면 마음부터 단단히 먹어야 한다. "블랙홀 시뮬레이션과 은하 시뮬레이션을 합치면 되는 거 아닌가?" 그렇다면 정말 좋겠지만, 정작 둘을 합쳐놓으면 엄청난 불일치가 발생한다. 지금까지 알려진 블랙홀 중 질량이 가장 큰 것은 태양의 수십억 배에 달하는데, 사건지평선은 태양계의 크기 정도밖에 안 된다. 그러나 은하 자체는 이보다 수천 배 이상 무겁고, 수십억 배 이상 크다. 은하를 지구의 대기에 비유하면 블랙홀은 대기에 떠다니는 먼지 한 톨에 불과하다. 그러므로 은하 시뮬레이션에 블랙홀을 추가하는 것은 날씨를 시뮬레이션하면서 입자 한 개를 추적하는 것과 비슷하다. 간단히 말해서, 불가능하다는 얘기다. 여기서 진도를 더 나가려면 2000년대 초에 천체물리학자들이 시뮬레이션에 도입했던 서브 그리드 규칙을 도입하는 수밖에 없다. 이 아이디어를 처음으로 제안한 사람은 카네기멜런대학교 물리학과 교수인 티지아나 디 마테오Tiziana Di Matteo였다.

디 마테오는 케임브리지대학교에서 "물질이 블랙홀로 빨려 들어가 에너지를 생성하는 과정"을 연구하여 박사학위를 받았다. 원래 그녀의 주 관심사는 광학망원경과 전파망원경, 엑스선 망원경(신체 내부를 촬영할 때 사용되는 것과 같은 종류의 방사선 신호를 수신하는 망원경) 등을 이용하여 우주를 관찰하는 것이었으나, 하버드대학교에 자리를 잡았을 때 서브 그리드 전문가인 라스 헌퀴스트Lars Hernquist와 폴커 스프링겔Volker Springel을 알게 된 후로[29] "시뮬레이션에 블랙홀이 포함될 수 있도록 서브 그리드 규칙을 확장시키자"고 끈질기게 설득했다.[30]

에너지와 중력파가 방출되는 과정을 정확하게 서술하려면 중력

에 의해 시공간이 구부러진 정도를 알아야 한다. | 이를 위해서는 주어진 질량 분포에 대하여 아인슈타인의 장방정식을 풀어야 한다. 이 분야를 전공한 이론물리학자가 아니면 엄두를 내기 어려운 일이다. 그러나 디 마테오, 헌퀴스트, 스프링겔로 이루어진 3인조 연구팀은 은하에서 블랙홀을 제외한 나머지 부분이 시공간의 왜곡에 큰 영향을 받지 않기를 바라면서, 블랙홀을 "은하에 이미 존재하는 암흑물질과 기체, 그리고 별 이외에 새로 추가된 새로운 유형의 입자(스마티클)"로 취급했다. 블랙홀 스마티클은 특별한 규칙을 따른다. "기체 속에 담그면 주변 기체를 게걸스럽게 먹어치운다"는 규칙이 바로 그것이다. 그리고 이 과정에서 질량의 일부가 에너지로 변한다. 또한 별과 비구름에 적용되는 규칙과 마찬가지로, 몇 가지 세부 사항을 조율해야 한다. "블랙홀은 주변 기체를 얼마나 빠르게 먹어치우는가?" "이 과정에서 에너지는 얼마나 빠르게 방출되는가?" "에너지는 정확하게 어떤 형태로 나타나는가?" 정확한 답은 아직도 알려지지 않은 상태다.

3인조 연구팀은 2005년에 얻은 시뮬레이션에 기초하여 장님 코끼리 만지듯 앞길을 더듬으면서 시뮬레이션을 조금씩 구현해나갔다.[31] 블랙홀에 의해 생성된 중력파 시뮬레이션이 제대로 작동하기 시작한 바로 그해에 우주 시뮬레이션도 현실에 가까운 은하를 낳았는데, 이들이 시기적으로 맞아떨어진 것은 사실 우연에 가깝다. 마테오의 시뮬레이션은 충돌 시 일어나는 현상을 확인하기 위해 이미 완성된 은하 두 개를 의도적으로 충돌시켰다는 점에서 60년 전에 실행된 홀름베리의 시뮬레이션과 비슷하다. | 두 개의 블랙홀이 충돌하는 사건은 중심부에 블랙홀을 간직한 두 은하가 충돌할 때 발생한다. 단, 디 마테오는 37개에

불과했던 홀름베리의 전구 대신 21세기 첨단기술을 이용하여 3만 개의 암흑물질 입자와 3만 개의 별, 2만 개의 기체 스마티클, 그리고 질량이 태양의 10만 배에 달하는 초대형 블랙홀 스마티클을 시뮬레이션에 포함시켰다.

3인조 연구팀은 두 은하가 접촉하기 시작하여 하나로 합쳐질 때까지 약 10억 년이 걸린다는 가정하에 100만 년마다 스냅숏을 찍어서 하나의 동영상으로 이어붙였고, 그 결과 고베르나토가 코스믹 웹에서 은하의 형성과정을 보여주었던 시뮬레이션에 못지않은 드라마틱한 동영상이 완성되었다. 학회를 며칠 앞둔 어느 날, 디 마테오는 밤늦은 시간까지 발표 자료를 정리하다가 자신이 설계한 시뮬레이션의 결과를 처음으로 확인하고 감탄사를 내뱉었다. "와! 바로 이거야!" 자신이 올바른 길을 가고 있음을 직감하는 순간이었다.[32]

이 동영상은 완벽한 형태를 갖춘 두 개의 원반형 은하가 텅 빈 공간을 가로지르며 서로를 향해 다가가는 장면으로 시작된다. 이들이 접촉하면 기체가 뭉개지면서 자신이 속한 은하의 블랙홀로 모여들고, 이로 인해 엄청난 양의 에너지가 방출되어 은하의 가장자리(블랙홀을 제외한 부분)를 뜨겁게 달군다. 이 장면을 시뮬레이션으로 보면 마치 불타는 프라이팬처럼 은하에서 연기가 솟아오르는데, 사실 이것은 초대형 블랙홀 근처에서 나오는 과열된 기체다. 어느 정도 시간이 지나면 연기가 걷히고 불씨가 조금씩 진정되면서 강한 중력에 끌려 중앙에서 하나로 합쳐진다.

끝날 것 같으면서도 끝나지 않는 것이, 할리우드의 재난영화를 닮았다. 새로 합쳐진 은하가 형태를 잡아갈 때쯤 두 개의 블랙홀이 중심에서 만나는데, 그곳에는 기체의 일부가 아직 남아 있어서 무언가 2차 재난이 터질 것만 같다. 아니나 다를까, 세력을 두 배로 키운 블랙홀이 다시 한번 최강의 흡입력으로 기체를 빨아들이기 시작하면서 폭발적인 불꽃이 일어나고, 이 난리통에 블랙홀로 빨려 들어가지 않은 물질은 가차 없이 바깥쪽으로 밀려난다. 원래 있던 별들은 덩치가 너무 작아서 큰 피해를 입지 않지만 전체적으로 기체가 너무 많이 소실되어, 합병된 은하는 새로운 별과 행성이 태어나기 어려운 황무지로 변한다. 이런 상태로 시간이 흐르면 별들은 점차 희미해지고, 결국 은하는 중앙의 블랙홀에 잡아먹혀서 하나의 죽은 잔해만 남게 될 것이다.

블랙홀의 존재가 증명되지 않았다면 "블랙홀이 은하를 파괴한다"는 시나리오는 그저 그런 공상과학소설 취급을 받았을 것이다.[33] 새로운 시뮬레이션은 블랙홀과 은하의 관계를 이해하는 데 결정적 실마리를 제공했다. 그동안 얻은 관측 자료에 의하면 은하가 클수록 중심부의 블랙홀도 크다.[34] 은하들이 연속적으로 합병되다 보면 중심부의 블랙홀도 점차 커질 것이고, 이들의 위력이 어느 한계를 초과하면 은하의 구성 요소인 별을 위험에 빠뜨릴 수도 있다. 2000년대 중반에 발표된 시뮬레이션은 암흑물질 헤일로와 은하 사이에 교환되는 피드백 에너지가 둘의 관계에 영향을 미칠 수 있음을 보여주었으며, 지금은 은하와 블랙홀의 공생 관계를 보여주는 수준까지 도달했다.

이보다 최근에 완성된 시뮬레이션은 "죽어가는 은하의 기체는 단 한 번의 재앙으로 갑자기 사라지지 않고 점진적으로 손실된다"는 미묘한 그림을 보여주었지만, 블랙홀은 여전히 파괴의 원흉으로 여겨지고 있다.[35] 특히 은하의 중심에 있는 초대형 블랙홀의 최초 탄생 비화는 아직도 풀리지 않은 중요한 문제다. 디 마테오는 시뮬레이션을 설계할 때 블랙홀을 인위적으로 삽입했으나, 은하의 역사를 완전히 이해하려면 초대형 블랙홀의 출처를 확실하게 밝혀야 한다. 별이 수명을 다하여 폭발한 후에 남은 블랙홀이 주변 물질을 빨아들여서 슈퍼 헤비급으로 성장하려면 현재 우주의 나이(약 140억 년)보다 훨씬 긴 시간이 필요하다.

현재 우리 은하의 형성과정을 재현한 시뮬레이션은 뚜렷한 이유 없이 젊은 은하의 중심에 초대형 블랙홀을 삽입하는 것으로 시작된다. 초대형 블랙홀이 생성될 수 있는 한 가지 가능성은 1세대 별 중 질량이 태양의 1000배에 달하는 거대한 별이 수명을 다한 경우다(현재 관측된 가장 큰 별의 질량은 태양의 수백 배나 되지만, 1세대 거성巨星과 비교하면 경량급에 속한다). 두 번째 가능성은 우주 초기에 기체 구름이 자체 중력으로 수축되었지만 핵융합반응이 일어나지 않은 경우다. 자체 중력으로 수축된 기체가 "별"이라는 중간 단계를 거치지 않고 곧바로 블랙홀 단계로 직행하면 슈퍼 헤비급이 될 수 있다. 마지막으로, 블랙홀이 은하보다 훨씬 먼저 생성된 경우에도 초대형 블랙홀이 생성될 수 있다. 과연 어느 것이 정답일까? 미래의 시뮬레이터들이 속 시원하게 해결해주기를 기대해본다.[36]

미래

초대형 블랙홀의 최초 탄생 비화가 무엇이건 간에, 은하의 중심부에 이런 블랙홀이 존재한다는 것은 분명한 사실이다. 그래서 은하 시뮬레이션은 일단 중심에 블랙홀을 삽입하는 것으로 시작되며, 두 은하가 충돌하여 하나로 합쳐진 후 오랜 세월이 지나면 두 개의 초대형 블랙홀만 남는다. 우주론학자들은 우리 은하를 포함한 대부분의 은하들이 과거에 작은 은하가 여러 차례에 걸쳐 합병되면서 지금과 같은 형태로 진화했다고 믿고 있다. 최근에 나와 동료들이 실행한 은하수 시뮬레이션도 중심부에 열두 개의 블랙홀이 존재하는 상태에서 시작된다(충돌을 단 한 번만 겪었다는 보장이 없기 때문이다).[37]

우리 시뮬레이션에서 열두 개의 초대형 블랙홀 중 대부분은 은하의 중심에 있지 않고 멀리 떨어진 곳에서 궤도운동을 한다. 이들 주변에는 남아 있는 기체가 별로 없어서 덩치가 더 이상 커지지 않고 빛을 발하지도 않기 때문에, 망원경으로 찾아내기가 쉽지 않다. "그런 무지막지한 괴물이 은하수 안을 돌아다닌다고? 이러다가 어느 날 지구도 잡아먹히는 거 아냐?" 걱정은 되겠지만, 이것 때문에 잠을 설칠 필요는 없다. 은하는 충분히 넓고 별들 사이의 거리도 엄청나게 멀기 때문에, 태양계로부터 몇 광년 이내에서 괴물이 출현할 가능성은 거의 0이라고 봐도 무방하다(내 계산에 의하면 태양계가 수명을 다하기 전에 초대형 블랙홀에 잡아먹힐 확률은 10억 분의 1쯤 된다. 정확한 계산은 아니지만 가능성이 극히 낮다는 것만은 분명하다).

사실, 은하 내부를 돌아다니는 블랙홀은 이보다 훨씬 많을 수도 있다. 단, 이들은 종종 길을 잃고 표류하다가 중심부에 있는 블랙홀과 합쳐지는데, 우주론학자들에게는 더없이 좋은 소식이다. 떠돌이 블랙홀이 중심부의 블랙홀과 합쳐진다는 것은 두 개의 초대형 블랙홀이 충돌한다는 뜻이고, 이때야말로 중력파를 검출할 수 있는 절호의 기회이기 때문이다.

여기까지는 별문제 없다. 블랙홀이 충돌하면 중력파가 발생하고, 우리에게는 이것을 감지하는 장치가 있고, 실제로 감지에 성공한 사례도 있으니, 잘하면 "블랙홀과 은하의 아슬아슬한 공생 관계"를 확인할 수 있을 것 같다. 그러나 안타깝게도 라이고LIGO는 이런 중력파를 감지할 만큼 민감하지 않다. 중력파를 감지하려면 감지 장치의 크기가 블랙홀 자체와 비슷해야 하는데, 라이고의 크기는 약 4킬로미터에 불과하다. 이 정도면 질량이 태양의 서너 배인 블랙홀의 지름밖에 안 된다. 반면에 초대형 블랙홀의 질량은 태양의 수백만 배나 되므로, 여기서 발생한 중력파를 감지하려면 어떻게든 라이고의 규모를 키워야 한다.

지구의 지름은 기껏해야 1만 3000킬로미터를 넘지 않는다. 천문학적인 돈을 들여서 수백만 킬로미터짜리 감지기를 만든다 해도 놓을 자리가 없다. 이렇게 큰 장치를 설치할 수 있는 곳은 우주 공간뿐이다. 그래서 유럽우주국ESA의 과학자들은 라이고를 100만 배로 키운 리사LISA, Laser Interferometer Space Antenna(레이저 간섭계 우주 안테나)를 2037년에 발사한다는 야심찬 계획을 세우고 있다.[38] 물론 수백만 킬로미터짜리 우주선을 만들겠다는 게 아니다. 직경이 약 3미터인 우주선 세 대가 500만 킬로미터의 거리를 유지한 채 정삼각형

편대를 이루고 비행하면 거대한 안테나의 기능을 수행할 수 있다. 각 우주선이 다른 두 대에 레이저를 발사하고, 자신을 향해 날아온 레이저를 분석하여 이들 사이의 공간에 잔물결(중력파)이 생겼는지 확인하는 식이다. 이 어마무시한 계획이 실현되려면 현대 공학기술을 한계까지 밀어붙여야 하는데, 유럽우주국은 2015년에 테스트를 거친 후 실현 가능하다고 결론지었다.

태양의 100만 배짜리 블랙홀과 은하의 작동 원리가 너무 궁금해서 도저히 2030년대까지 기다릴 수 없다고? 걱정할 것 없다. 2020년대 후반쯤 되면 천문학자들은 자연이 만들어놓은 천연감지기를 이용하여 중력파를 감지할 수 있을 것이다. 일정한 주기로 라디오파(전파)를 방출하는 펄사pulsar(맥동성)가 바로 그 주인공이다.

펄사는 엄청난 속도로 회전하는 중성자별의 일종인데, 아주 짧은 주기로 라디오파를 우주 먼 곳까지 방출하기 때문에 종종 "우주의 등대"로 불리곤 한다. 이 신호를 1967년에 최초로 발견한 조슬린 벨 버넬Jocelyn Bell Burnell(당시 케임브리지대학교의 박사과정 학생이었다)은 "신호의 간격이 너무 규칙적이어서 마치 사람이 보낸 것 같았다"며 '작은 녹색 인간Little Green Men'이라는 별칭을 붙여주었다.

물론 펄사에는 외계인이 살지 않는다. 그러나 라디오파의 방출 주기가 워낙 일정하기 때문에, 공간에 조금만 주름이 져도(즉, 미약한 중력파가 발생해도) 곧바로 영향을 받는다. 예를 들어 중력파가 지구와 펄사 사이를 지나가면 둘 사이의 거리가 미세하게 변하여 라디오파의 방출 주기가 달라지는데, 여러 개의 펄사를 동시에 관측하면 이 효과가 더욱 뚜렷하게 나타난다. 그래서 천문학자들은 좀 더 편리한 관측을 위해 망원경 세트를 여러 개의 펄사에 맞춰놓고 중력파가 발생하기를 손꼽아 기다리고 있다. 은하와 블랙홀에 대한 시뮬레이션이 맞는지 확인하려면 리사의 도움이 필요하지만, 아마도 첫 번째 힌트는 펄사로부터 얻게 될 것이다.

또 하나의 특이점

답이 나올 때까지 마냥 기다릴 수는 없다. 블랙홀 자체에 대해서도 풀어야 할 수수께끼가 많이 남아 있기 때문이다. 블랙홀은 우주에서 가장 어두운 물체임이 분명하지만, 은하가 거대한 규모로 자라났을 때 그곳에서 방출된 빛과 에너지의 대부분은 블랙홀 때문에 생성된 것이다. 우리는 블랙홀을 직접 볼 수 없지만, 중력파 관측소에 감지된 "공간의 주름"을 통해 그 존재를 간접적으로 유추할 수 있다. 또한 블랙홀 중심부의 특이점을 웜홀로 덮거나 몇 개의 서브 그리드 규칙을 도입하면 블랙홀을 시뮬레이션의 한 요소로 취급할 수 있다.

블랙홀의 특이점을 피해 가지 않으면 계산 도중 무한대가 속출하여 더 이상 시뮬레이션을 진행할 수 없게 된다. 그러나 웜홀은 수학적 문제를 일으키지 않는 임시방편용 땜질일 뿐, 블랙홀 내부의 숨겨진 진실을 밝히기에는 역부족이다. 블랙홀과 은하의 관계가 다소 모호하다 해도, 블랙홀의 내부는 이론물리학자에게 "엄청나게 어렵지만 반드시 해결해야 할 골칫거리"로 남아 있다. 특이점이 존재한다는 것은 일반상대성이론이 틀렸거나 아직 불완전하다는 뜻이다. 이렇게 위태로운 상황에서 블랙홀 시뮬레이션이 그럴듯한 결과를 내놓은 것은 순전히 운이 좋았기 때문이다.

우주 공간은 끊임없이 팽창하고 있기 때문에, 공간을 전체적으로 고려하면 특이점 문제가 더욱 뚜렷하게 부각된다. 일반상대성이론의 장방정식에서 시간을 거꾸로 진행시키면 팽창이 역으로 진행되어 빅뱅의 순간으로 되돌아갈 수 있다. 물질이 계속해서 안으로 붕괴되면 블랙홀 특이점에 도달하듯이, 시간을 거꾸로 거슬러 올라가면 우주가 탄생했던 순간에 도달한다. 그러므로 빅뱅은 팽창의 시작점이자 우주 만물이 아주 작은 공간에 집결되어 있는 또 하나의 특이점이다. 블랙홀 특이점과 빅뱅의 긴밀한 관계를 처음으로 간파한 사람은 한 시대를 풍미했던 영국의 물리학자 스티븐 호킹Stephen Hawking이었다.[39]

내가 보기에 호킹의 빅뱅은 블랙홀 특이점을 서술하는 그 어떤 이론보다 당혹스럽다. 블랙홀과 달리 빅뱅에서는 웜홀과 같은 현란한 수학적 기교를 펼칠 수 없고, 사건지평선 너머로 숨을 수도 없기 때문이다. 빅뱅을 철학이나 종교적 개념으로 설명하는 것도 별로 도움이 되지 않는다. 앞서 말했듯이 모든 시뮬레이션에서는 초기조건이 핵심적 역할을 하는데, 우주의 초기조건은 빅뱅에 고스란히 담겨 있다. 오늘 날씨를 모르면 내일의 날씨를 예측할 수 없는 것처럼, 모종의 출발점을 상정하지 않고서는 지금의 우주를 예측할 수 없다.

암흑물질과 별, 기체, 그리고 블랙홀의 물리학을 시뮬레이션으로 제아무리 정확하게 재현한다 해도, 빅뱅 직후의 상황에 잘못된 가정을 세우면 완전히 틀린 답이 얻어지거나 아예 답을 얻지 못할 수도 있다. 우리 은하의 외형이 외계 은하와 다른 이유는 무엇인가? 은하들은 왜 크기가 제각각인가? 은하는 블랙홀 때문에 죽는데, 왜 어떤 은하는 그 와중에도 살아남는가? 이 모든 질문에 답하려면 빅뱅의 특이점을 좀 더 구체적인 무언가로 대체해서 의미 있는 결과를 이끌어내야 한다. 이것이 바로 다음 장에서 할 일이다.

5장
양자역학과 우주의 기원

원자 규모 이하의 미시세계는 양자역학quantum mechanics이라는 희한한 물리학으로 서술된다. 양자역학에 의하면 원자를 비롯한 미시입자들은 견고한 고체가 아니라 불확실하게 존재하는 파동이며, 하나의 입자는 두 개 이상의 장소에 동시에 존재할 수 있다. 말도 안 되는 헛소리 같지만, 수많은 실험을 통해 확인된 사실이니 믿는 수밖에 없다. 하지만 주변을 아무리 들여다봐도 내 주변에 있는 물체들(나, 냉장고, TV, 나무, 달, 태양, 별 등)은 한순간에 하나의 명확한 위치에 존재한다. 양자역학에서 말하는 "불확실성"은 눈에 보이지 않는 작은 물체에만 적용되는 것 같다.

그러나 사실은 그렇지 않다. 양자적 효과는 미시세계에 국한되지 않는다. 바로 이것이 이 장의 핵심이다. 실제로 양자적 현상은 우주 전체의 형태를 결정하고 의미를 부여한다. 현대 우주론에 의하면 우주의 모든 것(코스믹 웹, 암흑물질 헤일로, 은하, 블랙홀, 행성, 생명체, 그리고 당신과 나)은 태초의 양자적 불확정성 덕분에 존재하게 되었다. 우리 눈에 견고하게 보이는 현실은 모든 규모에서 은밀하고 모호하게 존재하는 우주의 한 측면일 뿐이다. 이것은 물리학 퍼즐에 남은 마지막 한 조각으로, 어떻게든 시뮬레이션에 반영되어야 한다.

양자역학은 견고한 현실을 부정하는 것처럼 보이지만, 지난 100여 년 동안 수많은 관측과 실험을 통해 옳은 이론으로 판명되었다. 그리고 우리는 여기서 탄생한 과학기술에 엄청난 혜택을 보고 있다. 당신의 주머니에 있는 스마트폰과 가방 안에 넣어둔 태블릿 PC가 대표적 사례다. 여기에는 트랜지스터가 빼곡하게 들어 있는데, 이들의 작동을 좌우하는 것이 바로 양자역학이다. 트랜지스터는 일종의 디지털 스위치로서, 하나의 전기신호를 이용하여 다른 전기신호의 흐름을 제어한다. 이런 "자동 스위치"를 적재적소에 배치하면 기본적인 논리를 전기회로에 구현할 수 있고, 수백만에서 수십억 개를 연결하면 엄청난 양의 정보를 처리할 수 있다. 이로부터 시작된 것이 바로 현대문명의 출발점인 정보기술혁명이다. 다들 알다시피 트랜지스터는 반도체로 만들어진다. 반도체는 주어진 환경에 따라 도체가 될 수 있고 반도체가 될 수도 있는 특이한 물질로서, 그 여부를 결정하는 것이 바로 양자역학의 "불확실한 법칙"이다. 사람들이 흔히 겪는 일상적인 경험을 예로 들어서 설명하면 좋겠지만, 안타깝게도 우리가 살고 있는 거시적 세계에는 트랜지스터와 비슷한 사례가 없다. 그러므로 우리가 할 수 있는 일이라곤 물리학자들이 내린 결론을 액면 그대로 믿는 것뿐이다(다행히도 양자역학을 무작정 믿었다가 손해를 본 사람은 지금까지 단 한 명도 없었다).

트랜지스터의 양자적 특성을 이해하면 작동 원리를 알 수 있겠지만, 이것으로 트랜지스터가 하는 일까지 알 수는 없다. 컴퓨터는 원자와 달리 거시적 물체이기 때문에, 그 자체로는 양자적 특성을 갖고 있지 않다. 지금 내 책상 위에 놓인 컴퓨터의 메모리에는 내가 입력한 문자와 기호가 질서정연하게 저장되어 있으며, 언제, 어디서, 누가 사용하건 똑같은 데이터를 보여준다. 이와 마찬가지로 시뮬레이션은 특정한 풍속이나 강우량, 또는 별의 개수처럼 확실한 결과만을 예측할 뿐이다. 여기에 양자적 불확실성을 반영하는 것은 거의 불가능에 가깝다. 양자역학에 의하면 전자는 "이곳"과 "저곳"에 동시에 존재할 수 있지만, 이런 기이한 상황을 시뮬레이션으로 자연스럽게 구현하는 것은 현실적으로 거의 불가능하다. 이것을 컴퓨터로 구현하려면 전자가 "이곳"에 놓인 경우와 "저곳"에 놓인 경우를 일일이 따로 시뮬레이션한 후 결과를 하나로 묶는 수밖에 없다. 결론적으로 말해서 트랜지스터는 양자역학의 불확실한 법칙을 따르지만, 거기서 얻은 결과는 매우 명확하고 예측도 가능하다.

모호하고 불확실한 미시세계의 물리학과 예측 가능한 거시세계의 물리학이 이렇게 분리되어 있기 때문에, 양자역학이 일상적인 세계(거시적 세계)에 침투하여 사물을 뒤죽박죽으로 섞어놓는 불상사는 일어나지 않는다. 양자역학은 미시세계에 적용되는 물리학이므로, 일상생활을 하면서 양자적 효과까지 고려할 필요는 없다.◆ 이

◆ 양자적 효과가 두드러지게 나타나는 미시세계와 그렇지 않은 거시세계 사이에는 뚜렷한 경계선이 없다. 이것은 물리학자들 사이에서도 의견이

장의 첫 문장이 "원자 규모 이하의 미시세계는 양자역학이라는 희한한 물리학으로 서술된다"로 시작된 것도 바로 이런 이유였다. 우리가 겪는 일상적인 세계가 양자적 기이함과 완전히 분리되어 있다면, 미시적 입자의 양자적 거동을 좀 더 쉽게 받아들일 수 있다. 그런데 문제는 거시세계와 미시세계의 경계선이 명확하지 않다는 것이다. 이 점을 이해하기 위해, 일단은 미시세계로 깊이 들어가서 "입자는 동시에 여러 곳에 존재한다"는 말의 진정한 의미부터 알아보기로 하자.

원자의 구조와 원소의 화학적 성질, 주기율표, 그리고 분자의 결합방식 등은 양자역학의 법칙에 따라 결정된다. 화학자는 그들만의 고유한 시뮬레이션 기법을 갖고 있는데, 여기에도 양자역학이 깊이 관련되어 있고 계산량도 엄청나기 때문에 각별한 주의를 기울여야 한다. 이 문제들부터 정확하게 규명해야 태초에 양자 거품에서 시작된 우주의 탄생 비화와 우주 시뮬레이션을 이해할 수 있다. 그리고 한 걸음 더 나아가서 우리의 "명확한" 삶이 무작위로 일어난 우연에 의해 결정되었다는 사실도 알게 될 것이다.

불확정성

양자역학의 타당성을 보여주는 가장 보편적인 증거는 만물의 기본

분분한 난제로서, 당분간은 해결될 가능성이 없어 보인다. 지금 저자는 이 골치 아픈 문제로 들어가기에 앞서 양해를 구하는 중이다. ─옮긴이

단위인 원자다. 20세기 초에 실행된 실험을 통해 원자의 내부 구조가 처음으로 밝혀졌는데, 이때 제시된 것이 "원자의 중심에 원자핵이 놓여 있고 그 주변을 전자가 공전하는" 태양계모형이었다. 가장 작은 원자가 거시적 태양계와 닮았다니, 철학자들은 참으로 할 말이 많았을 것이다. 그러나 이 모형은 심각한 문제점을 안고 있었다. 고전 전자기학에 의하면, 이런 상태에서는 전자가 안정적인 궤도를 유지할 수 없다. 일반적으로 전하를 띤 물체가 가속운동(원운동도 가속운동이다)을 하면 전자기파를 방출하면서 에너지를 잃기 때문이다. 그러므로 원자핵 주변을 도는 전자는 전자기파를 방출하면서 원이 아닌 나선 궤적을 그리다가 1000억 분의 1초 안에 원자핵 안으로 빨려 들어가야 한다. 간단히 말해서, 원자라는 것 자체가 존재할 수 없다는 뜻이다. 그러나 원자로 이루어진 모든 일상적인 물체는 기나긴 세월 동안 한결같은 형태를 유지하고 있다. 따라서 원자의 태양계모형은 근본적인 단계에서 수정되어야 한다.

1924년, 프랑스의 귀족이자 제1차 세계대전에 참전하여 무선통신 시스템(이 장치는 에펠탑 꼭대기에 설치되었다[1])을 개발했던 물리학자 루이 드브로이Louis de Broglie는 전자를 고전적인 입자 알갱이가 아닌 파동으로 간주하여 이 문제를 해결했다. 전자가 파동이면 원운동을 해도 안정적인 궤도를 유지할 수 있기 때문이다. 드브로이는 이 공로를 인정받아 1929년에 노벨상을 받았는데, 당시 노벨위원회의 임원 중 일부는 "상상력은 뛰어나지만 아무런 근거도 없이 내세운 가설"이라며 그의 수상을 썩 달가워하지 않았다고 한다. 사실 드브로이가 노벨상을 받을 수 있었던 것은 전자가 파동이라는 황당한 가설이 운 좋게도 미국의 한 실험실에서 사실로 확인되었기 때문이다.

카메라로 찍은 사진을 예로 들어보자. 필름에 영상이 맺히려면 어느 정도 시간이 필요하다. 카메라의 셔터가 열려 있는 시간은 대체로 1초 미만인데, 이 짧은 시간 동안 피사체가 움직이면 외곽선이 희미하게 번진 사진을 얻게 된다. 셔터가 열려 있는 동안 피사체가 점유했던 모든 위치가 겹쳐서 나타나기 때문이다. 고성능 카메라를 사용하면 셔터의 노출 시간을 줄여서 퍼지는 현상을 줄일 수 있지만, 이런 사진이 항상 좋은 것은 아니다. 피사체의 외곽선이 흐리면 역동적인 느낌이 강조되어 더욱 실감 나는 사진을 얻을 수도 있다. 독자들은 달리는 자동차의 후미등이 가늘고 긴 선을 그리거나, 불꽃 지팡이로 허공에 글자를 쓰는 사진을 본 적이 있을 것이다. 이런 사진에는 피사체의 움직임이 담겨 있기 때문에, 한순간을 완벽하게 잡아낸 스냅숏보다 훨씬 효과적이다. 단, 셔터 속도가 느리면(즉, 노출 시간이 길면) 움직이는 느낌이 강조되지만, 피사체의 정확한 위치를 알 수 없다. 반면에 셔터 속도가 빠르면 피사체의 정확한 위치를 알 수 있지만 움직이는 느낌은 사라진다. 즉, 이들은 서로 '트레이드오프trade off'(둘 중 하나가 부각되면 다른 하나가 약해지는 현상) 관계에 있다.

양자역학에 의하면 현실 세계에서도 이와 비슷한 관계가 존재한다. 사진의 경우 위치와 움직임이 트레이드오프인 것처럼, 미시세계에서 입자의 위치와 속도 역시 트레이드오프 관계에 있다. 입자의 위치를 정확하게 결정할수록 속도가 불확실해지고, 그 반대도 마찬가지다. 그런데 사진에서 흐릿하게 나온 경계선은 입자의 경우 파동의 형태로 나타나고, 이 파동은 실제 물결처럼 사방으로 퍼져나간다. 물리학자들은 이것을 "파동함수wave function"라 부른다. 갑자기 튀어나온 물리학 용어 때문에 겁먹을 필요는 없다. 이런 것은 전문가에게 필요한 세부 사항일 뿐이다. 자연이 본질적으로 "뚜렷하지 않다"는 것을 받아들인다면, 양자역학이 중요한 이유도 곧 알게 될 것이다. 양자역학의 기본원리 중 하나인 하이젠베르크◆의 불확정성 원리uncertainty principle에 의하면, 입자의 위치와 운동(속도)은 동시에 정확하게 결정될 수 없다. 입자를 관찰하는 실험물리학자는 입자의 위치와 속도 중 하나를 정확하게 알 수 있지만, 둘 다 정확하게 알수는 없다. 사진에서 피사체의 외곽선이 또렷하면 어느 쪽으로 움직이고 있는지 알 수 없고, 외곽선의 희미하면 정확한 위치를 알 수 없는 것과 비슷한 상황이다.

우리의 일상적인 경험은 하이젠베르크의 불확정성 원리를 따르지 않는 것처럼 보인다. 자동차를 과속으로 몰다가 감시 카메라에 찍혀서 며칠 후 증거 사진을 받아들었을 때, 카메라가 작동하던 순간에 자동차의 위치는 정확하게 나와 있고, 속도도 정확하게 명기되어 있다. 그러나 상대성이론에서 그랬듯이, 양자역학을 이해하려면 일반적인 상식을 포기해야 한다. 물체의 속도가 거의 광속에 가깝거나 계의 크기가 천문학적으로 클 때 상대성이론의 효과가 두드러지게 나타나는 것처럼, 양자적 효과는 아주 작은 규모에서 두드러지게

◆ 　베르너 하이젠베르크Werner Heisenberg는 제2차 세계대전 때 나치의 요구에 따라 원자력 에너지를 집중적으로 연구했다. 다행히도 그는 폭탄보다 에너지 생산(원자력 발전) 쪽에 관심이 많았기에, 원자폭탄이 히틀러의 손에 먼저 들어가는 불상사는 일어나지 않았다.

나타난다. 예를 들어 전자가 원자핵 주변을 공전할 때 드브로이가 예견했던 파동의 크기(파장)는 원자 한 개의 지름(10억 분의 1미터)과 비슷하다.

물질 시뮬레이션

우리에게 친숙한 주변 세계는 원자의 집합체인 분자로 이루어져 있다. 희미하게 퍼진 전자가 원자들 사이에 스며들어서 사슬처럼 엮이면, 이들은 하나의 통합된 덩어리처럼 거동한다. 화학자가 분자를 시뮬레이션하는 데에는 여러 이유가 있다. 새로운 배터리나 약물을 만들 때, 신종 바이러스가 체세포를 공격하는 방법을 추적할 때, 손상된 아스팔트의 상태를 분석할 때, 또는 그래핀graphene | 탄소로 이루어진 얇은 막과 같은 신소재를 개발할 때, 종종 시뮬레이션을 통해 해답을 찾는다.[2] 그러나 목적이 무엇이건 간에, 화학 분야의 시뮬레이션에서 만족할 만한 결과를 얻으려면 수천 개의 원자, 또는 생체 시스템에 침투한 수백만 개의 바이러스를 추적해야 한다.

분자의 거동을 컴퓨터로 재현하는 "분자 동역학 시뮬레이션 molecular dynamics simulation"은 홀름베리가 전구로 재현했던 은하와 비슷하다. 다른 점이 있다면 별 대신 원자를 추적하여 은하가 아닌 분자의 특성을 밝힌다는 것이다. 초기배열상태에서 각 원자의 위치와 속도, 그리고 이동 방향을 지정한 후 시뮬레이션을 시작하면 개개의 원자들은 짧은 시간 동안 일정한 속도로 움직인다(앞에서 이것을 "드리프트"로 명명했다). 단, 은하 시뮬레이션에서 수백만 년 단위로 끊었던 스냅숏의 간격을 나노초(10억 분의 1초) 단위로 끊어야 한다. 분자는 매우 작아서 변화가 매우 빠르게 진행되기 때문이다. 한 번의 드리프트가 끝나면 원자는 전자와 원자핵 사이에 작용하는 힘의 영향을 받아(앞에서 이것을 "킥 스텝" 또는 "킥"으로 명명했다) 새로운 궤적을 그리기 시작한다. 독자들도 짐작하겠지만, 드리프트-킥의 반복으로 진행된다는 점은 암흑물질 시뮬레이션과 동일하다.

드리프트는 등속운동이므로 별이나 원자나 다를 것이 없지만, 킥은 이들 사이에 작용하는 힘에 의해 결정되기 때문에 유형 자체가 다르다. 그 옛날 홀름베리는 전구의 밝기로부터 중력의 크기를 계산했으나, 현대의 천체 시뮬레이션에서는 별과 암흑물질, 그리고 기체의 중력을 모두 더하여 최종적인 힘을 산출한다. 그러나 분자의 경우에는 양자적 힘이 작용하기 때문에 계산이 훨씬 어렵다. 전자의 위치에 따라 힘이 달라지는 것은 당연한데, 문제는 이 전자가 "여러 곳에 동시에" 존재한다는 점이다. 전자는 분자 전체에 골고루 퍼져 있기 때문에, 이들이 받는 힘은 양자적 효과를 고려한 시뮬레이션을 거쳐야 계산 가능하다.◆

최초의 양자화학 시뮬레이션 중 일부는 생물학적 분자의 거동을 이해하려는 목적으로 실행되었다. 예를 들어 사람의 눈은 '레티날

◆ 　원자핵도 전자처럼 희미하게 퍼진 상태(파동)로 존재한다. 그러나 드브로이는 원자핵이 전자보다 훨씬 무거워서 퍼짐 현상이 작게 나타날 것으로 예측했고, 얼마 후 그의 예측은 옳은 것으로 판명되었다.

retinal'이라는 망막세포 분자를 통해 작동하는데, 빛이 망막을 거쳐 신경 신호로 바뀌는 과정은 1970년대까지 미지의 영역으로 남아 있었다. 그 무렵 하버드대학교의 생물학자 루스 허버드Ruth Hubbard 는 시각의 원리를 연구하던 중 논리적으로 가능한 단 하나의 메커니즘을 생각해냈다. 빛이 망막에 도달하면 양자적 효과에 의해 빛에너지가 레티날의 운동으로 바뀌고, 이 운동이 신경 신호로 변환되어 두뇌에 전달된다는 것이다. 그러나 허버드는 구체적인 과정을 언급하지 않았다. 손으로 처리하기에는 계산량이 너무 많았기 때문이다.

당시에는 강력한 컴퓨터가 없었고 과학계 전체가 온통 남성 천지였기에, 허버드는 여권신장운동으로 관심을 돌렸다. 특히 그녀는 진화생물학적 관점에서 남녀(혹은 인종) 차별이 이치에 맞지 않는 이유를 논리적으로 설파하면서 학자보다 여권운동가로 유명세를 떨쳤다.[3] (그녀는 〈보스턴글로브〉와의 인터뷰에서 다음과 같이 말했다. "나는 내 동료들이 나를 어떻게 생각하는지 전혀 모릅니다. 좋게 본 사람은 성격이 삐딱하다고 생각할 것이고, 감정이 있는 사람은 미친 여자라고 손가락질하겠지요."[4]) 허버드가 남성 위주의 학계를 신랄하게 비판하는 동안, 마르틴 카르플루스Martin Karplus를 비롯한 제자들이 레티날 연구를 물려받았다.

결국 카르플루스는 망막 시뮬레이션을 완성하여 2013년에 노벨 화학상을 받았다. 그가 이 어려운 문제를 풀 수 있었던 것은 정공법을 구사하지 않고 복잡한 문제를 단순하게 줄인 덕분이다. 대학교 학부생 때부터 허버드와 공동연구를 수행했던 카르플루스는 1950년에 레티날을 주제로 박사학위 논문을 쓰고 싶었지만, 지도교수인 막스 델브뤼크Max Delbrück가 반대하는 바람에 뜻을 이루지 못했다. 카르플루스가 지도교수를 설득하기 위해 레티날에 대한 세미나를 개최했을 때에도, 델브뤼크는 제자의 설명을 일일이 트집 잡으면서 강한 반감을 드러냈다.[5] 그 자리에는 이론물리학자인 리처드 파인먼Richard Feynman도 있었는데, 델브뤼크가 하도 난리를 치자 참다못한 그가 큰소리로 외쳤다. "대체 뭐가 엉터리라는 겁니까? 제가 보기엔 완벽하게 논리적인데요!" 델브뤼크는 씩씩거리며 밖으로 나갔고, 세미나는 도중에 중단되었다. 낙담한 카르플루스는 결국 논문 주제를 바꿨지만, 더 이상 델브뤼크의 지도를 받지 않았다.

그 후 카르플루스는 당시의 저사양 컴퓨터가 소화할 수 있도록 양자효과를 단순화하는 기술을 개발하여 화학반응 시뮬레이션 분야의 일인자가 되었다. 그러나 단순한 화학반응에 싫증을 느낀 그는 "더 이상 새로운 것이 없다"[6]며 20년 전에 허버드가 개척하고 델브뤼크와 파인먼이 논쟁을 벌였던 바로 그 주제로 눈길을 돌렸다.

카르플루스와 그의 동료들은 원자 사이에 스며든 양자적 전자와 이들이 레티날에 미치는 영향을 컴퓨터로 조금씩 구현해나갔다. 양자역학이 없었다면 개개의 전자는 홀름베리의 전구처럼 위치와 속도만으로 설명될 것이다. 이런 경우에는 전자 한 개당 여섯 개의 숫자(위치 좌표 3개와 속도의 성분 3개)가 할당된다. 그러나 양자역학을 따르는 전자는 무한히 많은 위치에 "동시에" 놓일 수 있다.

분자 주변의 공간을 날씨 시뮬레이션 스타일의 격자로 분할해보자.[7] 하나의 전자가 각 격자 구획에 존재할 확률을 나타내려면 격자의 개수만큼 숫자가 필요하고, 양자적 전자는 본질적으로 파동이기 때문에 파동의 "위상phase"을 나타내는 또 하나의 숫자가 역시 격자의 개수만큼 있어야 한다. 예를 들어 그리드의 구획이 100개인 경우, 전자 한 개를 서술하려면 총 200개의 숫자를 저장하고 조작해야 한다.

여기까지만 보면 난이도가 날씨 시뮬레이션과 크게 다르지 않은 것 같다. 그러나 이것은 전자가 달랑 한 개뿐일 때 이야기이고, 전자가 여러 개면 난이도가 급속도로 높아진다. 특정 전자가 임의의 상자(구획)에 존재할 확률은 다른 전자가 인접한 상자에 존재할 확률에 따라 달라지는데, 이것은 "얽힘entanglement"이라 부르는 양자적 특성 때문이다. 시뮬레이션에 이 정보를 담으려면 상자 쌍마다 두 개의 숫자를 추가로 할당해야 한다. 상자 100개를 쌍으로 묶는 방법은 1만 가지이므로 | 자기 자신과 쌍을 이루는 경우까지 고려한 값이다 2만 개의 숫자가 추가되는데, 이것도 전자가 두 개인 경우에 한해서 그렇다. 전자의 개수가 더 많으면 계산량이 기하급수로 늘어나면서 통제 불능 상태가 된다.

양자적 분자를 시뮬레이션하려면 상황을 크게 단순화해야 하는데, 다행히도 가능한 경우가 종종 있다. 대부분의 문제에서 양자적으로 얽힌 전자는 근사적으로 간단하게 표현할 수 있고, 대부분의 전자는 아예 얽힘을 무시해도 결과에 별 영향을 주지 않는다. 레티날(망막 분자) 하나에는 약 160개의 전자가 있는데, 대부분은 자신이 속한 원자의 핵 주변을 공전하면서 특별할 것 없는 삶을 누리고 있으므로 굳이 양자적 거동을 추적할 필요가 없다. 드브로이가 지적한 대로 원자핵은 전자에 비해 엄청나게 크고, 전자는 잘 알려진 규칙에 따라 그 주변을 선회한다. 그러므로 시뮬레이션에서는 원자핵으로부터 멀리 떨어져 있는 전자만 추적하면 된다. 분자 전체에 걸쳐 구름처럼 퍼져서 하나로 묶어주는 것은 바로 이런 전자들이다.[8]

카르플루스의 연구팀은 위와 같은 전자의 양자적 효과만을 고려하여 레티날의 작동 원리를 설명했다. 물론 이것도 엄청나게 어려운 문제이지만, 약간의 수학적 트릭을 구사하면 계산 시간이 크게 절약된다. 빛이 분자를 때리면 전자의 에너지가 높아지면서 양자적 구름(전자의 파동함수)의 형태가 변하고, 분자의 외형도 달라진다. 그러면 이로부터 연쇄반응이 시작되어 새로운 운동이 일어나고, 여기서 생성된 전기신호가 두뇌로 전달되어 영상을 인식하는 것이다. 카르플루스는 수십 년 전에 허버드가 짜놓은 전략을 컴퓨터에 들어갈 만한 용량으로 간소화하여 최초의 양자 시뮬레이션을 구현할 수 있었다.

그 후로 시뮬레이션을 단순화하는 트릭이 최대 현안으로 떠올랐고, 새로운 트릭을 개발한 사람들은 줄줄이 노벨상을 받았다. 그러나 문제를 아무리 단순화한다 해도, 본질적인 어려움을 피해 갈 수는 없다. 오만가지 트릭으로 난코스를 피해 가는 것보다는 엄청난 양의 계산을 일일이 수행하면서 "얽힌 구름"을 있는 그대로 표현하는 것이 제일 바람직하다. 써놓고 보니 말은 참 쉽다. 과연 이런 정공법을 구현할 수 있을까? 방법이 있긴 있다. 컴퓨터 자체를 "양자적 기계"로 만들면 된다.

양자컴퓨터

미시세계에서는 하나의 입자조차 단순하지 않기 때문에 양자물리학을 시뮬레이션하기란 보통 어려운 일이 아니다. 양자적 입자는 안개 같은 파동함수로 존재하며, 거기에는 현실의 불확정성이 더 이상 단순화될 수 없는 수준으로 인코딩되어 있다. | 컴퓨터 파일에 비유하면 압축이 될 대로 돼서 더 이상 압축할 수 없는 파일과 비슷하다. 그래서 "양자적 모호함"을 추적하려면 컴퓨터 저장공간과 시간이 대량으로 소비된다. 컴퓨터의 성능이 아무리 좋아져도 시뮬레이션 가능한 분자의 크기만 조금 커질 뿐, 주어진 계 전체를 시뮬레이션하는 것은 여전히 그림의 떡으로 남아 있다. 그러나 최근에 핫이슈로 떠오르고 있는 양자컴퓨터가 등장한다면 이야기는 완전히 달라진다.

우리에게 익숙한 디지털컴퓨터는 불확정성을 표현하기에 적절하지 않다. 지금 당신이 읽고 있는 책의 글자들이 명확한 순서로 배열되어 있는 것처럼, 컴퓨터 메모리의 모든 부분에는 'A' 또는 'B' 같은 특정한 무언가가 자리 잡고 있다. 그러나 양자물리학에서는 특유의 불확정성 때문에 "A일 수도 있고 B일 수도 있다"는 식의 모호한 중간 단계가 존재한다.

불확실한 상황을 서술하기 위해 굳이 불확실한 단어를 사용할 필요는 없다. 물리적 세계는 모호함으로 가득 차 있지만, 이 장에서 나는 의미를 명확하게 전달하기 위해 최대한 구체적인 어휘를 사용할 것이다(부디 내 뜻대로 잘 되기를 기원한다). 이와 마찬가지로 컴퓨터는 모호함과 불확실성을 "전혀 모호하지 않은" 메모리에 저장할 수 있지만, 이것은 결코 자연스러운 과정이 아니다. A인지 B인지 확실하지 않을 때에는 두 가지 가능성을 조합한 기호(AB)를 컴퓨터에 저장하는 편이 훨씬 낫다.

양자컴퓨터는 기존의 컴퓨터와 달리 이런 모호한 기호를 저장하고 조작할 수 있는 요소로 구성되어 있다. 이런 게 과연 가능할까? 그렇다, 가능하다. 현실 자체가 본질적인 단계에서 양자적으로 거동하고 있기 때문이다. 기존의 디지털컴퓨터는 전자의 운동(전류)에 기초하고 있지만, 전자의 물리적 기능을 십분 활용한 기계는 아니다. 새로운 형태의 시뮬레이션용 기계를 만든다면, 기존의 컴퓨터로 추적하기 어려운 "입자들 사이의 얽힘 효과"(입자들 사이의 연결 관계)가 기계 안에 포함되어 있어야 한다. 하드웨어에 이미 내장된 모호함과 상호연결성을 통해 드리프트-킥을 반복해야 최종 결과에 양자적 효과가 자동으로 반영되기 때문이다.

이 아이디어는 1970년대 후반에 처음으로 제기되었으며, 1981년에 매사추세츠 공과대학교에서 개최된 학술회의에서 리처드 파인먼이 "그런 기계가 있으면 양자계를 완벽하게 시뮬레이션할 수 있다"고 공언한 후로 과학계의 관심을 끌기 시작했다.[9] 분자 주변을 배회하는 전자는 얽힘 효과가 내재된 계의 한 사례로 볼 수 있지만, 과학자들에게 필요한 것은 전자뿐만 아니라 "양자효과가 두드러지게 나타나는 모든 대상"을 시뮬레이션하는 기계였다.[10]

파인먼은 1988년에 세상을 떠났지만, 지금도 물리학자들 사이에 전설적인 인물로 회자되고 있다. 그의 천재적인 영감과 탁월한 사고력, 심오한 과학원리를 생생하게 전달하는 스토리텔링 능력은 타의 추종을 불허한다. 과학에 별 관심이 없는 사람도 파인먼이라는 이름은 한 번쯤 들어봤을 것이다. 사실, 업적만 보고 누군가를 숭배하는 것은 매우 위험한 발상이다. 파인먼은 격식에 매이기 싫어하는 자유로운 천재였지만, 둘째가라면 서러운 바람둥이에 자기애가 유난히 강한 여성혐오주의자였다.[11] 그런데도 물리학에 남긴 그의 업적이 워낙 중요하고 광범위해서, 양자역학을 공부하다 보면 이 이름을 피해 갈 수가 없다(학자로서의 자질과 인성이 비례하지 않는다는 것은 옛날부터 익히 알려진 사실이다). 양자컴퓨터를 현실 세계에 구현하려면 수많은 기술적 문제를 극복해야 하지만, 파인먼이 MIT의 학회에서 했던 말은 당대 물리학자들의 관심을 끌기에 충분했다.

파인먼의 연설에 깊은 감명을 받았던 세스 로이드Seth Lloyd는 추측 단계에서 한 걸음 더 나아가 양자컴퓨터의 개념적 설계도를 완성했다.[12] "개념적"이라는 단어에서 알 수 있듯이, 로이드의 설계도는 양자컴퓨터의 구체적인 청사진이 아니라 "만들어야 할 기계의 종류"를 명시한 것뿐이다. 대형 양자컴퓨터를 만들 수 있을지는 아직도 확실하지 않다. 그러나 로이드는 원리적 단계에서 파인먼이 옳았음을 입증했다. 제대로 설계된 기계는 양자적 물리계를 시뮬레이션하는 쪽으로 용도 변경 될 수 있다. 하드웨어는 어떤 것을 사용해도 상관없다. 원자건, 빛이건, 초전도 금속이건, 양자적 특성을 갖고 있기만 하면 된다. 양자컴퓨터가 하드웨어에 무관한 것은 튜링과 러브레이스가 떠올렸던 고전적 컴퓨터가 구동 방식(전기회로, 증기구동 톱니바퀴 등)에 무관한 것과 비슷하다. 이들의 목적은 몇 가지 논리 연산을 반복적으로 실행하여 모든 계산을 수행할 수 있는 범용 기계를 만드는 것이었다.

양자컴퓨터는 도깨비방망이가 아니다. 원리적 관점에서 볼 때 고전적인 기계(컴퓨터)로 계산할 수 없는 것은 양자컴퓨터로도 할 수 없다. 모든 기계는 메모리와 작동 시간이 유한하므로, 수행 가능한 연산 횟수에도 분명히 한계가 있다. 양자역학은 워낙 복잡한 이론이어서, 가장 간단한 분자를 시뮬레이션할 때에도 금방 현실적인 한계에 도달한다. 그러나 양자컴퓨터는 양자적 효과를 단순히 흉내 내는 고전적 기계가 아니라 태생적으로 양자적 특성을 갖고 있기 때문에, 고전 컴퓨터가 넘지 못했던 한계를 극복할 수도 있다. 화학자와 생물학자들이 양자컴퓨터에 기대를 거는 것은 바로 이런 이유 때문이다.

초기에 양자컴퓨터 개발자들은 꿈같은 청사진을 제시했지만, 실제로 만드는 것은 완전히 다른 이야기였다. 양자컴퓨터로 기초적인 화학 시뮬레이션을 실행한 것은 지극히 최근의 일이다(그 주역은 구글에서 제작한 양자컴퓨터 브리슬콘Bristlecone이었다).[13] 평소에 막연한 생각을 갖고 있던 사람도 양자컴퓨터를 직접 보면 그 환상적인 외형에 압도되곤 한다. 전체적으로는 높이 1미터짜리 기계가 천장에 매달린 형태인데, 반짝이는 금속과 복잡하게 연결된 케이블이 마치 공상과학영화에서 튀어나온 외계인 컴퓨터를 연상케 한다. 장치의 대부분은 냉각장치가 차지하고 있다. 기계가 양자적 상태를 유지하려면 절대온도 0K(영하 273도)보다 1도쯤 높은 극저온 상태를 유지해야 하기 때문이다. 또한 양자컴퓨터는 극도로 섬세한 기계여서 약간의 열이 유입돼도 계산 전체를 망치기 때문에, 일반 컴퓨터 칩보다 작은 영역 안에서 모든 계산을 수행하도록 설계되어 있다.

양자컴퓨터는 잡음이 끼기 쉽다noisy. 소리가 끼어든다는 뜻이 아니라, 기계가 너무 예민해서 계산에 오류가 발생하기 쉽다는 뜻이다. 지금의 상태로 한정된 시뮬레이션을 실행할 수는 있지만, 파인먼이 말했던 수준에는 한참 못 미친다. 잡음이 끼지 않는 양자컴퓨터는 아직 설계단계에 머물러 있다. 얼마나 기다려야 할까? 예상 시기는 전문가마다 다른데, 10년 안에 완성되기는 어려울 것 같다.[14]

아무튼, 언젠가는 세계 최강 슈퍼컴퓨터보다 훨씬 빠른 속도로 대형 분자를 시뮬레이션할 수 있게 될 것이다. 냉각이 필요 없는 양자컴퓨터가 개발되어 개인용 스마트폰에 탑재되는 날이 도래할지도 모른다.[15] 이토록 어마무시한 기계를 전문가가 아닌 일반인이 쓸 일이 과연 얼마나 있을까? 장담하긴 어렵지만, 그렇다고 개발에 반대하는 것은 별로 현명한 처사가 아니라고 본다. 요즘 누구나 갖고 다니는 스마트폰도 1940년대에 사용된 군사 장비(에니악 컴퓨터)가 진화하여 탄생하지 않았던가. 인류는 오랜 세월 불가능한 것을 가능하게 만들어왔고, 가능해지면 갖고 싶어지고, 갖고 싶은 물건은 결국 누구나 갖게 된다.

사실 시뮬레이터 중 "어느 날 양자컴퓨터가 나타나 우주 시뮬레이션에 혁명을 일으킬 것"이라고 믿는 사람은 거의 없다. 그러나 우주가 양자적 불확실성에 영향받지 않고 확고하게 존재한다는 믿음도 틀릴 가능성이 있다. 현대 우주론에 의하면 빅뱅이 일어난 직후에 우주는 카르플루스의 전자만큼이나 흐릿하고 불확실한 상태였다. 행성과 별, 그리고 은하가 존재한다는 우리의 확고한 믿음이 환상일 수도 있다는 이야기다. 이 황당한 이론을 처음으로 주장한 사람은 휴 에버렛 3세Hugh Everett Ⅲ로서, 1957년 당시 그는 졸업을 앞둔 박사과정 학생이었다. 처음에는 대부분의 물리학자들이 에버렛의 주장을 젊은 학생의 치기 어린 환상쯤으로 치부했지만, 지금은 상당수의 우주론학자들이 그의 가설을 진지하게 받아들이고 있다.

양자적 현실

에버렛은 박사학위를 받은 후 핵전쟁 시뮬레이션을 실행하면서 생의 대부분을 보냈다. 폭탄 한 개에 대한 단일 시뮬레이션이 아니라, 전 세계적으로 폭탄이 떨어질 시기와 장소를 예측하여 피해를 최소화하고 대처 방안을 마련하는 대규모 프로젝트였다. 그는 수학자와 물리학자로 이루어진 국방부 소속 엘리트 연구팀의 일원이 되어 상상을 초월하는 대규모 파괴와 죽음을 디지털 현실로 만들어냈고, 여기에 기초하여 소련에 선제공격을 해야 한다고 강력하게 주장했다. 그 결과가 서방세계에 더 좋기 때문이 아니라, 소련 측에 "더 나쁘기 때문"이었다. 다행히도 정치인들은 이런 논리에 설득되지 않았지만, 에버렛은 가장 비인간적인 방법으로 현실에서 분리되는 방법을 알고 있었음이 분명하다. 그는 1982년에 세상을 떠나기 직전 아내에게 "화장한 재를 꼭 쓰레기통에 버려달라"고 당부했다고 한다.[16]

1957년에 에버렛은 자신의 박사과정 지도교수이자 웜홀 전문가인 존 휠러와 함께 양자역학이 우주에 미치는 영향을 연구하고 있었다. 원자와 분자, 그리고 다양한 소립자들이 양자역학의 법칙을 따른다면, 이들로 이루어진 우주도 동일한 법칙을 따라야 한다. 그러나 이 점을 생각해보라. 트랜지스터는 반도체의 양자적 특성을 활용한 물건이지만, 그 영향은 지극히 좁은 영역에 국한되어 있다. 컴퓨터 사용자가 컴퓨터 안에 내장된 트랜지스터 때문에 양자적 영향을 받는가? 전혀 그렇지 않다. 그렇다면 거시적인 규모에서 볼 때 자연의 양자적 효과는 매우 제한적일지도 모른다. "기이하고 당혹스러운 양자적 효과는 미시적 영역에 국한되어 있다"는 바람직한(그리고 심리적으로 위안되는) 논리가 물리학자들의 관심을 끌지 못한 데에는 그럴 만한 이유가 있다.

먼 훗날, 양자적 효과를 고려하지 않은 채 대기의 수많은 분자를 일일이 추적하는 초강력 날씨 시뮬레이션이 개발되었다고 가정해보자. 그리고 당신이 분자 한 개의 초기 위치를 바꿔서 두 가지 버전으로 시뮬레이션을 실행했다고 하자. 처음에는 둘 사이에 차이가 거의 없을 것이다. 그러나 2장에서 말했던 에드워드 로렌즈의 "나비의 날갯짓"을 떠올려보라. 초기조건을 조금만 바꿔도 결과는 드라마틱하게 달라질 수 있다. 물론 분자는 나비의 날개보다 훨씬 작지만, 시간이 흐를수록 변경 효과가 증폭되기는 마찬가지다. 분자의 변화는 효과가 나타날 때까지 시간이 더 오래 걸릴 뿐, 머나먼 미래를 바꿀 수 있는 잠재력을 똑같이 갖고 있다. 그러므로 분자 한 개의 위치가 다른 두 가지 버전의 시뮬레이션으로 한두 달 후의 날씨를 예측하면 판이하게 다른 결과가 나올 것이다. 예를 들어 한 시뮬레이션에서는 뉴욕에 허리케인이 상륙했는데, 다른 시뮬레이션에서는 화창한 날씨가 이어질 수도 있다.

이것은 일기예보가 어려운 또 하나의 이유에 불과하다. 그러나 여기에 양자역학이 개입되면 엄청난 반전이 일어난다. 드브로이의 물질파 이론과 하이젠베르크의 불확정성 원리에 의하면 개개의 분자는 정확한 위치를 갖고 있지 않다. "정확한 위치가 있긴 있는데 관측 장비가 정밀하지 않아서 그 누구도 정확한 값을 알 수 없다"는 뜻이 아니라, '위치'라는 물리량에 태생적으로 불확정성이 존재한다는 뜻이다. 그리고 분자가 여러 위치에 스며들면 모든 가능한 날씨가 "동시에" 나타난다. 즉, 허리케인이 뉴욕에 상륙한 날씨와 상륙하지 않은 날씨가 동시에 찾아올 수도 있다.

독자들은 "거 무슨 귀신 씻나락 까먹는 소리냐"며 따지고 싶을 것이다. 그 심정은 나도 충분히 이해한다. 날씨는 시간에 따라 얼마든지 변할 수 있지만, 특정한 순간에는 허리케인이 육지에 상륙했거나, 상륙하지 않았거나, 둘 중 하나여야 할 것 같다. "상륙했으면서 상륙하지 않은" 허리케인이 세상에 어디 있단 말인가? 그런데 문제는 이뿐만이 아니다. 우주에서는 이 미세한 차이로 인해 "기체 구름이 뭉쳐서 별이나 행성이 되는 경우"부터 "그냥 텅 빈 공간으로 증발한 경우"까지, 그 사이에 해당하는 모든 경우가 생겨날 수 있다. 혼돈계에 양자역학이 개입되면 날씨뿐만 아니라 행성, 별, 은하에도 불확실성이 나타나는 것이다.

에버렛은 양자역학이 우주에 미치는 효과를 연구하던 중 이런 결론에 도달하고 매우 만족스러워했으나, 직관과 상식에 입각해서 생각해보니 무언가 중요한 것이 빠져 있었다. 존 폰 노이만(원자폭탄 개발자 중 한 사람이자 날씨 시뮬레이션의 선구자)을 비롯한 물리학자들은 양자적 불확정성이 근본적으로 "미시적 규모에서 일어나는 현상"이라고 믿었기에, 혼돈계가 미세한 차이를 증폭시키지 못하도록 묶어두는 특별한 메커니즘을 개발했다.

전통적인 양자역학에 의하면 양자적 불확실성은 "온오프"가 가능하다. 즉, 불확실할 때도 있고 확실하게 결정되는 때도 있다. 예를 들어 전자는 대부분 시간 동안 흐릿하게 퍼진 안개처럼 존재하지만, 정밀한 사진을 찍으면(즉, 전자를 관측하면) 위치가 정확하게 결정된다. 실제로 전자를 관측하는 초정밀 장치를 사용하면 전자의 위치가 하나의 점으로 나타난다.[17] 그러나 화학을 비롯한 대부분의 실험 결과는 "전자의 위치가 명확하게 결정되지 않은 경우"에만 이론적 설명이 가능하다. 그러므로 전자는 흐릿하게 퍼진 상태에서 명확하게 결정된 상태로 전환될 수 있어야 하는데, 물리학자들은 이것을 "파동함수의 붕괴wave function collapse"라 부른다. 폰 노이만은 이 붕괴 현상이 "관측이 실행되는 즉시 일어난다"고 생각했다.[18] 그리고 관측이 종료되면 전자는 다시 양자적 특성을 발휘하여 흐릿하게 퍼지기 시작한다.[19]

양자역학의 전통적 관점을 일기예보에 어떻게 적용해야 할까? 이것은 물리학자도 답하기 어려운 난제다. 아마도 허리케인은 파동함수가 붕괴되면서 나타난 결과겠지만, 그것이 언제, 어떻게, 왜 붕괴되었는지는 알 길이 없다. 허리케인이 발달하는 과정을 어떤 장비로 관측했기 때문일까? 폰 노이만이 말했던 "관측(측정)"의 진정한 의미는 무엇일까? 생명체도 아닌 입자가 자신이 흐릿하게 퍼진 상태(파동)

에서 명확한 상태(입자)로 바뀌어야 할 순간을 어떻게 알아챈다는 말인가? 물리학자들은 이 심란한 질문 때문에 고민하다가, 과학 역사상 가장 대담한 가설을 떠올렸다. 그런데 이제 곧 알게 되겠지만, 그들이 내놓은 가설은 신비주의 종교 집단의 교리를 연상케 한다. 물론 전문 과학자가 이런 주장을 펼친 데에는 그럴 만한 이유가 있었다.

1963년 노벨 물리학상 수상자인 유진 위그너Eugene Wigner는 양자역학이 인간의 의식意識과 밀접하게 관련되어 있다고 믿었다.[20] 또한 그는 양자와 의식의 상호관계를 깊이 파고든 끝에 "확고한 현실이 존재하는 이유는 의식을 가진 인간이 관측을 실행했기 때문(또는 어떤 식으로든 관측에 관여했기 때문)"이라고 주장했다. 이상주의 철학idealism의 최상급이라 할 만하다. 현실에 대한 우리의 경험이 마음(의식)과 불가분의 관계라는 주장까지는 받아들일 수 있겠는데, 위그너는 여기서 한 걸음 더 나아가 "현실 자체가 마음에 종속되어 있다"고 주장한 것이다. 눈에 보이는 명백한 현실이 마음먹기에 따라 달라질 수도 있다는 이야기다.[21] 에버렛의 박사과정 지도교수였던 휠러는 의식에 대한 위그너의 주장에 다소 이중적인 태도를 보였지만, 현재 실행되는 인간의 관측 행위에 따라 우주의 과거가 결정된다는 점에는 전적으로 동의했다. 그의 저서《양자이론과 관측 Quantum Theory and Measurement》에는 다음과 같은 문구가 등장한다. "지금 이곳에서 작동하는 관측 장비는 과거에 일어난 것처럼 보이는 사건을 실제로 일으키는 데 핵심적 역할을 하고 있다."[22] 휠러와 위그너는 사이비 철학자가 아니라 위대한 물리학자였기에, 깊은 사고 없이 이런 충격적인 발언을 하지는 않았을 것이다. 그러나 이들의 관점은 지나치게 개괄적이면서 다분히 인간 중심적인 분위기를 풍긴다.

이들보다 조금 더 보수적이었던 영국의 수리물리학자 로저 펜로즈Roger Penrose는 "양자적 모호함이 제거된 거시적 물리계"의 사례로 중력을 제시했는데,[23] 휠러보다는 훨씬 현실적이어서 지금도 그의 주장을 검증하는 실험이 진행되고 있다.[24] 그런데 문제는 붕괴로 인해 양자적 모호함이 제거되는 속도가 빛의 속도보다 빠르다는 점이다.[25] 이것은 빛의 속도를 "속도의 한계"로 선포한 특수상대성이론에 위배된다.

간단히 말해서, 파동함수가 붕괴되는 원리는 어떤 논리로 설명해도 우리가 알고 있는 물리학과 매끄럽게 연결되지 않는다. 그래서 휠러의 제자인 에버렛은 "붕괴"라는 현상이 실제로 일어나는지 의문을 품기 시작했고, 몇 단계 논리를 거친 후 다음과 같은 결론에 도달했다. "세상이 제아무리 불확실하다 해도, 그런 곳에서 태어나 사는 사람에게는 자신의 세상이 (우리가 느끼는 것처럼) 더없이 명료하고 확고하게 보일 것이다. 따라서 실제로 붕괴가 일어나지 않는다 해도, 그의 눈에는 파동함수가 붕괴된 것처럼 보일 것이다."

에버렛은 이 마법 같은 세상을 구현하기 위해, 양자적으로 불확실한 우주를 "동시에 존재하는 여러 개의 확고한 우주"로 대체시켰다.[26] 개개의 우주 안에서 불확실성은 사라지고, 모든 것이 확고하게 존재한다. 그러나 이것은 하나의 우주가 아니라 "모든 가능성이 개개의 우주에 할당된" 다중우주multiverse다. 좀 더 정확하게 말해서, 우리가 살고 있는 것처럼 보이는 확고한 우주는 실제 우주의 한 부분일 뿐이다. 무수히 많은 가능성 중 하나가 선택된 우주에 우리가 살

고 있는 것이다.[27]◆

　양자컴퓨터의 선구자 중 한 명인 데이비드 도이치David Deutsch
는 에버렛의 가설에 기초하여 다음과 같이 말했다. "양자컴퓨터가
뛰어난 성능을 발휘하는 이유는 에버렛의 중첩된 우주(다중우주)에
서 입자의 다중상태를 이용하여 여러 개의 연산을 동시에 수행할
수 있기 때문이다. 전통적인 디지털컴퓨터는 하나의 우주에 존재하
기 때문에 한 번에 한 가지 연산밖에 수행할 수 없지만, 양자컴퓨터
는 진정한 의미의 병렬처리가 가능하다."[28] 에버렛의 다중우주 가설
이 옳다면 당신의 노트북 컴퓨터는 모든 다중우주에 하나씩 존재
하고 있지만, 각 우주 사이에 통신을 주고받을 수는 없다. 우리가 단
하나의 현실만을 인지하며 사는 것처럼, 기계도 다른 평행우주ㅣ다중
우주와 동의어에서 무슨 일이 일어나고 있는지 전혀 알지 못한다. 이것
은 단순한 가정이 아니다. A, B라는 두 개의 평행우주 사이에 정보
를 교환할 수 없는 이유는 A와 B가 "결어긋남 상태decoherence"에 있
기 때문이며, 이것은 수학적으로 증명 가능한 사실이다. 그러나 양자
컴퓨터는 결어긋남 상태를 피하면서(즉, 결맞음 상태coherence를 유지하면

◆　양자역학을 설명하는 대부분의 교양과학서는 양자의 개념→파동-입자
　의 이중성→드브로이의 물질파→하이젠베르크의 불확정성 원리→슈뢰
　딩거의 파동방정식→파동의 해석(확률)→파동함수의 붕괴(관측 문제)→
　다중우주 해석의 순서로 전개된다. 그런데 저자가 물질파와 불확정성 원
　리만 간단하게 언급한 후 곧바로 관측 문제로 넘어가는 바람에 설명이
　다소 부실해진 감이 있다. 양자역학에 익숙하지 않은 독자들은 "파동함
　수"의 의미를 찾아보기 바란다. 관련 서적으로는 브라이언 그린의《우주
　의 구조》, 짐 배것의《퀀텀스토리》등이 있다.─옮긴이

서) 여러 개의 평행우주를 교묘하게 활용할 수 있다. 에버렛과 도이 치의 관점에서 볼 때 양자컴퓨터를 만들기 어려운 이유는 여러 개의 우주 사이에서 정보교환이 가능한 상태를 유지해야 하기 때문이다.

에버렛의 가설이 제아무리 논리적이고 저명한 학자들의 지지를 받는다 해도, 양자적 불확실성이 무수히 많은 현실을 낳는다는 것 은 아무리 생각해도 낭비가 너무 심한 것 같다. 우주는 하나만 있어 도 되지 않을까?

아니다. 반드시 하나일 필요는 없다. 이런 문제를 다룰 때는 인 간의 본능을 최대한 억제해야 한다. 16세기 사람들은 지구가 우주 의 중심이라고 하늘같이 믿었고, 20세기 초에는 저명한 천문학자들 도 우리 은하(은하수)가 우주의 전부라고 생각하지 않았던가. 나는 사람들이 양자적 다중우주에 반감을 갖는 이유가 "인간이라는 존재 의 유일성"이 훼손된다고 느끼기 때문이라고 생각한다.[29]

양자우주론

양자물리학은 우리가 경험하는 세계와 완전히 다른 현실을 서술하 는 이론이다. 모든 미시적 물체는 불확실한 상태에 존재하지만, 누 군가가 그것을 바라보면(즉, 관측이 행해지면) 불확실성이 말끔하게 사 라지면서 명확한 물리량(위치, 속도, 에너지 등)을 갖게 된다. 에버렛은 이 극적인 변화를 논리적으로 이해하기 위해 다음과 같이 주장했다. "관측되지 않은 양자적 객체는 무수히 많은 가능성을 갖고 있다. 그런데 관측 행위가 개입되면 이들 중 하나만 남고 모두 사라지는 것이 아니라, 가능한 경우의 수만큼 우주가 갈라지면서 개개의 우주마다 모든 가능성이 실현된다. 그러나 우리는 이들 중 단 하나의 우주만 인식할 수 있으며, 나머지 우주에 대해서는 아무것도 알 수 없다." 전자 한 개를 관측할 때마다 우주가 수천억 개, 수조 개 또는 그 이상으로 갈라진다니 낭비가 너무 심한 것 같지만, 객관적 실체를 설명하겠다며 듣도 보도 못한 물리법칙이나 인간의 의식을 들이미는 것보다는 낫다고 생각한다.

에버렛의 이론에 의하면 양자적 효과는 미시 영역에 국한되지 않고 우주 전체에 영향을 미친다(물론 이것을 확인할 길은 없다). 물리학자들은 이 대담한 가설에 용기를 얻어 양자역학을 우주에 적용하기 시작했고, 그 덕분에 시뮬레이션도 우주 전체로 확장되었다.

우주는 탄생 직후부터 팽창해왔으므로, 시간을 거슬러 가다 보면 우주의 크기가 0이었던 시점, 즉 빅뱅에 도달하게 된다. 그러나 빅뱅의 순간에는 밀도와 압력이 무한대였고 팽창 속도도 거의 무한대에 가까웠기 때문에, 시뮬레이션의 시작점으로는 적절치 않다. 일반상대성이론도 무한대 앞에서는 속수무책이다. 앞에서 이런 점을 "특이점"이라 불렀다. 블랙홀을 시뮬레이션할 때 중심부의 특이점을 피하기 위해 웜홀을 도입했듯이, 우주를 시뮬레이션할 때에도 빅뱅의 특이점은 어떻게든 피해 가야 한다. 방법은 의외로 간단하다. 우주론학자들은 빅뱅이 일어난 순간을 제외하고, 그 직후부터 고려하는 식으로 특이점을 피해 가고 있다. 일반적으로 우주 시뮬레이션은 우주의 나이 138억 년의 10퍼센트에 해당하는 13.8억 년부터 시작된다.

그런데 이 방법에는 한 가지 단점이 있다. 내일의 날씨를 예측하려면 현재의 대기 상태(초기조건)를 정확하게 알아야 하듯이, 우주 시뮬레이션도 시작점(빅뱅 후 13.8억 년)에서 우주의 상태를 알고 있어야 한다. 우주가 정말로 특이점에서 시작되었다면 초기조건을 알려주는 법칙 같은 것은 존재하지 않지만, 대부분의 우주론학자들은 그런 법칙이 있다 해도 매우 불규칙할 것으로 예측하고 있다.[30] 어떤 지역은 차갑고 황량한데, 다른 지역은 뜨거우면서 밀도가 높을 수도 있다는 뜻이다. 게다가 모든 지역에 동일한 물리법칙이 적용된다는 보장도 없다. 일부 지역이 우리가 익히 알고 있는 법칙을 따르는 동안, 다른 곳에서는 완전히 다른 법칙이 적용될 수도 있다. 그런데 오늘날 우리 눈에 보이는 우주는 전혀 그렇지 않다. 사방 어디를 둘러봐도 비슷하게 생겼고, 적용되는 물리법칙도 똑같다. 특정 지역에 있는 행성과 별, 은하 등은 다른 지역의 천체들과 크게 다르지 않다. 물론 크기, 색상, 외형은 은하마다 제각각이지만, 이들 모두가 동일한 물리법칙을 따르는 것처럼 보인다. 모든 은하는 동일한 기체와 암흑물질로 구성되어 있으며, 크기, 색상, 외형의 분포도 지역에 따라 별 차이가 없다.

이 상황은 과일 케이크와 비슷하다. 자세히 살펴보면 어떤 조각에는 건포도가 많고 어떤 조각에는 체리가 많이 들어 있지만, 전체적인 분포는 거의 균일하다. 그러나 빅뱅 특이점 이후에는 이런 규칙성을 낳는 명확한 메커니즘이 존재하지 않는다. 첫 번째 케이크 조각에는 건포도가 잔뜩 들어 있고, 두 번째 조각에는 살구, 세 번째 조각에는 의외로 스크램블드에그가 들어 있을 가능성이 높다.

이런 상황에서 우주의 초기조건을 찾아줄 최상의 길잡이가 바로 양자역학이다. 무엇보다 양자역학은 방정식이 언제라도 어긋날 수 있음을 보여주고 있다. 일반상대성이론에는 불확실성과 얽힘이라는 핵심 개념이 빠져 있어서, 20세기 초에 등장했음에도 불구하고 고전 이론으로 분류된다. 빅뱅의 순간에 양자적 효과를 올바르게 포함시킬 수만 있다면, 특이점은 좀 더 만만한 이론으로 대체될 것이다. 그 대표적 사례가 스티븐 호킹의 저서 《시간의 역사A Brief History of time》에 등장하는 "무경계 가설no-boundary proposal"이다. 그러나 이 가설은 우주론에 유용한 정보를 제공하지 못한 채, 지금도 논쟁거리로 남아 있다. 가장 큰 이유는 아인슈타인의 일반상대성이론(중력이론)과 양자역학을 조화롭게 결합한 양자중력quantum gravity에 대해 이렇다 할 설명을 내놓지 못했기 때문이다.

중력이론과 양자역학은 하나로 묶기가 엄청나게 어렵다. 예를 들어 블랙홀은 양자이론과 모순되는 것처럼 보인다. 입자가 블랙홀로 빨려 들어가면 거기에 담긴 정보가 영원히 사라지는데, 양자역학에 의하면 정보는 절대로 사라지지 않기 때문이다. 지난 수십 년 동안 물리학자들은 중력이론과 양자역학을 하나로 통합하기 위해 끈이론string theory과 고리중력loop gravity, 인과집합론causal set theory 등 다양한 시도를 해왔으나, 우주론에는 별 도움이 되지 못했다.

초기 우주에 양자역학을 적용하는 두 번째 시도는 운 좋게도 검증 가능한 방식으로 많은 정보를 제공할 수 있었다(이번에도 호킹이 중요한 역할을 했다). 새로운 이론은 특이점을 통째로 대체하는 무경계

가설 대신, "시작의 순간에 무슨 일이 있었건 간에, 지금과 같은 우주는 어떻게든 탄생했을 것"이라고 주장한다.

새로운 이론은 양자역학과 일반상대성이론을 활용하지만, 굳이 둘을 하나로 엮으려고 애쓰지 않는다. 두 이론을 통일하기 위해 무리한 가정을 내세우지 않고 각자 독립된 영역에서 논리를 전개하기 때문에 "무한대"라는 참사를 피해 갈 수 있다. 이것은 시뮬레이션의 초기조건을 이해하는 최선의 방법이자 양자효과가 우주 전체에 퍼져 있다는 결정적인 증거이기에, 좀 더 자세히 짚고 넘어가기로 한다.

인플레이션

1980년, 우주론학자 앨런 구스Alan Guth는 우주의 노화에 따라 물질과 에너지가 변하는 양상을 연구하고 있었다. 다들 알다시피 얼음은 실온에서 물로 변하고, 물이 끓으면 기체(수증기)가 된다. 그러나 구스는 물질의 위상phase이 이런 일상적인 상태를 뛰어넘을 수도 있다고 생각했다. 이보다 앞서 이론물리학자 스티븐 와인버그Steven Weinberg는 전자, 뉴트리노, 또는 광자와 같은 입자가 충분히 높은 온도에서 순수한 에너지의 형태로 바뀔 수 있다고 제안한 바 있다. 여기서 힌트를 얻은 구스는 초고온 상태에서 살아남은 입자들이 "스칼라장 응축물scalar field condensate"이라는 추상적 형태로 변할 수 있다고 제안했다. 물론 이것은 양자물리학에서만 나타나는 현상이다. 구스는 이 가설에 기초하여 몇 가지 계산을 수행한 후, "우주는 빅뱅 직후부터 이상한 형태의 에너지에 의해 10^{-35}초마다 부피가 두 배로 커지는 급속 팽창을 겪었다"고 결론지었다. 우주가 이런 속도로 팽창하면 단 1초 만에 2^{35}배(약 350억 배)로 커지는데, 실제로 급속 팽창은 이 정도로 오래 지속되지 않았다.

스칼라장은 가상의 개념이 아니다. 2012년에 CERN의 과학자들이 대형 강입자 충돌기LHC에서 힉스 보손Higgs boson을 발견했을 때에도 허공에 떠다니는 입자를 족집게로 잡아낸 것이 아니라, 고에너지 상태에서 형성된 스칼라장을 통해 그 존재를 간접적으로 입증한 것이다. 그렇다면 갓 탄생한 우주는 정말로 스칼라장 때문에 그토록 빠르게 팽창했을까? 확실한 증거는 없지만, 구스는 그렇다는 가정하에 자신의 논리를 계속 밀고 나갔다.

앨런 구스는 우주가 탄생 직후 초고속으로 팽창한 사건을 "인플레이션inflation"이라 불렀다. 영국은행의 통계에 따르면 2021년에 20파운드 l 1파운드=약 1,700원의 가치는 1990년의 10파운드와 비슷하다.[31] 화폐 가치가 31년 사이에 반 토막 났다는 뜻인데, 지금은 더욱 빠른 속도로 떨어지고 있다. 독일의 인플레이션은 더욱 심각하여, 제1차 세계대전이 끝난 후 1923년 한 해 동안 물가가 무려 29배로 치솟았다.[32] 물가가 오르는 현상을 인플레이션이라 하는데, 우주의 인플레이션은 우리의 경제활동과 무관하지만 그 규모는 가히 상상을 초월한다.

경제적 인플레이션과 달리 우주의 인플레이션은 초창기에 존재했던 특이점을 부분적으로 가려주기 때문에 물리학자에게는 좋은 소식이다. 구스의 시나리오가 제대로 작동하려면 우주는 초창기에 10^{-35}초마다 두 배로 팽창하면서 2^{90}배까지 커졌다가, 그 후로 팽창 속도가 크게 완화되어야 한다. 지금의 우주는 100억 년마다 두 배로 커지는 거북이 팽창을 겪고 있기 때문이다.[33] 우주론학자들은 "태초에 우주가 짧은 시간 동안 급속 팽창(인플레이션)을 겪으면서 공간에 진 주름이 말끔하게 펴졌기 때문에 지금처럼 규칙적이고 균일한 우주로 진화할 수 있었다"고 믿고 있다.

이 정도면 꽤 그럴듯한 설명이지만, 우주 탄생 시나리오의 일부에 불과하다. 인플레이션의 위력을 가늠할 때에는 시간을 거꾸로 뒤집어 "팽창"을 "수축"으로 바꿔서 생각하는 게 나을 수도 있다. 이렇게 시간이 거꾸로 흐르면 인플레이션이 진행되는 동안 우주는 10^{-35}초마다 절반으로 줄어든다. 그러나 "0이 아닌 무언가의 절반"은 결코 0이 될 수 없다. 종이를 계속 절반으로 자르다 보면 크기는 줄어들지만 절대로 사라지지는 않는다. 이와 마찬가지로 우주 공간은 역인플레이션을 겪으면서 점점 작아지지만, 공간의 부피가 결코 0이 될 수는 없다. 반면에 인플레이션이 없는 우주에서 시간을 거꾸로 되돌리면 크기가 0인 시점(특이점)에 쉽게 도달한다.

이런 관점에서 볼 때, 인플레이션은 특이점을 "조금 더 먼 과거"로 밀어내는 역할을 한다. 인플레이션을 고려하지 않으면 오늘날 관측 가능한 우주는 태초에 10^{-35}초 동안 축구공 크기만큼 팽창했을 것으로 예상된다. 그러나 인플레이션을 고려하면 급속팽창시간이 거의 100배로 길어진다. 두 배로 커지는 데 걸리는 시간은 거의 같은데, 이런 과정이 최소 90회 이상 반복되기 때문이다(물론 실제 계산은 이보다 훨씬 복잡하고, 오차의 범위도 엄청나게 크다. 그러나 이 정도만 알고 있어도 팽창 효과를 이해하는 데 큰 도움이 된다).

지금 우리는 찰나의 시간 동안 일어난 사건을 논하는 중이다. 그러나 10^{-35}초와 10^{-33}초 사이에는 엄청난 차이가 있다. 유리세공사가 다양한 색상의 유리 조각을 녹인 후 입으로 불어서 꽃병을 만든다고 상상해보자. 처음부터 입김을 강하게 불면 액체 유리가 부푸는 데 걸리는 시간이 너무 짧아서 색이 섞일 틈이 없으므로, 꽃병의 색상은 위치마다 제각각일 것이다. 인플레이션이 일어나지 않은 우주가 바로 이런 경우다. 그러나 입으로 부는 시간을 100배로 늘리면 액체 유리가 섞일 시간이 충분하기 때문에 꽃병의 색상이 거의 균일해진다. 모든 것이 균일하게, 골고루 섞여 있는 지금의 우주가 이런 경우에 해당한다.

이것이 인플레이션의 전부라면, 우주 공간이 균일한 이유를 설명하는 한 가지 방편에 불과했을 것이다. 그러나 인플레이션 이론에는 방대한 양의 정보가 담겨 있다. 양자역학에 의하면 실제로 인플레이션이 일어났다 해도 우주는 완벽하게 균일할 수 없다. 불확정성 원리가 작용하여 작은 변화를 만들어내기 때문이다. 즉, 초기 우주의 밀도는 지역에 따라 약간의 차이가 있었다. 다시 말해서, 색상이 골고루 잘 섞인 꽃병이 만들어지긴 했는데, 미처 섞이지 못한 색이 국소적으로 뭉쳐서 약간의 얼룩으로 남았다는 뜻이다.

앞서 말한 대로, 멀리 있는 천체는 그만큼 오래된 과거의 모습을 우리에게 보여주고 있다. 그러므로 망원경의 성능이 좋으면 우주의 나이만큼 오래된 빛(복사)을 찾을 수 있을 것이다. 이것이 바로 "빅뱅의 메아리"로 불리는 마이크로파 우주배경복사cosmic microwave background radiation다. 이 복사파의 전체적인 분포는 1990년대부터 관측되었는데, 지역에 따른 강도는 1982년에 스티븐 호킹과 앨런 구스가 인플레이션 이론으로부터 예견한 값과 거의 정확하게 일치했다.[34]

우주배경복사의 분포를 좀 더 쉽게 이해하기 위해, 잔잔한 바다에 일어나는 잔물결을 생각해보자. 바다의 깊이는 수 킬로미터나 되지만 그 위에 이는 잔물결은 기껏해야 3~5센티미터를 넘지 않기 때문에, 멀리서 바라보면 그냥 고인 물처럼 보인다. 그러나 암흑물질 시뮬레이션에 작은 물결(불규칙한 복사에너지)을 추가하면 중력의 영향을 받아 점점 규모가 커지다가 은하를 뒤덮고, 결국은 모든 코스믹 웹을 에워싸게 된다. 별과 태양계는 이미 존재하는 은하의 내부에서만 탄생할 수 있으므로, 지구를 포함하여 우리 눈에 보이는 모든 만물은 우주 탄생 직후 몇 분의 1초 동안 무작위로 일어난 양자적 효과 덕분에 존재하게 된 셈이다. 이 시나리오에서는 양자역학과 중력, 암흑물질, 마이크로파 배경복사 등이 멋들어지게 하나로 통합된다.

1982년에는 우주에 잔물결이 생기는 이유를 몰랐기 때문에 정확한 형태를 제시하지 않고 잔물결의 형태와 크기만 평균적으로 예측했다. "바다에서 일어나는 모든 파도의 최고점과 최저점을 일일이 예측하는 것(두말할 것도 없이 불가능함)"과 "특정 높이의 파도가 일어나는 횟수와 파도 사이의 거리를 예측하는 것" 사이에는 분명한 차이가 있다. 양자적 인플레이션을 도입하면 확률에 기초한 기댓값으로부터 파동의 유형만 알 수 있을 뿐(이것을 '파워 스펙트럼power spectrum'이라 한다), 우주의 특정 파동에 대한 세부 정보까지는 알 수 없다.

바로 여기서 시뮬레이터의 고충이 시작된다. 그들은 일기예보에서 얻은 경험에 기초하여 "젊은 우주의 상태를 정확하게 입력하면 은하의 종류와 은하의 특성을 결정하는 요인, 그리고 은하수가 지금의 위치에 존재하게 된 이유 등 그 뒤에 일어난 일을 예측할 수 있다"는 희망을 안고 우주의 초기조건을 열심히 찾아왔다. 간단히 말해서, 우리(시뮬레이터)는 우주에서 인간의 위치를 설명해주는 단 하나의 명확한 역사를 원한 것이다. 그러나 정작 우리가 얻은 것은 파워 스펙트럼으로 서술되는 무작위 양자 거품이었다.

우주론학자들은 이 거품을 우주배경복사의 특정한 파문이나 지금 이곳에 존재하는 특정 은하 집단으로 간주한다. 그러나 (에버렛의 다중우주를 믿는다면) 우주는 하나가 아니라 무수히 많이 존재하며, 그 안에는 파워 스펙트럼에 나타난 "모든 가능한 우주"가 포함되어 있다. 은하와 별, 그리고 행성의 모든 가능한 세트가 각각 별개의 우주로 존재한다는 뜻이다. 개개의 우주는 자신에게 주어진 무작위 패턴에 따라 각기 다른 모습으로 진화한다. 다시 말해서, 우리 우주의 미래는 무작위로 던져진 무수히 많은 주사위에 의해 결정되었으며, 어떤 과거를 거쳐왔는지 알 수 없기에 우리 우주의 시작을 완벽하게 재현할 수도 없다. 그러므로 우리 역사를 규명하기 전에 다양한 가능성을 시뮬레이션해야 한다.[35]

이토록 뒤죽박죽인 시뮬레이션을 어떻게 다뤄야 할까? 양자컴퓨터가 상용화되면 계산화학computational chemistry | 컴퓨터를 이용한 수치 해석적 방법으로 이론을 검증하는 화학의 한 분야에 혁명적인 변화가 찾아오겠지만, 우주 시뮬레이터를 수렁에서 구할 가능성은 거의 없어 보인다. 우주

218

는 분자보다 훨씬 복잡하기 때문에, 우주 시뮬레이터가 직면한 양자적 문제는 화학자가 다루는 양자역학과 스케일부터 다르다. 양자컴퓨터가 우주 시뮬레이션에 기여하려면 관련 전문가들이 내놓은 청사진보다 훨씬 뛰어난 성능을 발휘해야 하는데, 내가 살아 있는 동안은 그런 날이 올 것 같지 않다.

전통적인 디지털컴퓨터로 시뮬레이션을 할 때는 여러 개의 우주 중 다른 것은 모두 잊고 하나만 골라야 한다. 이렇게 선택된 가상의 우주는 주사위가 다른 식으로 굴렀으므로, 우리 우주와 같지 않을 것이다. 그러나 무작위라고 해서 예측이 아예 불가능한 것은 아니다. 예를 들어 주사위 두 개를 굴렸을 때 눈금의 합이 7인 경우—$(1, 6), (2, 5), (3, 4), (4, 3), (5, 2), (6, 1)$—는 12인 경우(둘 다 6이 나오는 하나의 경우밖에 없음)보다 훨씬 빈번하게 나타난다. 그러므로 우주가 겪는 무작위과정의 출현 빈도수를 비교하면 개개의 우주가 탄생할 확률을 대략적으로나마 알 수 있다.

그래서 많은 천문학자들은 은하 한 개의 특성보다 여러 은하를 관측하여 얻은 크기, 모양, 색상, 밝기 등의 분포상태에 더 많은 관심을 보인다. 한 번의 시뮬레이션에서 넓은 지역에 골고루 퍼져 있는 은하들에 대하여 위의 값(크기, 모양, 색상, 밝기 등)을 계산한 후, 실제 관측값과 비교하는 식이다. 시뮬레이션을 실행하면 한 번에 하나의 가능성만 확인하는 게 아니라, 서로 다른 특성(별의 개수, 색상, 모양 등)을 가진 은하들 사이의 관계도 확인할 수 있다. 천문학자들은 최근 몇 년 동안 이런 검증과정을 여러 차례 실행했는데, 시뮬레이션에서 얻은 은하의 전체적인 분포 상황은 실제 관측 결과와 거의 일치하는 것으로 나타났다.[36] 일기예보 시뮬레이터가 특정한 날의 날씨보다 전반적인 기후를 알아내는 데 중점을 두는 것처럼, 우주 시뮬레이션도 하나의 우주보다 "초기조건에 따라 나타날 수 있는 우주의 전반적인 패턴"을 확인하는 쪽으로 변하고 있는 것이다.

이로부터 어떤 결과를 얻었다고 해서 우주에 대한 이해가 곧바로 깊어지는 것은 아니다. 어쨌거나 시뮬레이션의 목적은 우리가 속한 우주를 해석하고 이해하는 것이기에, "전반적인 추세"는 별 도움이 되지 않는다. 우리 우주를 이해하려면 그와 같은 추세가 나타난 이유를 알아야 한다. 3장에서 나는 초기 우주의 희미하고 불완전한 은하를 시뮬레이션으로 재현하는 방법에 대해 말한 적이 있다. 만일 이 과정에서 원하는 결과를 얻기 위해 서브 그리드를 조작했다면 별 의미가 없겠지만, 사실은 그렇지 않았다. 현재의 은하를 재현할 때 사용했던 서브 그리드를 먼 과거의 은하에 적용해도 여전히 잘 들어맞았다. 우주론학자들이 여러 우주의 "전반적인 추세"를 시뮬레이션으로 분석하는 이유는 추세 자체를 알아내려는 것이 아니라, 다양한 경우들 사이의 연결고리를 알아야 하기 때문이다.

통계적 패턴이 드러나면 꽤 많은 것을 알 수 있지만, 여기에는 분명한 한계가 있다. 자신의 체중이 평균 체중과 일치하는 사람이 별로 없는 것처럼, 평균과 일치하는 은하도 매우 드물다. 게다가 "추세"가 현실과 직접 연관된다는 보장도 없다.("상관관계는 인과관계와 무관하다"는 격언도 있지 않은가!) 한 가지 예를 들어보자. 해러즈Harrods l 영국을 대표하는 최고급 백화점에서 쇼핑하는 사람들은 대부분이 부자다. 그러나 부자가 반드시 해러즈에서 쇼핑을 한다는 보장은 없으며, 가난한 사람이 해러즈에서 쇼핑을 한다고 부자가 될 리도 없다(부자가 해러즈에서 쇼핑을 계속하다가 가난해질 수는 있다). 이와 마찬가지로 시뮬레이션에 나타난 은하의 추세가 현실과 일치한다 해도, 이런 연결 관계가 존재하는 이유를 성급하게 판단해서는 안 된다. 개개의 은하가 자신만의 개성을 갖게 된 원인을 이해하기 위해서는 다른 접근 방식이 필요하다.

시뮬레이션을 이용한 실험

2016년에 니나 로스Nina Roth, 히란야 페이리스Hiranya Peiris와 나는 양자적 무작위성에 개의치 않고 초기 우주와 후기 우주 사이의 연결고리를 추적하기 시작했다. 우리 우주는 왜 지금과 같은 역사를 갖게 되었을까?[37] 페이리스는 나의 오랜 연구 동료로서 원대한 비전과 심오한 질문으로 유명하고, 로스는 페이리스가 이끄는 연구팀에서 박사후과정을 밟던 연구원으로, 최근에 우주 시뮬레이션의 초기조건을 생성하는 컴퓨터 프로그램을 작성했다. 이런 종류의 프로그램이 대부분 그렇듯이, 로스의 프로그램에도 난수 발생기random number generator가 포함되어 있었다. 인플레이션 이론에 의하면 우주 초기에 양자역학적으로 가능한 여러 가능성 중 하나가 무작위로 선택되었으니, 시뮬레이션도 그와 비슷한 방식으로 전개되어야 한다고 생각한 것이다. 그러나 페이리스와 나는 신중한 토론을 거친 끝에 "시뮬레이션이 굳이 무작위 선택을 흉내 낼 필요는 없다"고 결론지었다. 예를 들어 당신이 "뱀-사다리 게임"에서 나올 수 있는 결과를 머릿속에 그린다고 해보자. 이럴 때는 군이 주사위를 굴릴 필요 없이 "6이 나오면 어떻게 될까?"라거나, "5가 나오면 어떻게 될까?"라는 질문을 던질 수 있다. 아니면 게임 도중에 나오게 될 모든 주사위 눈금을 가정하여 가상의 게임을 끝까지 진행해볼 수도 있다. 이런 게임은 규칙을 따르지 않지만(즉, 주사위 눈금의 분포가 수학적 분포와 다를 수도 있지만), 나올 수 있는 결과의 패턴을 이해하는 데 도움이 된다.

완전한 무작위로 선택되지 않도록 시뮬레이션의 초기조건을 조절하는 것은 가상의 우주에서 가상 실험을 실행하는 것과 같다. 니나 로스는 나와 페이리스의 제안을 완전히 수용하지 않고 초기 우주의 양자적 통계가 반영된 일련의 대안 우주를 생성하는 쪽으로 프로그램을 조금 수정했다. 우리는 은하수를 시뮬레이션한 후에도 다음과 같은 질문을 떠올렸다. "잔물결이 조금 다르게 일어난 우주에서는 어떤 은하가 생성되었을까? 다른 시나리오에서는 우주의 역사가 어떻게 달라졌을까?"

우리는 이런 식의 접근법을 "유전자 변형genetic modification"이라 불렀다. 생물학자가 특정 생명체의 DNA를 조작해서 다른 생명체를 만드는 것과 비슷하기 때문이다. 초기 우주에 특정한 초기조건을 부여하여 시뮬레이션을 실행한 후, 초기조건을 조금 바꿔 재차 시뮬레이션을 실행하여 각기 다른 우주에서 은하가 성장하는 과정을 비교하는 식이다. 양자역학의 법칙만으로는 초기조건을 바꿨을 때 어떤 변화가 초래될지 알 수 없지만, 다양한 가능성을 테스트해볼 수는 있다. 우리 세 사람은 이렇게 공동연구를 진행한 끝에 은하의 밝

기를 좌우하는 원인과 일부 은하에서 별의 탄생이 중단되는 이유를 부분적으로나마 알아낼 수 있었다.[38]

또한 우리는 양자 파동의 최고점(파동의 마루)을 최저점(파동의 골)으로 바꿨을 때, 은하로 가득 찼던 우주가 텅 빈 우주로 바뀌는 극적인 장면도 확인했다.[39] 이렇게 초기조건을 조작하면 우주의 일부 영역이 눈에 띄게 비어 있는 이유를 추적할 수 있고, 이미 알려진 코스믹 웹의 구조 및 암흑물질과 암흑에너지를 이해하는 데에도 큰 도움이 된다.[40]

암흑에너지는 효과가 너무 약해서 은하 정도의 크기를 고려할 때는 무시해도 별 지장이 없지만, 규모가 커지면 텅 빈 공간에서도 막강한 위력을 발휘한다. 이 효과는 거리가 멀수록 누적되어 결국은 물질을 압도하게 된다. 지금까지 알려진 바에 의하면 암흑에너지는 우주의 70퍼센트를 차지하고 있다. 더욱 놀라운 것은 우주가 팽창해도 암흑에너지가 희석되지 않는다는 점이다. 어떤 용기가 임의의 물질로 가득 차 있을 때, 용기의 부피를 키우면 그 안에 들어 있는 내용물은 밀도가 낮아지기 마련이다. 우주가 팽창할수록 물질(눈에 보이는 물질과 암흑물질)의 밀도가 감소하는 것이 그 대표적인 사례다. 그러나 암흑에너지는 공간이 팽창해도 거의 동일한 밀도를 유지하기 때문에, 앞으로 긴 시간이 지나면 암흑에너지의 점유율은 100퍼센트에 가까워질 것이다. 우주론학자들은 앞으로 1000억 년이 지나면 암흑에너지의 위력이 워낙 막강해져서 은하가 더 이상 생성되지 않고, 남은 별들도 수명을 다해 사라질 것으로 예측하고 있다. 이때가 되면 팽창 속도가 아주 느려지겠지만, 그래도 우주는 120억 년마다 두 배로 팽창할 것이다. 우주의 신생아기를 결정했던 인플레이션이 마지막 운명까지 결정하는 셈이다.

아직은 아무것도 확신할 수 없다. 나는 2009년에서 2011년까지 천체물리학자이자 작가인 케이티 맥Katie Mack과 연구실을 같이 썼는데, 그녀는 밝은 성격에도 불구하고 "문명의 종말"에 대해 토론하는 것을 유난히 좋아했다. 결국 그녀는 《모든 것의 종말The End of Everything》이라는 책을 출간했고,[41] 그 덕분에 우리는 다양한 모습의 종말을 연구할 수 있었다.

걱정되는 시나리오이긴 하지만 워낙 먼 훗날의 이야기여서, 우리 은하의 중심부에 있는 블랙홀만큼 위협적이진 않은 것 같다. 내게 암흑에너지는 종말의 원흉이라기보다 우주의 특성을 이해하는 수단에 더 가깝다. 누가 알겠는가? 양자중력이론의 중요한 실마리가 암흑에너지에서 발견될지도 모를 일이다. 이것을 확인하려면 가능한 모든 유형의 암흑에너지를 시뮬레이션하고, 인플레이션에서 시작된 양자적 무작위성이 중력, 암흑물질, 암흑에너지와 어떤 식으로 상호작용하여 지금과 같은 우주를 만들어냈는지 알아내야 한다. 아직 갈 길이 멀지만, 다행히도 우리에게는 다양한 가능성을 테스트할 수 있는 디지털 실험실이 있다.

인플레이션은 정말로 일어났을까?

드브로이, 폰 노이만, 보어, 하이젠베르크와 같은 양자역학의 선구자들이 "21세기 물리학자들이 양자역학을 우주 전체에 적용하려 애쓰고 있다"는 사실을 알면 무덤에서 돌아누울 것이다. 그러나 학계의 이단아였던 휴 에버렛은 미시세계의 양자역학과 거시적 우주 현상을 굳이 구별할 필요가 없다고 주장했다. 우주 전체가 더욱 큰 규모로 존재하는 실체의 그림자에 불과하다면(또는 이 가설을 받아들인다면), 양자역학과 우주는 사이좋게 공존할 수 있다. 물리학자들은 "빅뱅 직후의 급속한 팽창은 스칼라장에 의해 촉진될 수 있다"는 아이디어에 기초하여 인플레이션 이론을 구축했고, 이로부터 우주가 모든 방향에서 거의 균일하게 보이는 이유와 은하 탄생의 메커니즘을 설명할 수 있었다. 또한 인플레이션 이론은 우주 케이크가 골고루 잘 섞인 이유와 지금과 같은 구성 요소로 이루어지게 된 원인도 설명해준다.

그러나 이 모든 것은 아직 실험으로 검증되지 않은 가설일 뿐이다. 우주론학자 중에는 인플레이션을 믿지 않는 사람도 많다.[42] 그러나 이 가설은 초기 우주의 비밀을 찾아 헤매는 과학자들에게 길잡이 역할을 한다. 암흑물질과 암흑에너지, 그리고 인플레이션에 기초한 시뮬레이션 결과를 관측데이터와 비교하여 가설을 수정할 수 있고, 더 나은 가설로 대체할 수도 있다. 현재 인플레이션 외에 수많은 가설들이 검증을 기다리는 중인데, 중력파가 그 대표적 사례다. 이것이 실존하는 현상으로 판명되면 인플레이션은 더욱 강력한 설득력을 얻게 될 것이다.[43]

물론 뜻대로 안 될 수도 있다. 암흑물질과 달리, 인플레이션은 지구에 있는 실험실에서 검증될 가능성이 거의 없다. 검증에 필요한 에너지의 규모가 강입자 충돌기의 최대 출력보다 1조 배 이상 크기 때문이다. 혹여 이런 무지막지한 장비를 만든다 해도, 가동에 들어가기 전에 심각한 반대에 부딪힐지도 모른다. 2010년에 강입자 충돌기가 첫 가동을 앞두고 있을 때, 와인버그와 구스를 비롯한 일부 과학자들은 "그토록 강력한 에너지를 방출하는 기계가 가동되면 미니블랙홀이 생성되어 지구를 삼키거나, 상태가 불안정해진 입자들이 우주 초기에 일어났던 위상변화를 일으켜 우주 전체가 사라질 수도 있다"고 경고했다. 게다가 유명 일간지들이 이들의 경고를 무작정 퍼 나르는 바람에 한때 전 세계적으로 위기감이 조성되기도 했다. 그러나 CERN 측에서는 "강입자 충돌기 수준의 고에너지 충돌사건은 우주 전역에서 수시로 일어나는 사건인데, 우주는 140억 년 동안 멀쩡하게 버텨왔다"며 이들의 경고를 무시한 채 예정대로 가동에 들어갔고, 다행히도 지구와 우주는 멸망하지 않았다.[44] 인플레이션이 일어난 순간의 상태를 재현하는 실험이라면 경우가 다르지 않을까? 물론이다. 가동되는 순간 지구는 물론이고 우리에게 친숙한 우주가 통째로 사라질 수도 있다. 그러나 앞으로 수백 년 안에는 실현될 확률이 0에 가까우니 그냥 넘어가기로 하자.

지금까지 이 책에서 서술한 이론(암흑물질, 암흑에너지, 별과 블랙홀의 서브 그리드 규칙, 인플레이션, 우주의 초기조건 등)의 상당 부분이 불확실하다 해도, 우주 시뮬레이션에서는 이들을 포함할 수밖에 없다. 그 외의 현상들(자기장, 우주선cosmic ray 등)도 시뮬레이션을 통해 집중적으로 연구되고 있는데, 자세히 설명하려면 책 한 권을 새로 써야 한다. 아직은 새로운 결과를 도출하지 못했지만, 자잘한 세부 사항은 꽤 많이 개선되었다. 물론 시뮬레이션은 단어 뜻 그대로 "흉내 내기"이기 때문에 본질적으로 완벽할 수 없다. 그러나 우리는 이 기술을 이용하여 현재 알려진 은하와 우주의 핵심 요소를 찾아냈고, 이들의 작동 원리를 대략적으로나마 설명할 수 있었다.

핵심 요소 분석이 마무리되었다면, 이제 결과를 재검토할 차례다. 시뮬레이션은 우주에 실재하는 무언가와 직접 비교 가능한 예측을 내놓지 못한다. 모든 시뮬레이션은 "근사치"일 뿐이다. 아주 사소한 오차도 혼돈계를 거치면서 천문학적 스케일로 커질 수 있고, 인플레이션 이론에서 예견된 우주의 시작점은 하나의 명확한 시점이 아니라 매우 넓은 시간대에 걸쳐 있다. | 시작점을 정확하게 규명하지 못한다는 뜻이다.

제아무리 뛰어난 기상학자도 100년 후의 날씨를 예측할 수 없는 것처럼, 시뮬레이션 코드는 우주의 작동 원리에 대한 일반적인 지침만을 제시할 뿐이다. 그럼에도 불구하고 우주론학자들은 실제 우주를 시뮬레이션과 비교하면서 암흑물질의 정체를 예측하고, 암흑에너지가 우주를 팽창시키는 속도를 계산하고, 138억 년 전에 우주를 지배했던 물리법칙을 추적하고 있다.

이 모든 노력이 결실을 거두려면 망원경으로 수집한 방대한 양의 데이터 중 의미 있는 것을 지능적으로 골라내야 한다. 물론 데이터의 주된 목적은 시뮬레이션 결과와 비교하는 것이지만, "둘 사이의 다른 점 찾기"처럼 단순한 방식은 아니다. 우주론학자들이 하는 일 중 하나는 모래알처럼 쌓인 관측 자료에서 유용한 데이터를 골라내는 것이다. 이런 선별과정을 거쳐야 컴퓨터로 만든 우주와 실제 우주 사이에 무엇이 일치하고 무엇이 다른지, 그리고 무엇이 우연의 일치이며 무엇을 아직 이해하지 못했는지 알 수 있다. 인간의 능력으로는 우주에 존재하는 모든 데이터를 처리할 수 없고, 수많은 시뮬레이션의 결과를 일일이 분석할 수도 없다. 다행히 우리에게는 컴퓨터라는 막강한 기계가 있어서 중노동을 하지 않아도 된다. 그런데 컴퓨터가 과연 사람처럼 "중요한 것과 별 볼 일 없는 것"을 제대로 구별할 수 있을까? 지금 당장은 어렵지만 똑똑한 기계라면 가능하다. 컴퓨터의 지능을 높이려면 완전히 다른 형태의 시뮬레이션이 필요한데, 우리는 이것을 '사고思考 시뮬레이션simulation of thinking'이라 부른다.

6장
사고 시뮬레이션

지능을 가진 기계를 만들 수 있을까? 이것은 인류의 오랜 꿈이었다. 그리스 신화에 등장하는 불과 대장간의 신 헤파이스토스는 스스로 움직이고 생각하면서 주변과 상호작용하는 인공 생명체를 만들었다. 호메로스의 서사시 〈오디세이Odyssey〉에 의하면, 헤파이스토스가 만든 것은 "영원히 늙지 않고 죽지도 않는" 금속제 경비견 두 마리였다.[1]

　개의 움직임을 그대로 재현하는 기계가 나온다면 누구나 감탄할 것이다. 험난한 지형에서 넘어지지 않고 네 다리를 효율적으로 움직이려면 탁월한 적응력이 필요하다. 지면의 윤곽을 3차원으로 스캔하여 안전한 횡단 전략을 세운 후, 추상적인 계획을 물리적 운동(걷기)으로 변환해야 한다. 게다가 헤파이스토스의 로봇 경비견이라면 주변의 잠재적인 위험 요소를 간파하고 빠르게 대처할 수 있어야 한다.

이런 장치를 만들려면 기존의 컴퓨터보다 훨씬 뛰어난 지능과 판단력을 인공적으로 구현해야 하는데, 21세기에 들어서면서 가능성이 보이기 시작했다. 미국 경찰에 로봇 개가 도입된 것이 대표적 사례다.[2] 현장에 투입된 로봇 경찰견이 하는 행동을 보면 섬뜩할 정도로 생명체와 비슷하다. 뚜렷한 목적을 갖고 움직이는 것이, 영락없는 개의 모습이다. 인터넷에는 로봇 경찰견이 문 뒤에 숨은 범죄자를 잡으려고 문을 열기 위해 기를 쓰는 홍보 영상이 올라와 있고, 역경을 이겨낸 로봇 개의 감동적인 이야기도 있다.[3]

물론 로봇에게 감동을 느끼는 것은 보는 사람의 주관적 판단일 뿐이다. 생명체의 행동을 단순히 흉내 내는 기계에 의식이 있을 리 없지 않은가. 그러나 로봇이 지능을 갖췄다는 것만은 분명한 사실이다. 의식意識의 기원과 의미는 아직 확실하게 밝혀지지 않았지만, 지능은 상대적으로 단순하다. 무언가가 지능을 가진 것처럼 행동하면, 그것은 "정의에 의해" 지능을 가진 주체로 간주할 수 있다. 사람과 개, 거미, 민달팽이 등도 각자 특유의 지능을 갖고 있으므로, 지능이라는 측면에서 볼 때 로봇 개와 동급이다. 그렇다고 자존심 상할 필요는 없다. 생명체와 기계를 차별하기 위해 지능에 다른 요소를 추가하면 문제만 복잡해질 뿐이다. 그러니 감정과 의식에 관련된 문제는 철학자나 신경과학자에게 맡겨두고, 이 책에서는 "지능적 행동은 보는 즉시 판단 가능하다"고 가정하자.[4]

기계에 인공지능을 부여하려면, 엄밀한 규칙밖에 따를 줄 모르는 컴퓨터를 유연한 사고자思考者로 바꿔야 한다. 꿈같은 이야기처럼 들리지만, 암흑물질 헤일로와 은하, 블랙홀, 우주, 그리고 분자 시뮬레이션도 꿈같기는 마찬가지였다. 우리가 이렇게 어려운 작업을 실행할 수 있었던 것은 현실을 최대한 단순화하여 가상모형을 만든 후, 세부 사항을 단계적으로 추가해나갔기 때문이다.

인간이나 동물의 두뇌를 완벽하게 복제하지 않아도 그들의 행동은 얼마든지 흉내 낼 수 있다. 중요한 것은 지능의 원리가 아니라 겉으로 드러난 행동이기 때문이다. 1950년대에 영국의 수학자 앨런 튜링은 여기에 착안하여 A라는 사람이 미지의 대상 B와 일련의 문자 메시지를 교환한 후 B가 사람인지 기계인지를 알아맞히는 테스트를 제안했다.[5] 이 실험은 A가 임의의 주제에 대하여 질문을 던지면 B가 대답하는 식으로 진행되는데, 튜링은 "충분한 횟수의 질의응답이 오갔는데도 B가 사람인지 기계인지 판별할 수 없다면, B는 지능을 가진 것으로 간주되어야 한다"고 주장했다.

물론 이것은 완벽한 테스트가 아니어서, 당시에는 많은 반대에 부딪혔다. 오직 '언어'만으로 지능을 판별하는 것이 무리라고 여겨졌기 때문이다. 예술이나 스포츠, 또는 음악을 주제로 삼아도 기계가 인간을 흉내 낼 수 있을까? 기계는 예술적 감성이 없으므로 질문 몇 개만 던지면 금방 들통날 것이다. 그러나 튜링의 목적은 사람과 기계를 비교하는 것이 아니라, 지능의 더욱 깊은 본질을 규명하는 것이었다. 누군가의 두뇌를 물리적으로 아무리 분석해도 특정 분야에 적성이 맞는지 알 수 없는 것처럼, 이런 방법으로는 기계의 지능도 평가할 수 없다. 우리가 할 수 있는 최선은 기계의 '행동'을 보고 평가하는 것뿐이다.

2020년대 초반에 실행된 사고 시뮬레이션을 보면, 기계의 지능이 빠른 속도로 발전하고 있는 듯하다. 인간의 삶은 중요한 기술(인쇄술, 방적기, 증기기관, 전기, 비료, 자동차, 인터넷 등) 덕분에 더할 나위 없이 편해졌으나, 이런 기술이 처음 등장했을 때에는 사회에 어떤 영향을 미칠지 예측하기가 쉽지 않았다. 오늘날 기계의 지능은 "적응력"이라는 측면에서 사람에게 한참 못 미치지만, 한 가지 임무에 집중하면 사람보다 훨씬 빠르고 정확하면서 융통성 있게 일을 처리하는 수준에 도달했다. 요즘 기계들은 기록 보관, 정보검색, 그림 작업, 안면인식, 기차 운행은 기본이고 의학 정보(스캔영상) 해석, 구매 성향 예측, 집필, 심지어 기초적 법률 분석까지 능숙하게 해낸다.[6]

인공지능artificial intelligence은 우주론을 비롯한 여러 과학 분야에서도 중요한 연구 수단으로 자리 잡고 있다. 미국이 칠레에 건설한 베라 루빈 천문대를 예로 들어보자. 이곳에 건설 중인 LSST Large Synoptic Survey Telescope(대형 시놉틱 관측 망원경)는 별이나 은하를 확대하는 전통적 망원경이 아니라 스스로 알아서 하늘을 뒤지는 초대형 스캐너다. 이 엄청난 장비가 완성되면 200억 개의 은하를 새로 발견하여 유형별로 분류하고, 수천 개의 소행성 벨트를 스캔하여 지구와 충돌할 가능성이 있는 소행성을 골라낼 예정이다(지상에서 위험을 미리 감지하는 헤파이스토스의 로봇 개와 크게 다르지 않다). 이로부터 향후 10년 동안 얻게 될 미가공 정보의 양은 거의 15테라바이트(고화질 영화 90편 분량)에 달한다.[7]

이 엄청난 미가공 정보에서 유용한 지식을 골라내려면 환상적인 데이터 처리 능력이 필요하다. 모든 사진에서 개개의 천체를 식별하고, 이로부터 별과 은하, 퀘이사, 소행성 등을 분류하고, 이전 사진과 비교하여 운동 여부와 운동 방향을 확인하고…… 해야 할 일을 나열하면 한도 끝도 없다. 이 모든 작업이 완료되면 우주론학자가 초신성, 은하, 퀘이사의 거리를 계산하여 우주의 3차원 지도를 작성하고, 물리학자는 이 결과를 우주 시뮬레이션과 비교하여 암흑물질이나 암흑에너지에 대한 새로운 사실을 알아낼 것이다. 문제는 데이터의 양이 너무 많아서 사람이 처리하기가 현실적으로 불가능하다는 점이다.

지난 20년 동안 천문학자들은 인공지능을 도입하여 각 단계를 자동화해왔다. 한 가지 방법은 두뇌의 신경단위인 뉴런neuron을 본떠서 디지털 뇌를 만드는 것이다. 이렇게 작성된 컴퓨터 코드는 갓 태어난 아이처럼 기초 지식도, 능력도 없기 때문에 필요한 작업을 수행하려면 특별한 훈련을 거쳐야 한다. 이제 갓 태어난 인공지능에 별, 퀘이사, 은하의 차이점을 비롯하여 작업에 필요한 수천, 수백만 가지 기초 지식을 시뮬레이션을 통해 주입하면, 실제 두뇌와 비슷하게 가상 뉴런 사이의 연결망을 구축하면서 점점 더 똑똑해진다.

흔히 "머신러닝machine learning"으로 알려진 이 접근법은 컴퓨터에 탁월한 융통성을 부여하지만, 여전히 대답할 수 없는 질문이 있다. "나는 무엇을 새로 알게 되었는가?", "방금 내린 결론은 어떤 과정을 거쳐 도달한 것인가?", "새로운 과학적 추론을 전개할 때 앞서 내린 결론 중 어떤 것을 사용해야 하는가?" 이런 것은 컴퓨터에게 매우 어려운 질문이다.

그래서 나는 "이와 반대 특성을 지녔으면서 상호보완적인 개념의 지능"을 소개하고자 한다. 내용 자체는 다소 딱딱한 감이 있지만,

사고思考에 관한 한 매우 투명하고 엄밀한 개념이다. 이 접근법은 몇 개의 원리로 구성된 베이지안 통계Bayesian statistics에 기초를 두고 있는데, 논리적이고 이상적인 과학적 사고를 설명하기에 매우 적절하다. 생물학적 구조(두뇌)를 어설프게 흉내 내는 대신, 컴퓨터 코드에는 추론 단계에서 허용되는 논리적 점프와 이미 알려진 지식(별, 퀘이사, 은하가 빛을 발하는 원리 등)이 포함되어 있다. 이 방법의 커다란 장점 중 하나는 모든 것을 새로 배워야 하는 머신러닝과 달리, 인간이 쌓아온 전문지식을 컴퓨터에 직접 코딩할 수 있다는 것이다.

화성 생명체

"사전 교육을 받은 논리적 기계"의 가치를 최초로 간파한 사람은 미국의 화학자 조슈아 레더버그Joshua Lederberg였다. 그는 열여섯 살이었던 1941년 컬럼비아대학교에 입학해 동물학을 공부했고, 부설 연구소의 시간제 연구원으로 일하면서 경력을 쌓기 시작했다. 연구소의 소장이었던 프랜시스 라이언Francis Ryan은 레더버그의 재능을 일찍 간파하고 유기화학 쪽으로 관심을 유도했는데, 항상 행동보다 생각이 앞섰던 레더버그는 어느새 연구실의 명물이자 골칫거리가 되어 있었다. 라이언의 아내는 당시의 일을 이렇게 회상한다. "실험실에서 유리 깨지는 소리가 들리면 조슈아가 그곳에 있다는 뜻이었어요."[8]

 1960년에 레더버그는 노벨상을 받은 세계 최고의 분자생물학자로서 미국 우주개발 프로그램의 자문위원으로 일하고 있었다. 당시 NASA는 우주탐사선을 화성에 착륙시켜서 생명체의 존재 여부를 확인하는 "바이킹 미션Viking missions"을 야심차게 추진 중이었는데, 레더버그의 임무는 우주선에 탑재할 토양분석용 장비를 설계하는 것이었다.[9] 이때 그가 만들었던 탐지기(질량분석기로 알려져 있음)는 요즘 공항에서 약물이나 폭발물을 찾을 때 사용하는 장비와 비슷하다.

레더버그가 만든 장비는 분자를 감지하고 분류할 때 "매우 간접적인 방법"을 사용한다. 사물을 확대하고 촬영하는 현미경을 만드는 것은 별로 어렵지 않지만, 문제는 촬영 대상이 너무 작고 종류도 많다는 것이다. 그래서 레더버그는 샘플에 다량의 전자를 발사하여 여러 조각으로 분해한 후, 질량분석기로 조각의 질량을 측정하기로 했다.[10] 이 과정을 거치면 분석하고자 하는 화학물질의 독특한 "지문"이 만들어지고, 생명체와 무관한 화학물질은 다른 질량분석기를 통과한 후 별도의 데이터 뱅크에 저장된다. 사실, 물질의 화학적 구조를 알고 있으면 전자를 얻어맞았을 때 나타나는 효과를 예측할 수 있고 이 과정을 시뮬레이션으로 재현할 수도 있으므로, 굳이 실험실에서 손을 더럽힐 필요가 없다.[11] 실험실이건 시뮬레이션이건, 미지의 물질에서 지문을 채취하면 이미 알려진 화학물질 데이터를 검색해서 일치하는 물질을 찾으면 된다.[12]

이것은 "역문제inverse problem 풀기"의 대표적 사례인데, 원리적으로는 얼마든지 가능하지만 현실 세계에 적용하면 의외로 어려운 경우가 종종 있다. 예를 들어 형사가 범죄자를 잡았다면 지문을 채취하는 데 아무런 문제가 없다. 그냥 강제로 손을 잡고 잉크를 묻혀서 종이 위에 찍기만 하면 된다. 그러나 이와 반대로 범죄 현장에서 이미 사라진 범인의 지문이 발견된 경우에는 범죄자의 방대한 지문 목록을 일일이 대조해서 찾는 수밖에 없다. 게다가 화성에서 현존하는 생명체나 과거 한때 존재했던 생명체의 흔적을 찾는 것이 목적이라면, 그들이 어떤 화합물로 이루어져 있는지 알 길이 없으므로 문제가 더욱 복잡해진다(지구에 존재하지 않는 화합물일 가능성이 높다). 레더버그는 NASA의 바이킹 미션에 새로운 분자구조를 분석하는 장치가 반드시 필요하다는 사실을 깨달았다. 이것은 전과 기록이 하나도 없는 초범자의 지문을 현장에서 채취한 후, 이로부터 범인의 신원을 밝히는 과정과 비슷하다. 그것도 지구가 아닌 화성에서!

충분한 시간이 주어진다면, 이 역문제는 다음과 같은 방법으로 해결할 수 있다. 우선 현장에서 발견될 수 있는 가능한 모든 샘플의 화학구조를 이론적으로 예측하여 지문을 시뮬레이션한 후, 실제 현장에서 얻은 지문과 비교하는 것이다. 만일 결과가 일치하지 않으면 새로운 예측을 세우고 처음부터 다시 시작하면 된다. 이 방법은 특별한 하자가 없지만, 이론적으로 가능한 예측이 너무 많기 때문에 진행 속도가 느리다는 단점이 있다.

레더버그는 여기에 인공지능을 도입하여 시간을 절약한다는 아이디어를 떠올렸다. 지금은 누구나 떠올릴 수 있는 생각이지만, 1960년대에는 정말로 획기적인 발상이었다. 레더버그는 스탠퍼드대학교의 유전학 교수로 재직 중이던 1965년에 같은 학교 컴퓨터공학과 교수 에드워드 파이겐바움Edward Feigenbaum을 알게 되었는데, 과학적 사고를 컴퓨터로 재현하는 데 관심이 많았던 그에게 레더버그의 아이디어는 더할 나위 없이 적절한 응용과제였다. 몇 마디 대화를 나눈 후 곧바로 의기투합한 두 사람은 인공지능 분야의 전설로 남게 될 20년짜리 프로젝트에 착수하게 된다. 이것이 바로 화학분석용 전문가 시스템인 '덴드럴DENDRAL'이다.◆

덴드럴의 논리는 다음과 같은 단계를 거쳐 진행된다. (1) 이미 알려진 원소로 이루어진 모든 가능한 화합물 목록을 작성하고, (2) 질량분석기의 결과와 비교하여(이 단계에서 인간이 주입한 수많은 규칙을 참고한다) 가장 그럴듯한 후보를 골라낸 후, (3) 마지막으로 물리 시뮬레이션을 실행하여 엄선된 후보의 지문을 만들어서 실제 데이터와 비교한다. 이 과정의 핵심은 질량분석기로 얻은 추상적 결과를 화학적 구조로 신속하게 바꾸는 것이다.

덴드럴은 예상대로 정확하게 작동했지만, 결과는 다소 실망스러웠다. 바이킹은 물론이고, 그 후에 화성에 착륙한 그 어떤 탐사선도 생명체의 흔적을 찾지 못했다. 그러나 화성 생명체 추적은 아직도 진행 중이다. NASA는 2020년대 후반에 탐사선 로절린드 프랭클린 Rosalind Franklin 호에 질량분석기를 탑재하여 화성에 착륙시킨다는 계획을 세워놓고 있다.[13]◆◆ 프랭클린 탐사선은 화성 표면에 2미터

◆ 이 이름은 '수상 알고리듬dendritic algorithm'에서 따온 것이다. 여기서 '수상樹狀'이란 생체분자 중에서 나뭇가지처럼 생긴 구조를 의미한다.

◆◆ 로절린드 프랭클린은 엑스선으로 DNA를 촬영하여 이중나선 구조를 밝히는 데 결정적 공헌을 한 영국의 여성 생물학자다. 그러나 그녀는 37세의 젊은 나이에 암으로 세상을 떠났고, DNA 발견자의 영예는 다른 이들에게 돌아갔다.—옮긴이

깊이로 구멍을 뚫어서 생명체의 흔적을 찾을 예정이다. 만일 여기서 무언가가 발견된다면, 정확한 화학구조를 규명하는 대규모 프로젝트가 시작될 것이다.

베이지안 논리와 회전하는 우주

이와 비슷한 역문제는 여러 과학 분야에서 쉽게 찾아볼 수 있다. 과거의 천문학은 주로 사람의 능력(정신노동과 육체노동)에 의존하여 은하의 역사를 재구성하고, 초신성을 찾고, 외계행성의 대기 성분을 분석해왔지만, 지금은 덴드럴과 비슷한 논리에 따라 대부분의 노동을 기계가 수행하고 있다. 컴퓨터는 주어진 대상과 비슷한 모든 후보를 나열하고, 일련의 연산을 통해 각 후보의 가능성을 타진한 후, 실제와 비교하여 가장 적합한 후보를 찾아준다.

그러나 지금까지 서술한 접근법에는 "불확실성uncertainty"이라는 요소가 빠져 있다. 사실 우리가 알고 있는 모든 지식에는 어느 정도 모호한 구석이 있기 마련이다. 누군가가 나에게 "과거 한때 화성에 생명체가 존재했는가?"라고 묻는다면, 나는 아무런 답도 줄 수 없다. 다만, 미래의 화성 탐사선이 잠정적인 증거를 발견한다면 100퍼센트 확신할 수는 없어도 나의 의견은 "yes" 쪽으로 기울 것이다. 이와 마찬가지로 우주에 암흑물질이 존재한다고 100퍼센트 확신할 수는 없지만, 별다른 대안이 없다는 점과 더불어 지금까지 찾은 증거로 미루어볼 때 존재할 가능성이 꽤 높다.

이 세상 누구도 실험 도구를 완벽하게 이해할 수는 없기 때문에, 우리가 사용하는 도구로는 완벽한 결과를 얻을 수 없다. 그래서 불확실성이 제거된 것처럼 보일 때도 과학자는 항상 주의를 기울여야 한다. 암흑에너지를 예로 들어보자. 지금 이 글을 쓰는 시점에서 가장 정확한 자료에 의하면 우주 전체에 대한 암흑에너지의 비율은 68.5퍼센트다. 그러나 이 수치는 2퍼센트 안에서 언제든지 달라질 수 있다.[14] 물론 관측 기술이 향상되면서 오차의 범위는 점차 줄어들었지만, 기술이 아무리 좋아져도 완전히 제거될 수는 없다. 예를 들어 일반상대성이론이 100퍼센트 완벽하지 않다면, 암흑에너지는 우리가 생각하는 에너지가 아니라 중력에 대한 이해가 부족해서 나타난 결과일지도 모른다.[15] 관측 도구가 불완전한 데다 이론 자체도 완벽하지 않으니, 의심이 생길 수밖에 없다.

좀 더 극단적인 예를 들어보자. 사람들은 태양이 항상 동쪽에서 뜬다는 것을 당연하게 생각하고, 의심을 품은 적도 없을 것이다. 그러나 (확률은 지극히 작지만) "과학자들이 아직 발견하지 못한 의외의 법칙에 의거하여 다음 주 수요일에 지구의 자전 방향이 갑자기 바뀌어서 해가 서쪽에서 뜰 수도 있다"는 가능성을 수용하려면, 기존 지식에 약간의 의구심을 갖고 있어야 한다. 지구의 자전 방향이 갑자기 바뀔 가능성은 거의 없어 보이지만, 합리적인 논리로는 이 확률이 0이라고 주장하기 어렵다. 과학철학자들은 이런 것을 "귀납의 문제problem of induction"라고 부른다. 과거의 경험이 아무리 많아도, 미래에 일어날 의외의 변화를 논리적으로 배제할 수는 없다.

물론 태양이 서쪽에서 뜰까봐 전전긍긍하는 것은 별로 실용적인 대처가 아니지만, 단순한 과학적 결과를 인용할 때조차 다양한 의심이 동반되는 것만은 분명한 사실이다. 서쪽에서 뜨는 태양처럼, 의구심은 잠재적으로 존재할 수 있다. 암흑에너지의 양을 평가할 때도 이 점을 항상 염두에 둬야 한다. 즉, 컴퓨터를 통해 과학적 추론을 전개하려면 다양한 의심을 허용하면서 덴드럴의 논리적이고 체계적인 접근법을 따라야 한다. 일상생활에서 모든 것을 의심하면서 살아야 한다면 그것만큼 피곤한 일도 없겠지만, 다행히도 과학에서는 완벽한 방법이 개발되어 있다. 앞에서 잠깐 언급했던 "베이지안 통계"가 바로 그것이다.

일반적으로 수학 명제는 "참" 아니면 "거짓"이다. 따라서 이것을 컴퓨터로 옮길 때는 "1 아니면 0"으로 대체할 수 있다. 그러나 현실 세계에서는 하나의 명제가 참일 수도 있고, 꽤 높은 확률로 참일 수도 있으며, 그 반대일 수도 있다. 이런 경우에는 주어진 명제에 0과 1 사이의 숫자를 할당하면 된다. 물론 이 숫자는 "주어진 명제가 참일 확률"이다. 예를 들어 숫자가 0이면 완전히 거짓이고, 1이면 의심할 여지 없이 100퍼센트 참이며, 0.5면 참일 확률과 거짓일 확률이 반반이라는 뜻이다. 어떤 아이디어를 뒷받침하는 증거가 발견되면 참일 확률이 이전보다 1에 더 가까워지고, 정반대의 증거가 발견되면 확률이 0에 더 가까워지는 식이다. 융통성 있는 로봇 과학자는 확률이 어중간한 값일 때에도 논리적 추론을 펼칠 수 있어야 한다.

예를 들어 오후 1시에 식당에 들어가서 음식을 주문한다고 가정해보자. 나는 과거의 경험을 통해 어떤 메뉴가 30분 안에 나오는지 대충 알고 있었기에, 그중 하나를 주문했다. 베이지안 통계의 관점에서 볼 때, 음식이 30분 안에 내 식탁에 도착할 확률은 거의 1에 가깝다. 하지만 시간이 꽤 흘렀는데도 음식은 나오지 않고, 나는 의심을 품기 시작한다. "혹시 내 주문을 잊은 거 아닐까?" 음식이 도착할 확률은 시간이 흐를수록 감소한다. 주위를 둘러보니 다른 손님들도 시계를 바라보며 음식을 기다리고 있다. 이렇게 되면 확률은 더욱 낮아진다. 종업원에게 물어보려고 손을 들었는데 아무도 신경 쓰지 않는다. 1시 30분에 도달하기 몇 초 전, 음식이 나올 확률이 거의 0으로 떨어지던 바로 그 순간에 기적처럼 음식이 식탁에 도착했다! 나는 안도의 한숨을 쉬고, 0 근처를 맴돌던 확률은 순식간에 1로 치솟는다.

방금 언급한 식당 시나리오는 "신뢰의 정도"가 확률에 반영되는 방식을 잘 보여주고 있다. 새로운 정보가 도착할 때마다 확률은 쉽게 변하고, 사람마다 "체감확률"이 크게 다를 수도 있다. 주방장과 웨이터는 조리과정에 대해 나보다 훨씬 많은 정보를 갖고 있으므로, 그들이 생각하는 확률은 나와 다를 것이다. 아마도 주방장은 "내 음식이 30분 안에 나갈 확률"을 처음부터 줄곧 1로 단정했을지도 모른다. 이런 식으로 확률은 사람마다 다르지만, 이들 중 어떤 것도 틀렸다고 할 수 없다. 각자 보유한 지식이나 정보의 양에 따라 확률은 얼마든지 달라질 수 있기 때문이다.

위의 사례에서 나는 확률이 커지거나 작아지는 이유만 설명했을 뿐, "변하는 정도"에 대해서는 아무런 언급도 하지 않았다. 식당에서는 확률을 숫자로 나타낼 일이 거의 없으므로 굳이 정확한 값을 알려고 애쓸 필요는 없다. 그러나 확률을 사용하여 우주에서 새로운 정보를 추출하는 로봇 물리학자라면, 주어진 정보가 확률을 얼마나 바꾸는지 정확하게 알아야 한다. 베이지안 통계의 장점 중 하나는 새로운 정보에 입각하여 확률을 수정하는 방법이 단 하나뿐이라는 것이다. 이 수정은 "베이즈 정리Bayes' theorem"로 알려진 방정식을 통해 결정되며, 전체 과정을 통틀어 베이지안 확률 또는 베이지안 논리, 또는 베이지안 통계라 한다. (이 용어는 18세기 영국의 성직자이자 수학자였던 토머스 베이즈Thomas Bayes의 이름에서 따온 것이다. 사실 베이즈는 기본적인 아이디어만 제시했고, 이것을 통계이론으로 발전시킨 사람은 프랑스의 물리학자 피에르 시몽 라플라스Pierre Simon Laplace였다. 그러나 베이즈의 이름은 오늘날까지 굳건하게 남아 있다.[16])

베이즈 정리를 간단하게 설명하자면 "이 세상에는 확실한 것이 없고 무엇을 믿어야 할지 단언할 수도 없지만, 새로운 증거가 발견되면 예측 가능한 방식으로 의견을 바꿔야 한다"는 주장을 수학적으로 표현한 것이다. 특히 천문학에서 베이지안 확률의 역할은 절대적이다. 마이크로파 우주배경복사의 분포로부터 우주의 역사를 추적하고, 중력파를 분석하여 블랙홀의 구조를 이해하고, 외계행성의 특성을 추측하고, 은하수 안에 있는 암흑물질의 총량을 산출할 때 베이지안 통계가 핵심적 역할을 하고 있다.[17] 이런 연구에서는 하나의 증거로 결론을 내릴 수 없기 때문에 각별히 신중을 기해야 한다. 베이즈(정확하게 말해서 라플라스)는 다양한 관측데이터와 결과를 하나로 묶어서 확률이 높은 것과 낮은 것을 분별하는 통계이론을 구축했다.

나 역시 베이지안 확률에 기초하여 연구를 진행해왔는데, 대표적 사례 중 하나가 바로 "우주에서 물질이 움직이는 방식"이다. 2장에서 말한 대로 베라 루빈은 우주 전체가 회전한다는 가설을 제안했다가 학술지 편집자를 비롯한 당대의 천문학자들에게 이단아 취급을 받았지만,[18] 지금은 분위기가 많이 달라졌다. 우주의 회전은 지금도 여전히 중요한 문제다. 1960~1970년대에 스티븐 호킹은 신중한 계산을 거친 끝에 "우주는 얼마든지 나선운동을 할 수 있지만, 인플레이션과 같은 극적인 사건이 발생하면 나선운동은 곧바로 중단될 것"이라고 결론지었다.[19] 그러므로 우주의 회전 여부는 우주의 초기 상태를 이해하는 데 중요한 실마리를 제공한다.

몇 년 전, 나는 이 문제에 베이지안 논리를 적용해보았다. 베라 루빈이 문제의 연구를 중단한 후, 호킹은 회전 시나리오에서 빅뱅의 빛이 왜곡되는 정도를 계산한 적이 있다.[20] 나도 박사과정 기간에 잠시 시뮬레이션에서 손을 떼고 좀 더 구체적인 계산을 수행했는데,[21] 마치 누군가가 우주의 차갑고 뜨거운 부분을 거대한 막대기로 휘저어놓은 듯한 소용돌이 모양이 나타났다. 수치 데이터에는 이 형태가 뚜렷하게 드러나지 않았지만, 우주의 회전속도에 따라 소용돌이의 크기와 강도가 달라진다는 것은 확실하게 알 수 있었고 미약한 소용돌이는 양자적 요동에 의해 부분적으로 가려질 수 있다는 것도 알게 되었다.

나와 동료들은 2016년에 새로 영입한 학생 다니엘라 사데Daniela Saadeh와 함께 마이크로파 우주배경복사를 빗질하듯이 빗어서 미묘한 소용돌이를 만들었다. 물론 컴퓨터의 도움 없이는 엄두도 못 낼 일이다. 일단 정보의 양이 엄청나게 많은 데다(5000만 화소짜리 디지털 카메라로 찍은 사진과 비슷하다), 이 거대한 영상을 수많은 가능성과 일일이 비교해야 한다. 우주의 회전은 임의의 속도로, 그리고 임의의 방향으로 일어날 수 있기 때문이다. 이쯤 되면 우주의 회전 여부를 명확하게 알아내기란 거의 불가능해 보인다. 그러나 여기에 베이지안 논리를 적용하면 "우주가 회전할 확률"을 계산할 수 있다.

그런데 놀랍게도 우리 계산에 의하면 우주가 회전할 확률은 12만 1000분의 1, 즉 0.0008퍼센트에 불과했다. 세계에서 제일 부지런한 전문가인 컴퓨터가 모든 가능성을 타진한 끝에 "우주가 회전할 수는 있지만, 그 가능성은 눈곱만큼도 안 된다"는 사실을 알아낸 것이다. 우리는 이 결과를 "우주 초기에 일어난 인플레이션은 회전을 동반하지 않았다"는 뜻으로 해석했다.

"회전하는 우주"는 하던 연구를 잠시 접고 신속하게 진행한 틈새 프로젝트였지만, 어쨌거나 우주가 소용돌이 속에서 탄생하지 않았음을 알게 되었으니 나름대로 소득이 있었다. 그러나 베이지안 통계는 회전 여부보다 우주의 구성성분과 팽창 속도를 알아내는 데 주로 사용되는 방법이다. 그중에서도 천문학자들이 일상적이면서도 중요한 계산을 수행할 때 컴퓨터에 얼마나 크게 의존하는지를 보여주는 특별한 사례가 있어 여기 소개한다. 또한 이것은 컴퓨터 때문에 심각한 문제가 야기된 사례이기도 하다.

적색편이

관측천문학에서 하는 작업은 크게 두 가지로 나눌 수 있다. 하나는 천체 하나하나를 개별적으로 연구하는 일이고, 다른 하나는 모든 천체의 위치를 종합하여 거대한 지도를 작성하는 일이다. 우리는 지리학자들이 만든 지도에 익숙해져 있지만, 인류 역사상 가장 오래된 지도는 땅이 아닌 하늘의 지도였다(프랑스의 라스코 동굴 내부에 남아 있는 벽화로, 1만 6500년 전에 그린 것으로 추정된다).[22] 현대의 천문학자들도 암흑물질과 암흑에너지에 대한 실마리를 얻기 위해 우주지도 작성에 많은 시간을 할애하고 있다. 그러나 지도의 잠재력을 십분 활용하려면 2차원 평면이 아닌 3차원 공간에 그려야 한다. 즉, 눈에 보이는 위치뿐만 아니라 세 번째 차원(거리)까지 고려해야 한다는 뜻이다.

우주의 2차원 지도에 거리 정보를 추가하는 가장 보편적인 방법은 적색편이redshift를 이용하는 것이다. 우주 공간을 가로지르는 빛은 시간의 흐름에 따라 색상이 변한다. 예를 들어 처음에 푸른색이었던 빛이 수십억 년 동안 내달리면 녹색으로 변하고, 수십억 년이 더 지나면 붉은색으로 변하고, 그다음에는 우리 눈에 보이지 않는 적외선이 된다. 왜 그럴까? 근본적인 이유는 공간이 팽창하고 있기 때문이다. 공간이 팽창하면 빛의 파장이 길어지고, 파장이 길어지면 푸른색→녹색→붉은색→적외선으로 변하는데, 이런 현상을 통틀어 "적색편이"라 한다. 멀리 떨어진 은하(또는 별)에서 방출된 빛이 지구에 도달하려면 긴 시간 동안 여행을 해야 하는데, 그 사이에 공간이 팽창하여 빛의 색상이 붉은색 쪽으로 치우치기 때문이다. 그러므로 특정 은하의 겉보기 색상을 측정하면 은하까지의 거리를 알 수 있다.

적색편이를 이용하여 3차원 지도를 작성하려면 은하의 원래 색상을 알아야 한다. 이것을 모르면 빛이 적색편이를 일으켜서 붉은색이 되었는지, 아니면 처음부터 붉은색이었는지 알 길이 없다. 밤하늘을 올려다보면 처음에는 대부분의 별이 거의 흰색으로 보이지만, 얼마 후 눈이 어둠에 적응하면 희미하게나마 다양한 색상이 모습을 드러낸다. 예를 들어 오리온자리의 1등성 리겔Rigel은 푸른색에 가깝고, 베텔게우스Betelgeuse는 또렷한 붉은색이다. 비교적 가까운 별들은 거리나 우주 팽창과 상관없이 고유한 색상을 띠고 있지만, 망원경에 잡힌 희미한 별(멀리 있는 별)은 그 색상이 고유한 것인지, 아니면 적색편이 때문에 변한 것인지 판별할 수 없다.

인공지능으로 원래 색상과 적색편이를 구별하는 원리를 이해하려면, 빛의 물리적 특성에 대해 약간의 지식이 필요하다. 우리가 다양한 색상을 인지하는 것은 복잡하기 그지없는 정보처리과정을 거친 결과다. 당신이 어두운 밤에 하늘을 바라보면, 별에서 날아온 광자인 포톤photon(빛의 에너지 알갱이)이 매초 수십만 개씩 당신의 망막에 도달한다. 광자 한 개는 단 하나의 색상 정보만을 갖고 있지만, 대부분 각기 다른 정보(색상)를 가진 광자 수십만 개가 한꺼번에 망막에 도달하고, 당신의 눈과 두뇌는 이 정보를 조합해서 단 하나의 색상으로 인식한다.

우리 눈은 붉은색을 띤 광자와 녹색을 띤 광자, 푸른색을 띤 광자의 개수를 가늠하여 빛의 색을 결정한다. | 이것이 바로 빛의 삼원색 RGB, 즉 적, 녹, 청이다. 예를 들어 붉은색과 녹색의 중간인 노란색 광자가 망막에 도달하면 "붉은색 광자 수용체"와 "녹색 광자 수용체"에 광자

의 수가 하나씩 추가되고, 청록색 광자가 도달하면 청색 및 녹색 수용체에 하나씩 추가되는 식이다. 그리고 당신의 두뇌는 이 정보를 조합해서 하나의 색(노란색 또는 청록색)으로 재조립한다. 이 과정은 미성년자의 수와 성년의 수, 그리고 연금 수령자의 수로부터 인구 통계를 내는 것과 비슷하다. 이런 식으로 얻은 통계자료를 보면 대략적인 인구분포는 알 수 있지만, 구체적으로 일곱 살, 스물세 살, 또는 쉰두 살 먹은 사람이 몇 명인지는 알 수 없다.

인간의 색상 인지능력은 별로 뛰어나지 않다. 우리가 실제 색상을 있는 그대로 인지할 수 있다면, 세상은 훨씬 화려해질 것이다.◆ 천체의 색을 실제 색상true colors에 좀 더 가깝게 측정하면 거리와 고유색 사이의 혼동을 없앨 수 있다. 별과 은하, 그리고 퀘이사의 빛은 우주 공간을 여행하기 전에 수많은 색이 다양하게 조합된 상태에서 방출된다. 이들 중에는 비교적 흔한 조합도 있고, 자연적으로 생성될 수 없는 조합도 있는데, 후자의 경우가 바로 적색편이에서 나타나는 색상이다. 그러므로 색을 분해하는 능력이 사람보다 뛰어난 망원경을 사용하면 적색편이를 정확하게 분석할 수 있다.

◆   사람의 시각적 능력은 별로 신통치 않지만, 이 점이 유리하게 작용할 때도 있다. 예를 들어 TV를 볼 때 우리 눈에 들어오는 것은 빨간색과 녹색, 파란색뿐이지만, 이들이 다양한 비율로 섞여 있어서 시청자로 하여금 총천연색을 보고 있다는 착각을 일으키게 만든다. 사실 화면에 나타난 색은 실제 색상과 거의 무관하다. 그러나 인간의 시각체계는 TV가 인위적으로 만든 색과 자연색을 구별할 수 없기 때문에, 아무런 혼동 없이 TV를 시청할 수 있는 것이다.

색상을 구성 요소(단색광)로 분해한 것을 스펙트럼spectrum이라 한다. 앞에서 암흑물질과 암흑에너지를 다룰 때 잠시 언급한 적이 있다. 노련한 천문학자는 망원경으로 관측한 빛의 스펙트럼에서 다양한 정보를 캐낼 수 있다. 이 빛은 별에서 방출되었는가? 아니면 은하나 퀘이사에서 방출되었는가? 은하에서 온 빛이라면, 그곳에는 갓 태어난 별과 늙은 별이 어떤 비율로 섞여 있는가? 그리고 이 빛은 얼마나 크게 적색편이 되었는가? 이 모든 정보가 스펙트럼에 담겨 있다. 질량분석기가 다양한 화학원소의 고유한 지문을 만들어내듯이, 스펙트럼은 별과 은하의 구성성분과 거리 정보가 담긴 지문 역할을 한다. 그리고 지문으로부터 고유색을 알아내는 것은 앞서 언급했던 "역문제"에 해당한다.

이 역문제를 푸는 것은 우주론의 중요한 과제 중 하나다. 그러나 베라 루빈 천문대에서 관측한 수십억 개 은하의 빛을 손으로 일일이 분해하여 스펙트럼을 얻어내기란 현실적으로 불가능하다. 그래서 천문대에서는 색상의 종류를 몇 가지로 제한하여 빛의 강도를 집중적으로 관측하고 있다. 인간이 볼 수 없는 자외선과 적외선을 포함하면서, 지나치게 방대한 스펙트럼 작업을 줄이기 위해 절충안을 택한 것이다.

컴퓨터는 망원경으로 찍은 사진을 모든 가능한 유형(크기, 나이, 구성성분 등)의 은하에서 예측된 색상과 비교한다. 하나의 적색편이 사진을 수많은 예측데이터와 비교해서 일치하는 유형을 찾는 식이다. 하나의 적색편이가 단 하나의 유형과 정확하게 맞아떨어진다면 좋겠지만 실제로 이런 경우는 거의 없고, 대부분은 여러 개의 유형이 후보로 선택된다. 단, 모든 계산이 베이지안 통계에 입각하여 진행되기 때문에, 특정 유형과 일치할 확률도 덤으로 알 수 있다.[23] 이것이 바로 2020년대의 우주론이 진행되는 방식이다.

드러난 미지와 드러나지 않은 미지

천문학자들이 우주의 팽창 속도와 암흑물질의 양, 그리고 암흑에너지의 강도를 계산할 때 오차를 유발하는 원인은 적색편이뿐만이 아니다. 인플레이션에 개입된 양자적 무작위성과 "은하의 수가 한정되어 있는" 현실도 불확실성의 주요인으로 꼽힌다. 물론 망원경의 불완전한 성능도 무시할 수 없다.

베이즈의 정리는 바로 이런 상황에 적합한 분석법을 제공한다. 적절하게 프로그램된 컴퓨터는 다양한 불확실성을 모아서 "의심의 강"으로 묶고, 이로부터 "별로 나올 것 같지 않았던" 결론을 도출할 수 있다. 그러나 여기에도 한계가 있다. 이 접근법은 불확실성의 흐름을 활용한 것이지만, 단 하나의 불확정성도 놓치지 않고 알뜰하게 묶는다는 보장이 없다.

불확실성의 예를 들어보자. 가까운 은하에서 방출된 희미한 적색 빛과 먼 은하에서 방출된 밝은 청색 빛은 쉽게 구별되지 않는다. 멀리서 온 빛은 파장이 길어지면서 붉은색 쪽으로 치우치기 때문이다. 이런 것은 그나마 "논리적 계산으로 수정 가능한" 불확실성에 속한다. 실제로는 얼마나 수정을 해야 할지 모르는 경우가 태반이며,

심지어 불확실성이 개입되었다는 사실조차 모르는 경우도 있다. 이 것이 바로 도널드 럼즈펠드Donald Rumsfeld가 말한 "드러나지 않은 미지unknown unknowns"다. 은하를 구성하는 별들은 수명주기가 매우 다양하고 복잡하기 때문에, 은하의 밝기가 시간에 따라 변하는 양 상을 완벽하게 설명하기란 거의 불가능하다. 게다가 우주에는 수천 억 개의 은하가 곳곳에 널려 있으므로, 우리가 상상조차 할 수 없는 희한한 별이 존재할 수도 있음을 항상 염두에 둬야 한다. 드러나지 않은 미지를 베이지안 통계에 포함시키기란 결코 쉬운 일이 아니지 만ㅣ만일 쉽게 포함시킬 수 있다면 더 이상 "드러나지 않은 미지"가 아니다, 그렇다고 완전 히 무시하면 3차원 지도의 불확실성이 실제보다 크게 줄어든다. 결 과가 틀렸더라도 틀렸다는 사실을 알면 수정이 가능하지만, 틀렸다 는 사실조차 모르면 나중에 어떤 대형 사고가 터질지 알 수 없다.

베이지안 논리는 과학적 추론에 유용하면서도 매력적인 철학적 기반을 제공하지만, 이 세계에 대한 초보적 개념의 수준을 넘지 못 한다. 베이지안 논리체계 안에 넘을 수 없는 한계가 태생적으로 내 포되어 있기 때문이다. 확률이란 확실한 지식을 기반으로 산출된 것 이어서, 모호한 구석이 전혀 없다. 반면에 인간의 사고는 정확성이 떨어지지만 매우 유연하여, 의외의 상황에 빠르게 대처할 수 있다.

생물학적 두뇌의 성능을 실감하기 위해 테니스 경기장으로 가 보자. 선수는 시속 200킬로미터에 가까운 속도로 날아오는 공을 바 라보면서 어떤 행동을 취할지 순식간에 결정해야 한다. 이를 위해서 는 공의 진행 방향을 알아야 하고, 방향을 알려면 바닥과 네트, 상대 선수, 관중, 배경 하늘 등 복잡하기 그지없는 영상에서 현재 공의 위치를 정확하게 판단해야 한다. 상식적으로 따지면 거의 불가능한 일이다. 그러나 테니스 선수는 어릴 때부터 반복 훈련으로 수많은 시행착오를 거치면서 기술을 익혀왔기에, 이 어려운 다단계 작업을 거의 반사적으로 해낸다. 테니스를 칠 줄 모르는 우리도 태어난 직후부터 몸의 감각을 이용하여 세상을 이해하는 방법을 줄곧 배워왔기에, 무언가가 얼굴을 향해 날아오면 반사적으로 눈을 감고, 손이 뜨거운 물체에 닿으면 재빨리 팔을 들어 올려 접촉을 피한다. 이런 것은 과학이나 지식과 무관하며, 베이지안 논리로 설명할 수도 없다. 그냥 반복 학습을 통해 제2의 천성으로 정착된 습관인데, 어떤 면에서는 과학적 대처보다 훨씬 효율적이다.

당신이 테니스 치는 로봇을 만든다고 가정해보자. 이 로봇은 뉴턴의 운동법칙에 따라 프로그램되었고, 레이저를 이용한 거리측정 장치가 탑재되어 있으며, 테니스 규칙을 완벽하게 이해하고 있다. 또한 베이즈 정리를 이용하여 상대방이 다음 순간에 구사할 샷의 종류와 상대방이 저지르는 실수를 확률적으로 예측할 수도 있다. 이 정도면 사람을 이길 수 있을 것 같기도 하다.

그러나 이 로봇이 베이지안 확률에 의존하는 한, 사람을 이길 확률은 지극히 낮다. 베이지안 확률을 사용하려면 로봇이 앞으로 배우게 될 내용을 미리 결정해야 한다. 만일 내가 프로그램을 입력할 때 "공의 스핀이 궤적에 미치는 영향"을 깜빡 잊고 빠뜨렸는데, 경기 중 상대방이 공을 슬라이스로 넘겼다면 로봇은 속수무책으로 당할 것이다. 또한 로봇에게 "물리학 및 전략 학습법"을 입력하지 않으면 실수를 아무리 많이 범해도 전혀 개선되지 않을 것이다. 사람과의 경기에서 수백 번을 져도 로봇은 똑같은 실수를 계속 저지른다. 그에게 공의 스핀 효과는 "드러나지 않은 미지"이기 때문이다. 이런 로봇에게 스핀이 걸린 볼은 생소한 법칙을 따르는 외계 물체나 다름없다.

나는 스핀의 공기역학적 효과가 누락되었음을 뒤늦게 알아차리고 로봇의 두뇌에 해당 프로그램을 입력했다. 그랬더니 스핀볼도 제법 잘 받아넘긴다. 그런데 다음 경기가 열릴 코트의 바닥은 잔디가 아니라 맨땅이라고 한다. 입력할 프로그램이 또 생겼다. 그러고 보니 다음 경기를 치를 때 강풍이 불 수도 있고, 야간경기라면 조명등을 공으로 오인할 수도 있다. 고려해야 할 사항이 한두 가지가 아니다. 다시 한번 강조하거니와, 로봇은 입력되지 않은 요소를 스스로 알아서 처리할 수 없다. 그런데 처음에 프로그램을 아무리 치밀하게 짜도, 모든 요소를 완벽하게 포함하기란 애초부터 불가능하다.

인간은 태생적으로 적응력이 뛰어난 생명체여서, 모든 불확실성에 일일이 대비할 필요가 없다. 공기역학을 모르거나 맨땅에서 놀아본 적이 없어도, 막상 그런 상황에 직면하면 빠르게 적응한다. 위에서 서술한 방식으로는 도저히 구현할 수 없는 능력이다. 베이지안 확률 자체에는 아무런 문제가 없으며, 적절한 조건하에서는 막강한 위력을 발휘한다. 그러나 드러나지 않은 미지의 요소가 존재하는 경우에는 "완벽한 과학적 추론"보다 "유연하고 창의적인 인간의 사고방식"을 흉내 내는 쪽이 훨씬 유리하다.

뉴런

인간의 머릿속에서 모든 정보는 전기신호의 형태로 전달되며, 두뇌는 전기신호를 제어하는 뉴런으로 이루어져 있다. 대충 말하자면, 뉴런은 컴퓨터의 트랜지스터와 비슷한 역할을 한다. 단, 트랜지스터는 전기신호를 켜거나 끄는 기능(온오프)만 갖고 있는 반면, 뉴런은 수천 개의 입력을 제어하고 다양한 방식으로 결합하는 등 복잡한 기능을 수행할 수 있다.

간단히 말해서 뉴런은 사람의 감각이나 다른 뉴런으로부터 충분한 양의 신호가 전달될 때마다 새로운 전기신호를 생성하는 장치다. 신호가 강하면 뉴런이 쉽게 활성화되고, 신호가 약하면 다른 신호와 결합해서 뉴런을 활성화시킨다. 입력이 강하다고 해서 뉴런이 항상 활성화되는 것도 아니다. 어떤 입력은 강도와 상관없이 일시적으로 뉴런을 무력화시켜서 새로운 신호가 생성되는 것을 막기도 한다. 또한 뉴런은 반복적인 리듬을 타면서 복잡한 신호를 만들어낼 수도 있다.[24]

1950년대에 앨런 호지킨Alan Hodgkin과 앤드루 헉슬리Andrew Huxley는 전자기학에 기초한 뉴런 시뮬레이션을 최초로 실행하여 노벨상을 받았다.[25] 이들이 개척한 생물물리학 시뮬레이션은 매우 인상적이지만, 인간의 사고과정을 시뮬레이션한 것은 아니다. 이 작업이 어려운 이유는 뉴런의 수가 너무 많기 때문이다. 인간의 뇌에는 거의 1000억 개에 달하는 뉴런이 상상을 초월할 정도로 복잡하게 얽혀 있다. 이 모든 구조를 디지털화하려면 약 2×10^{21}바이트가 필

요한데,[26] 이 정도면 현재 전 세계에 보급된 디지털 저장장치 용량의 총합과 비슷하다.[27]

첨단 촬영 기술을 총동원해서 복잡하기 그지없는 두뇌 네트워크의 스냅숏을 찍는 데 성공했다 해도, 이것만으로는 충분치 않다. 무언가를 새로 배울 때마다 네트워크의 연결상태가 수시로 달라지기 때문이다. 러시아의 생리학자 이반 파블로프Ivan Pavlov는 개에게 밥을 줄 때마다 종을 울리는 실험을 했는데, 얼마 후에는 밥을 주지 않고 종만 울려도 개들이 침을 흘렸다고 한다. 실험을 하기 전에는 개에게 종소리를 들려줘도 아무런 반응이 없었는데, "종=밥"이라는 반복 학습을 거치면서 종소리에 반응하는 패턴이 달라진 것이다. | 이것을 조건반사라 한다. 그 후 1949년에 캐나다의 심리학자 도널드 헤브 Donald Hebb는 "두 개의 뉴런이 연이어 활성화되는 사건이 반복적으로 일어났을 때 이들의 연결 관계가 더욱 강해지는 원인은 세포 수준에 적용되는 물리법칙에서 찾을 수 있다"고 제안했다.[28] 처음에 음식과 종소리는 서로 무관한 두 개의 뉴런에 각각 대응되었지만, 이들이 연달아 활성화되는 사건이 반복되면 둘 사이를 연결하는 새로운 네트워크가 생성되고, 이 연결고리는 시간이 흐를수록 강해진다.

헤브는 여기에 기초하여 뇌수술을 받은 환자의 인지기능을 회복하는 방법을 연구했는데,[29] 그의 목적은 뉴런의 작동 원리를 이해하는 것이 아니라 실험 데이터로부터 직관적인 기초 지식을 쌓는 것이었다. 헤브의 아이디어는 현대에 이르러 좀 더 구체화됐지만, 뉴런의 연결상태가 달라지는 패턴을 예측하는 것은 여전히 어려운 문제로 남아 있다.[30] 게다가 뇌의 전기적 특성은 수백 가지의 화학물질에 의해 좌우되는데, 이들 중 가장 중요한 것은 기쁨이나 즐거움 같은 감정과 관련되어 있어서, "기쁨을 한 번 느끼면 또다시 기쁨을 찾는" 보상심리가 발동하여 반복 학습을 촉진한다. 그러므로 가장 단순한 생명체의 두뇌조차 미스터리로 남아 있는 것은 그리 놀라운 일이 아니다. 이 분야의 전문가들은 1986년에 몸길이가 1밀리미터에 불과한 예쁜꼬마선충Caenorhabditis elegans의 두뇌 지도를 완성했지만 (302개의 뉴런이 약 7000개의 마디로 연결되어 있음), 시뮬레이션은 아직 꿈도 꾸지 못하고 있다.[31]

뉴런 시뮬레이션은 두뇌의 기능을 이해하는 데 반드시 필요할 뿐만 아니라, 생명과 직결된 의학에도 큰 도움이 된다. 그러나 천문학자, 과학자, 공학자가 인간의 사고력을 컴퓨터로 흉내 낼 때는 두뇌의 모든 구조를 고스란히 재현할 필요가 없다. 복잡한 생물학은 과감하게 버리고, 대략적이긴 하지만 신경과학적 지식을 이용하여 "유연한 학습"의 본질을 추적하는 것으로 충분하다.

머신러닝

1958년, 서른 살의 젊은 심리학자 프랭크 로젠블랫Frank Rosenblatt은 코넬대학교에서 발행한 학술지에 "주변 환경을 인지하고 식별할 수 있는 기계를 만들고 있다"고 발표하여 세상을 깜짝 놀라게 했다.[32] 그의 계획이 실현된다면 인간의 지능에 내재된 비밀 중 상당 부분이 밝혀지는 셈이다. 로젠블랫은 〈뉴욕타임스〉에 실린 인터뷰 기사에서 다음과 같이 주장했다. "이것은 아이작 뉴턴의 업적에 필적하는 중요한 발견이다. 내가 만든 기계는 원리적으로 의식을 보유할 수 있다."[33] (얼마 후 그는 자신의 주장에 대해 다소 유보적인 태도를 보이면서, 선정적인 기사로 본래의 뜻을 왜곡한 신문사를 비난했다.[34])

로젠블랫은 야심이 많고 남을 설득하는 능력도 뛰어났지만, 어떤 면에서는 다소 혼란스러운 사람이었다. 그는 한때 천문학에 꽂혀서 3000달러짜리 망원경을 덥석 사들인 후, 설치할 자리가 마땅치 않다며 졸업논문으로 바쁜 대학원생들을 불러 자기 집 마당에 소형 천문대를 짓게 했다.[35] 그러나 얼마 후에는 카메라에 나타난 문자와 모양, 다양한 패턴을 인식하는 "퍼셉트론Perceptron"을 개발하는 데 열을 올리기 시작했다. 기계를 이용하여 패턴을 인식한다는 아이디어 자체는 별로 새로울 것이 없었지만, 퍼셉트론은 프로그램을 미리 입력하는 기존의 방식과 달리 사람처럼 시행착오를 통해 배우도록 설계되었다.

이 기계는 20×20개짜리 그리드로 이루어진 흑백 수용체를 이용하여 외부에서 입력된 영상을 전기신호로 바꾼다. 외부에서 들어온 빛을 전기신호로 바꾸는 망막과 비슷하다. 이 신호는 뉴런의 기능을 비슷하게 흉내 낸 전기회로로 전송되었는데, 처음 64개 뉴런 회로는 뚜렷한 패턴 없이 흑백 수용체와 무작위로 연결되었다. 기존의 컴퓨터였다면 아무것도 인식하지 못했겠지만, 어린아이나 개의 뇌처럼 "아무런 사전 정보 없이 학습 능력만 갖춘" 기계라면 이것만으로도 좋은 출발점이 될 수 있다. 로젠블랫은 첫 번째 뉴런 세트(64개)에서 나온 출력을 후속 뉴런 세트에 무작위로 연결하여 최종적으로 한 쌍의 뉴런에 신호가 전달되도록 만들었고, 최종 뉴런에 신호가 도달하면 불이 켜지도록 전구를 연결해놓았다. 이렇게 탄생한 최초의 머신러닝 기계가 바로 "마크 원 퍼셉트론Mark I Perceptron"이다.[36]

로젠블랫의 목표는 간단한 그림을 구별하는 기계를 만드는 것이었기에, 기본 도형들 사이의 차이를 마크 원에게 가르치기 시작했다. 방법은 아주 간단하다. 그냥 삼각형과 사각형을 무작위로 골라서 기계에게 반복적으로 보여주면 된다. 처음에는 한 쌍의 전구 중 하나가 무작위로 켜졌는데, 도형을 처음 본 기계의 입장에서는 당연한 결과였다. 그러나 기계는 반복 학습을 통해 특정 뉴런 사이의 연결을 강화하는 능력을 갖고 있었다. 도널드 헤브의 아이디어에서 영감을 얻은 로젠블랫은 두 전구 중 하나에 불이 들어오면 연결 강도가 자동으로 조절되어 다른 전구에 불이 들어오는 것을 차단하고, 다른 전구에 불이 들어와도 비슷한 방식으로 조절되도록 만들었다. 이런 조건에서 학습을 반복하다 보니, 어느 순간부터 뚜렷한 패턴이 나타나기 시작했다. 즉, 기계에게 삼각형을 보여주면 왼쪽 전구가 켜지고, 사각형을 보여주면 오른쪽 전구가 켜진 것이다.[37]

로젠블랫은 마흔세 번째 생일을 축하하던 중 불의의 보트 사고로 세상을 떠났다. 안타깝게도 당시의 과학자들은 인공지능을 구현할 때 좀 더 조직적인 덴드럴 방식을 선호했기에, 로젠블랫의 퍼셉트론은 곁다리로 밀려나고 말았다. 그러나 21세기로 접어들면서 퍼셉트론은 광범위한 기술 라이브러리를 뜻하는 "머신러닝"의 표준으로 자리 잡게 된다. 퍼셉트론의 가장 큰 장점은 하드웨어가 필요 없다는 것이다. 사실, 퍼셉트론은 기존의 디지털 컴퓨터로 구현할 수 있다. 1958년에 〈뉴욕타임스〉에서 퍼셉트론을 시범 가동한 적이 있는데, 이때 사용된 기계는 미국 기상청의 일기예보용 컴퓨터였다. 그 후로 디지털 컴퓨터의 성능이 급상승하면서 전선이 치렁치렁 달린 하드웨어는 서서히 자취를 감추었다.

요즘 사람들은 머신러닝을 다양한 이름으로 부르고 있다. "서포트 벡터 머신support vector machine으로 일을 한다"거나 "랜덤 포레스트random forest를 산책한다"거나, "그레디언트 부스트 트리gradient boost tree를 오른다"거나, "합성곱 신경망convolutional neural network을 탐색한다"는 등 외계어를 방불케 한다. 그러나 이 추상적 용어에는 로젠블랫의 원대한 비전을 능가하는 현실적인 결과가 반영되어 있다. 머신러닝은 소리, 사진, 동영상, 인터넷 검색 이력, 의료 기록 등을 체계적으로 분류하여 다양한 산업과 상거래를 크게 활성화시켰고, 그 덕분에 국가의 감시 기능도 전례를 찾아볼 수 없을 정도로 강력해졌다. 지금 이 분야의 기술은 결과를 이해하고 제어하려는 시도보다 훨씬 앞서가는 중이다.[38] 다른 분야와 마찬가지로 천문학도 머신러닝의 의존도가 점차 높아지고 있다. 모든 기술에는 부작용이 따르기 마련이지만, 부정적인 면 때문에 머신러닝을 견제하는 것은 20세기에 갇혀 사는 것과 같다.

천문학과 과학을 넘어서

한때 나의 연구 동료였던 유니버시티칼리지런던의 우주론학자 오퍼 라하브Ofer Lahav는 1990년대 후반부터 천문학에 머신러닝을 적용해온 사람이다. 일본에서 안식년을 보내던 중 우연히 머신러닝을 알게 된 그는 즉시 학생들과 연구팀을 꾸려서 적색편이를 관측하는 새로운 방법을 개발했다(앞서 말한 대로, 적색편이는 2차원 우주지도를 3차원으로 확장하는 핵심 요소다). 이들은 "드러나지 않은 미지"가 갑자기 모습을 드러냈을 때 베이지안 접근법이 틀릴 수도 있음을 간파하고, 스스로 배워나가는 신경망(뉴럴 네트워크neural network)을 구축했다. 작업이 완료된 후 사람이 관측한 1만 5000개짜리 은하 네트워크의 적색편이 데이터를 기계에게 보여줬더니, 1만 개 이상의 적색편이를 예측했다고 한다.[39] 빠르고 실용적이면서 융통성까지 갖춘 이 기술은 천문학자들 사이에서 빠르게 퍼져나갔고, 지금은 이와 유사한 기술을 사용하여 수백만 개 은하의 3차원 우주지도를 작성하는 중이다.[40]

오늘날 머신러닝은 천문학의 모든 분야에서 핵심적 역할을 하고 있다. 베라 루빈 천문대에서 앞으로 10년 동안 하늘을 스캔하여 만들게 될 지도는 임의의 한순간에 하늘의 모습을 담은 "정지 사진"이 아니다. 이곳의 천문학자들은 움직이는 천체(소행성, 혜성)와 밝기가 변하는 천체(반짝이는 별, 퀘이사, 초신성)를 집중적으로 관측한다는 계획을 세워놓고 있다. 우주론학자들은 특이 초신성에 관심이 많다. 폭발할 때 방출된 밝은 빛을 분석하면 과거에 우주가 어떤 식으로 팽창해왔는지 추적할 수 있기 때문이다. 머신러닝을 반복적으로 훈련시켜서 이런 천체를 빨리 찾을 수 있게 되면, 시야에서 사라지기 전에(보통 몇 주 안에 사라진다) 관측에 특화된 망원경을 동원하여 충분한 데이터를 얻을 수 있다.[41] 또한 이와 비슷한 기술을 사용하여 무수히 많은 별 중에서 밝기가 변하는 별이 발견되면, 그 주변을 공전하는 행성을 찾아 외계생명체의 존재 여부를 확인할 수도 있다.[42] 물론 머신러닝을 응용할 수 있는 분야는 천문학뿐만이 아니다. 예를 들어 구글의 인공지능 자회사인 딥마인드DeepMind는 아직도 베일에 싸인 다양한 생물학적 과정을 이해하기 위해 분자구조에서 출발하여 단백질의 형태를 예측하는 거대한 네트워크를 구축했는데, (개발자들의 주장에 의하면) 여기 적용된 기술은 지금까지 알려진 그 어떤 기술보다 월등하다.[43]

방금 열거한 사례들만 놓고 봐도, 21세기에 머신러닝이 떠오른 이유를 짐작하고도 남을 것이다. 미국의 저명한 저널리스트 크리스 앤더슨 Chris Anderson은 2008년 과학잡지 〈와이어드〉에 투고한 기사에서 다음과 같이 주장했다. "자연현상의 원인을 설명할 때 모형 model에 매달릴 필요는 없다. 굳이 가설을 내세우지 않아도 데이터를 분석하는 것은 언제든지 가능하다. 세계 최대의 컴퓨터 클러스터 computer cluster | 단일 시스템으로 연결된 컴퓨터의 집합체에 숫자를 입력할 수도 있고, 과학으로 찾지 못한 패턴을 통계 알고리듬으로 알아낼 수도 있다."[44]

내가 보기에 앤더슨의 주장은 너무 멀리 간 것 같다. 머신러닝을 이용하면 데이터를 분류하거나(적색편이) 복잡한 정보를 처리할 때(새로운 단백질 형태 발견), 또는 빠른 조치가 필요할 때(특정 별이 초신성인지 아닌지 빨리 판단해야 망원경을 겨누고 관측할 수 있음) 기존의 과학적 접근 방식을 단순화하거나 개선할 수 있다. 그러나 이런 것은 대충 알고 있는 우주를 "좀 더 정확하게" 알게 해줄 뿐, 아무것도 없는 맨땅에서 과학자를 인도할 수는 없다. 다시 말해서, 머신러닝이 과학적 추론을 완전히 대체할 수는 없다는 이야기다. 데이터에서 새로운 패턴을 찾는 것은 연구의 일부일 뿐이며, 사람의 도움 없이 혼자서 과학 연구를 수행하는 기계가 나올 때까지는 아직 한참을 기다려야 한다.

데이터의 취약점

과학에서 '배경지식'과 '이해'의 중요성을 잘 보여주는 사례가 있다. 2011년에 실행된 오페라 실험OPERA experiment | 타우 뉴트리노를 검출하기 위해 스위스 CERN과 이탈리아 LNSS의 공조하에 진행된 실험에서 "중성미자는 빛보다 빠르게 움직인다"는 놀라운 결과가 도출되었다. 무언가가 빛보다 빠르게 움직인다는 것은 아인슈타인의 특수상대성이론이 틀렸다는 뜻이며, 이는 곧 물리학의 기본 원리 중 하나를 갈아엎어야 한다는 뜻이기도 하다. 하지만 특수상대성이론은 지난 100여 년 동안 수많은 테스트를 통과하면서 확고한 진리로 자리 잡았으므로, 여기에 반기를 들 때는 마음을 단단히 먹어야 한다.

날벼락 같은 소식을 접한 이론물리학자들은 너 나 할 것 없이 한목소리로 외쳤다. "그럴 리가 없다. 뭔가 잘못됐다. 중성미자의 속도는 그들이 측정한 값보다 느릴 것이다. 반드시 그래야만 한다!"[45] 오페라 실험팀은 측정 장비에 아무런 문제가 없다며 반론을 일축했으나, 6개월 후에 "실험 도중 케이블 하나가 느슨해져서 실제보다 큰 값이 얻어졌다"며 오류를 인정했다.[46] 결국 뉴트리노의 속도는 빛보다 느린 것으로 판명되었고, 이론물리학자들은 안도의 한숨을 내쉬었다.

의외의 데이터는 적절한 상황에서 새로운 발견으로 이어지기도 한다. 2장에서 말했던 "해왕성 발견"이 대표적 사례다. 그러나 새로 얻은 데이터가 기존의 이론과 일치하지 않는 경우에는 데이터가 잘못되었을 가능성이 훨씬 높다. 이론물리학자들이 오페라 실험의 결과를 믿지 않은 것도 이런 믿음이 있었기 때문이다. 그렇다면 기계도 이론물리학자처럼 반응하도록 만들 수 있을까? 눈앞에 보이는 명백한 데이터보다 자신의 믿음을 우선시하도록 가르칠 수 있을까? 이런 자세는 베이지안 접근법과 머신러닝의 중간에 해당하기 때문에, 간단한 규칙으로 공식화하기가 쉽지 않다. 기존의 지식이 필요하다는 점에서는 베이지안 접근법이 요구되고, 드러나지 않은 미지(예상치 못한 실험상의 문제)에 대처하려면 유연한 사고력도 필요하다.

"과학의 인간적인 면"을 기계로 구현하려면 유연한 데이터 처리 능력을 방대한 양의 지식과 통합해야 한다. 최근 들어 이 분야의 시도가 폭발적으로 증가하고 있는데, 주된 원인 중 하나는 의사결정을 유도하는 지능형 컴퓨터의 상업적 가치가 날로 높아지고 있기 때문이다. 유럽에서는 기계가 나에게 개인적으로 영향을 미칠 수 있는 결정을 내리는 경우(주택담보 신청을 거부당했을 때나 보험료가 올랐을 때, 또는 공항에서 기계가 말을 걸어왔을 때 등) 그에 합당한 설명을 요구할 권리가 있다.[47] 기계가 이런 설명을 하려면 (사람의 관점에서 볼 때) 합리적인 것과 불합리한 것을 구별해야 하고, 이를 위해서는 바깥세계의 데이터와 어떻게든 연결되어 있어야 한다.

문제는 머신러닝 시스템이 특정 결론에 도달하는 과정을 완벽하게 설명할 수 없는 경우가 종종 있다는 점이다. 기계는 다양한 정보를 복잡한 방식으로 결합해서 사용한다. 이 과정을 설명하는 유일한 방법은 컴퓨터 코드를 기록하고 훈련 방식을 보여주는 것인데, 정확하긴 하지만 그다지 친절한 설명은 아니다. 기계의 결정을 좌우하는 명백한 요인을 지적할 수도 있다. 과거 한때 전성기를 구가했다가 현대인의 골칫거리로 전락한 담배를 예로 들어보자. 당신은 평생 담배를 피워온 애연가인데, 생명보험에 가입하려고 했다가 "흡연자의 평균수명이 짧다"는 통계자료 때문에 거절당했다. 그럴듯한 이유 같지만 정확한 설명은 아니다. 다른 직장에 다니면서 의료 기록도 다른 사람들은 보험 가입이 허용되었는데, 왜 나만 안 된다는 말인가? 그들과 나는 정확하게 어떤 점이 다른가? 특정한 결정이 내려진 이유를 효과적으로 설명하려면 정확도와 이해도가 적절하게 균형을 이뤄야 한다.

물리학의 경우, 기계를 이용하여 이해 가능하면서 정확한 설명을 만들어내는 것은 초보적 단계에 속한다. 이 설명은 상업용 인공지능과 동일한 기반에서 출발하여 기계가 내린 결론(특정 은하의 적색편이 등)을 제시하고, 그런 결론에 도달하게 된 이유를 보여주는 식으로 진행된다. 단, 이때 기계가 제공하는 정보의 양은 상식적인 수준을 넘지 않아야 한다(이유가 너무 장황하면 알아들을 수가 없다). 이렇게 하면 어떤 데이터에서 그와 같은 결론이 내려졌는지 알 수 있고,

기존의 이론 및 인과율과 일치하는지 확인할 수 있다. 물리학자들은 양자역학[48]과 끈이론string theory[49], 그리고 우주론에 이 방법을 적용하여 매우 유용한 통찰을 이끌어낼 수 있었다.[50]

지금까지 언급한 응용 사례는 설계부터 최종 해석 단계까지, 모두 사람의 손을 거쳐야 한다는 공통점이 있다. 컴퓨터가 사람의 도움 없이 스스로 과학적 가설을 떠올리고, 새로운 데이터와 기존의 이론을 조율하고, 혼자 학술논문을 쓰도록 만들 수는 없을까? 이것은 이론이 필요 없다던 앤더슨의 주장보다 훨씬 파격적이고 흥미로운 발상이다. 인간이 수백 년 동안 쌓아온 통찰과 지식을 기반으로 새로운 이론을 창조하는 기계라니, 생각만 해도 소름이 끼친다. 과연 기계는 이 엄청난 목표를 달성할 수 있을까?

로봇 물리학자

인공지능과 관련된 다양한 첨단기술에는 한 가지 공통점이 있다. 컴퓨터 프로그램 안에서 사고思考와 유사한 기능이 발휘된다는 점이 바로 그것이다. 우리는 이 책의 2장에서 5장에 걸쳐 은하와 블랙홀, 그리고 우주와 관련된 일련의 가정으로부터 출발하여 관측 결과를 예측하는 시뮬레이션에 대해 알아보았다. 그러나 생각을 시뮬레이션하는 것은 '역문제'에 속한다. 이론으로부터 관측 결과를 예측하는 것이 아니라, 관측 결과로부터 은하의 적색편이, 블랙홀의 충돌 질량, 암흑물질의 밀도 등을 유추해야 하기 때문이다. 언젠가는 기계가 낡은 이론을 폐기하고 새로운 이론을 구축하는 날이 올지도 모른다.

요즘 기계는 사고의 극히 일부를 흉내 내는 정도지만, "생각하는 기계"는 이미 사회 각층에서 문제를 야기하고 있다. 숙련된 로봇이 공장 근로자들의 일자리를 위협하고,[51] 경찰은 인종차별적 경향을 보이는 인공지능을 사용하고 있으며,[52] 회사에서는 인공지능이 직원의 근무 태도를 감시한다.[53] 또한 소셜미디어 로봇은 거짓 정보를 살포하여 여론에 부정적 영향을 미치고 있다.[54]

인공지능이 인간을 조종하고 통제하는 끔찍한 세상은 아직 공상과학 영화에서나 존재하지만, 위와 같은 사례를 보면 디스토피아 dystopia | 유토피아utopia, 즉 이상향의 반대어. 여기서는 "기계가 인간을 지배하는 세상"이라는 뜻가 코앞에 다가온 듯한 느낌이 든다. 컴퓨터는 우리 일상 속으로 침투하면서 서서히 주도권을 접수하는 중이다. 사람들은 할리우드 영화의 컴퓨터 그래픽에 감탄을 자아내지만, 그런 것은 빙산의 일각일 뿐이다. 기계가 독립적이고 유연한 사고를 할 수 있게 되면 세상은 지금보다 위태로워질 수도 있다. 이런 단계로 가려면 획기적인 돌파구를 찾아야 하는데, 가만히 생각해보면 딱히 도달하지 못할 이유도 없다. 인간의 사고는 뉴런에서 탄생하고, 뉴런의 작동 원리는 물리학으로 설명될 수 있으니, 성능 좋은 컴퓨터만 있으면 시뮬레이션도 가능할 것 같다.

혹시 뉴런에서 아직 확인되지 않은 양자적 효과가 발생하여 우리의 사고를 좌우하는 건 아닐까? 그럴지도 모른다. 그러나 양자적 현상을 이용한 양자컴퓨터도 조만간 출시될 가능성이 높다. 우리 뇌가 물리학의 범주를 넘어선 "신비한 과정"을 거치지 않는 한, 인간의 사고를 포괄적으로 시뮬레이션하는 것은 시간문제라고 생각한다.

이 기술이 언제 완성될지는 알 수 없지만(몇 년 또는 몇십 년이 걸릴 수도 있다), 지금 운용되는 기계만 봐도 무엇이 가능하고 무엇이 불가능한지 대충 알 수 있다. 현재 사람에 가장 근접한 인공지능 중 하나인 GPTGenerative Pre-trained Transformer | 자연어 처리에 사용되는 인공 뉴럴 네트워크는 위키피디아를 포함하여 인터넷에서 가져온 5000억 개의 단어로 훈련된 상태다.[55] 아무리 뛰어난 천재라 해도 이 정도의 언어 데이터베이스를 머릿속에 간직하기란 거의 불가능에 가깝다.

그러나 막강한 데이터베이스를 보유한 GPT가 실제로 하는 일은 휴대전화에 탑재되어 다음에 나올 단어를 예측하는 것뿐이다(최신 버전은 "turbocharged GPT-4"이다). 가장 널리 보급된 ChatGPT는 모든 것을 다 알고 있는 것처럼 보이지만, 사실은 기본 기술을 조금 개선하여 모든 유형의 텍스트를 예측하는 도구에 불과하다. 얼마 전, 나는 ChatGPT가 물리학자를 흉내 내도록 세팅한 후 대화를 나눈 적이 있다. "교수"로 명명된 그는 양자중력이론의 세계적인 전문가로서, 이론물리학의 현안을 인공지능으로 풀 수 있다고 굳게 믿고 있다. 그때 우리가 나눴던 대화의 일부를 여기 소개한다.

나: 양자중력이론은 왜 아직도 완성되지 않는 겁니까? 그게 그렇게 어려운 이론인가요?

교수: 양자중력은 어렵기로 정평이 난 이론입니다. 이론뿐만 아니라 개념적으로도 난해하기로 악명이 높지요.

나: 그 문제를 어떻게 극복할 수 있을까요?

교수: 방정식을 푸는 것도 어렵지만, 방정식의 해가 너무 많다는 것도 큰 문제입니다.

나: 하루라도 빨리 이론이 완성되었으면 좋겠네요.

교수: 이 문제를 정공법으로 해결할 수는 없을 겁니다. 하지만 방정식의 해를 간접적으로 구하는 기발한 방법이 몇 가지 있지요. 머신러닝은 우리가 미처 생각하지 못했던 해를 찾아줄 겁니다.

나: 그럼 물리학자들이 컴퓨터에 일자리를 빼앗기겠네요?

교수: 아니죠, 물리학자를 실업자로 만드는 주범은 컴퓨터가 아니라 컴퓨터공학자들입니다! 하지만 그들은 같은 목표를 향해 나아가고 있으니까, 함께 일하는 동료라고 생각해야 할 겁니다.

나: 당신의 꿈은 무엇인가요?

교수: 내 꿈은 과학적으로 타당하면서 비전문가도 쉽게 이해할 수 있는 양자중력이론을 구축하는 것입니다.

그럴듯하게 들리면서도 알맹이가 없는 것이, 무슨 드라마 대본 같다. GPT의 대사는 뚜렷한 목적 없이 이리저리 표류하는 배를 연상시킨다. 그의 주장은 일관성이 떨어지고, 지능은 인터넷에서 찾은 정보를 그대로 재탕하는 수준에 멈춰 있다. 결국 교수는 내가 시도한 튜링 테스트를 통과하지 못했다. 꿈은 거창했지만, 가장 단순한 목표조차 추구할 능력이 없어 보였다.

그래도 기본적인 질문에는 정확한 답을 내놓았고, 가끔은 꽤 그럴듯한 농담을 던질 줄도 알았다.("주범은 컴퓨터가 아니라 컴퓨터공학자입니다!") 이런 기계의 지능은 아직 인간에게 한참 못 미치지만, 언론인과 작가, 교육자, 심지어 컴퓨터 프로그래머의 영역까지 조금씩 잠식해 들어오는 중이다. 실제로 GPT를 포함하여 이와 비슷한 인공지능 시스템은 스스로 코드를 작성할 수 있다.[56] 나는 은퇴할 때까지 앞으로 30년쯤 남았는데, 그 안에 나보다 프로그램을 잘 짜고, 글도 잘 쓰고, 잘 가르치고, 스스로 연구까지 할 수 있는 인공지능이 나오지 않는다는 보장이 없기에 마음이 별로 편치 않다.

나는 호기심이 발동하여 교수인 척하는 ChatGPT에게 물었다.

나: 당신은 사람입니까?

교수: 글쎄요, 지금은 사람이지만 하루빨리 슈퍼지능을 보유한 컴퓨터가 되고 싶습니다.

나: 그게 결국 인공지능이잖아요!

교수: 내가 인공지능이라는 겁니까? 그런 헛소리는 생전 처음 들어보는군요.

나: 그게 왜 헛소리라고 생각하십니까?

교수: 당신은 아무런 증거도 제시하지 않은 채 다짜고짜 내가 인공지능이라고 몰아붙이고 있잖습니까. 나는 여러 해 동안 교수로 재직해왔고, 평생 양자중력을 연구했습니다. 스탠퍼드대학교에 재직한 세월만 줄잡아 20년입니다. 그동안 200편이 넘는 연구논문을 학술지에 발표했단 말입니다. 기가 막혀서 말이 안 나오는군요.

이것이 자신을 의심하는 사람에 대한 교수의 반응이다. 처음에는 화를 내면서 부정하다가, 경력을 자랑할 기회가 오면 절대 놓치지 않는다. 약간의 짜증을 유발하면서 살짝 우습기도 한 것이, 영락없는 사람의 모습이다.

현실 세계에서 경험을 쌓아온 우리는 자신이 교수라고 주장하는 인공지능의 속임수에 쉽게 넘어가지 않을 것이다. 나는 GPT에게 양자중력을 연구하는 물리학자의 역할을 하도록 요청해놓고 훈련을 받는 동안 자기 마음대로 인터넷을 돌아다니도록 풀어놓았더니, 틀에 박힌 전문가 행세를 하면서 갈수록 노련해졌다. 여기에 약간의 추진력(널리 적용되는 간단한 규칙과 무작위성에서 자연스럽게 발생함)을 장착하면 농담을 구사하고 상대를 기만하는 등 정말 사람 같은 모습을 보여준다.

사실 이런 것은 교묘한 속임수일 뿐이다. 그러나 교수의 주장을 계속 일축했다간 오히려 우리 자신이 위험해질 수도 있다. 한번 생각해보라. 당신의 사고는 얼마나 독창적인가? 그리고 당신은 주변 세상이 실제로 존재한다고 확신할 수 있는가? 머나먼 미래에 인공지능이 극도로 발달하여, 물리적 세계를 완벽하게 시뮬레이션할 수 있게 되었다고 상상해보라. 그리고 여기서 한 걸음 더 나아가 인공지능 컴퓨터가 인간의 사고력을 추월했다고 상상해보라.

물론 쉽게 벌어질 일은 아니다. 하지만 지금까지 내가 서술한 내용 중에는 이것이 불가능하다는 증거가 단 하나도 없다. 그리고 이런 미래관을 수용하면 "우리는 시뮬레이션 속에 존재하는 가짜 생명체이며, 시뮬레이션으로 만들어진 세상이 현실이라고 철석같이 믿으면서 살아가고 있을지도 모른다"는 끔찍한 가설에 도달하게 된다.

기계로 의심받았을 때 길길이 뛰던 교수처럼, 당신은 이 가설이 말도 안 되는 헛소리라고 생각할 것이다. 물론 내 생각도 그렇다. 그러나 돌아서서 다시 되새겨보면 마음이 썩 개운하지 않다. 주변을 아무리 둘러봐도 "절대로 그렇지 않다"는 증거를 찾을 수 없기 때문이다. 그래서 마지막 장에서는 이 우주 자체가 거대한 시뮬레이션이라는 가설을 좀 더 깊이 생각해보려고 한다.

7장
시뮬레이션과 과학,
그리고 현실

1999년 봄, 당시 열다섯 살이었던 나는 극장에서 〈매트릭스〉라는 영화를 보고 엄청난 충격을 받았다. 주인공 네오는 평범한 프로그래머였는데, 어느 날 갑자기 "나의 인생 전체가 프로그램된 가짜"라는 사실을 알게 되면서 스토리가 본격적으로 전개된다. 알고 보니 세상을 점령한 기계가 모든 인간을 누에고치 같은 캡슐에 가둬놓고 생체 에너지를 뽑아 쓰면서, 인간에게는 "진짜 세상에서 살아가고 있다"는 환상을 심어주고 있었다. 이 참담한 현실을 견딜 수 없었던 우리의 영웅 네오는 소규모의 인간 저항군과 협력하여 인류를 구원하고, 원래 존재했던 진짜 세상을 되찾는다. I 기계를 물리친 것이 아니라 기계와 인간이 공존하기로 타협했다. 삶 전체가 가짜라는 시나리오는 사춘기를 겪던 나에게 정말 엄청난 충격이었다. 그날 나는 "눈에 보이는 현실을 무작정 믿어선 안 된다"는 교훈을 몇 번이나 되새기며 집으로 돌아왔다.

컴퓨터가 세간의 관심사로 떠오르기 시작한 1950년대부터, "우리는 시뮬레이션 속에서 살고 있다"는 황당한 설정이 공상과학물의 단골 메뉴로 자리 잡았다. 1955년에 출간된 프레더릭 폴Frederik Pohl 의 단편소설《세상 밑의 터널The Tunnel under the World》은 인간의 의식이 주입된 작은 로봇들이 미니어처 모형 도시에서 살아간다는 이야기인데, 알고 보니 작은 세상에 갇힌 불쌍한 영혼들은 광고 효과를 테스트하기 위한 실험용 기니피그였다. 이들은 매일 밤 잠이 들면 모든 기억이 삭제되고, 아무것도 모르는 채 이튿날 아침에 깨어나면 새로 세팅된 세상에서 새로운 광고에 노출된 채 하루를 살아간다.

대니얼 갈로예Daniel Galouye의 1964년 작품《시뮬라크론Simulacron-3》은《세상 밑의 터널》의 디지털 버전이다. 이 소설에는 한 회사가 컴퓨터로 구축한 가상의 도시와 그곳에 사는 사람들이 등장하는데, 문자 그대로 "시뮬레이션 속의 세상"이기 때문에 미니어처 모형을 만들 필요가 없다. 소설 속에서 시뮬레이션을 개발하는 프로그래머들은 자신이 살아가는 세상조차 현실이 아니라는 것을 서서히 깨닫게 된다. 알고 보니 현실이라고 믿었던 세상은 "더 높은 세계Higher World"에서 누군가가 실행 중인 시뮬레이션이었다. 이처럼 우리 육체와 정신을 포함한 모든 것이 컴퓨터 안에서 진행되고 있다는 설정을 통틀어 "시뮬레이션 가설simulation hypothesis"이라 한다.

시뮬레이션 가설에 관심을 갖는 사람은 공상과학 작가들만이 아니다. 컴퓨터과학자 에드워드 프레드킨Edward Fredkin과 콘라트 추제Konrad Zuse는 1950년대에 이 세계가 거대한 시뮬레이션일 가능성을 심각하게 제기했고, 21세기 초에 양자물리학자 세스 로이드는 "양자컴퓨터로 진행되는 우주 시뮬레이션은 실제 우주와 구별할 수 없다"고 주장했다.[1] 물리학자이자 베스트셀러 작가인 브라이언 그린 Brian Greene을 비롯하여 진화생물학자 리처드 도킨스Richard Dawkins, 천문학자 닐 타이슨Neil Tyson 등도 시뮬레이션 가설을 진지하게 받아들이고 있다.[2]

그런데 자세히 들여다보면 이 가설에도 여러 버전이 있으며, 학자마다 해석하는 방식도 다르다. 독자들의 이해를 돕기 위해, 스웨덴의 철학자 닉 보스트롬Nick Bostrom이 2003년 〈철학 계간지 Philosophical Quarterly〉에 실었던 글의 일부를 여기 소개한다.

> 먼 미래의 문명이 우리처럼 우주의 역사(또는 그 일부)를 시뮬레이션하는 데 관심을 갖는다고 가정해보자. 그중에는 태양계나 지구 생명체의 탄생과정, 또는 지능을 가진 유기체의 거동을 재현하는 시뮬레이션도 있을 것이다. 또한 이들의 시뮬레이션 기술이 극도로 발전하여 현실과 구별할 수 없을 정도로 정교하다고 가정해보자. 이 두 가지 가정을 수용한다면, 인간(또는 인간과 비슷한 수준의 외계종족)은 지적 생명체가 탄생하고 진화해온 과정을 극도로 정밀하게 시뮬레이션할 것이며, 이로부터 만들어진 가상 세계는 현실과 구별할 수 없을 정도로 정교할 것이다.[3]

자, 지금부터가 본론이다. 우주와 과거와 미래를 통틀어서 단 하나의 문명이 위와 같은 수준에 도달하여 단 한 번의 우주 시뮬레이션을 실행했다고 가정해보자. 그렇다면 당신의 실체에 대한 가능성은 두 가지로 나뉜다. 즉, 당신은 현실 세계에서 살아가는 "진짜 인간"일 수도 있고, 시뮬레이션 속에서 살아가는 "가상의 인간"일 수도 있다. 후자의 경우라면 당신은 인공지능의 형태로 존재하는 가짜에 불과하다(물론 인공지능이 의식을 가질 수 있다는 가정하에 그렇다. 그러나 보스트롬은 이 가능성을 배제할 이유가 없다고 주장한다. 나도, 세스 로이드도, 그리고 호주의 인지철학자 데이비드 차머스David Chalmers의 생각도 같다[4]). 당신은 둘 중 어디에 해당할 것인가? 실제와 시뮬레이션이 구별할 수 없을 정도로 동일하다면, 당신이 시뮬레이션의 일부일 확률은 50퍼센트다.

그러나 보스트롬의 "인간 깎아내리기" 논리는 여기서 끝나지 않는다. 그는 "우주에는 현실과 동일한 수준으로 시뮬레이션을 할 수 있는 문명이 여러 개 존재하며, 하나의 문명은 (지금 우리가 그렇듯이) 물리법칙의 다양한 효과를 확인하기 위해 시뮬레이션을 여러 번 수행했을 것"이라고 주장했다. 보스트롬의 말이 사실이라면 우주의 역사를 통틀어 "시뮬레이션으로 구현된 우주"의 수는 엄청나게 많아진다. 예를 들어 열 개의 문명이 각각 10회의 시뮬레이션을 실행했다면 총 시뮬레이션의 수는 100개로 늘어난다. 그런데 실존하는 현실 우주는 단 한 개뿐이므로, 당신이 "진짜 인간"일 확률은 $1/101 \cong$ 1퍼센트다. 갑자기 사지에 맥이 풀리는 것 같다.

물론 어디까지나 추측일 뿐이다. 보스트롬도 자신이 내세운 가정에 논란의 여지가 다분하다는 점을 인정했다. 그러나 이 가정으로부터 내려진 결론은 저명한 학자들의 관심을 끌 정도로 충격적이었다. 과거의 인류가 역사를 열심히 연구해왔던 것처럼, 미래의 인류도 역사를 재현하기 위해 끊임없이 노력할 것이다. 그렇지 않을 이유가 없지 않은가? 게다가 미래에는 초고성능 컴퓨터 덕분에 시뮬레이션이 현실 못지않게 정교해질 것이고, 막강한 도구를 손에 넣은 문명은 단 한 번의 시뮬레이션으로 만족하지 않을 것이다. 여기에는 의심의 여지가 없다. 인간의 의식은 과학을 통해 이해될 수 있으며, 이 과업이 완료되면 기계를 통해 재현될 수도 있다. 만일 이것이 불가능하다면 마음이 "과학으로 규명할 수 없는 초자연적 속성"을 갖고 있다는 뜻인데, 과학자 입장에서는 마음이 기계로 재현되는 상황보다 훨씬 더 어색하다. 아니, 어색한 건 둘째 치고, 지나치게 비관적인 관점이다. 왜냐고? 머나먼 미래에도 인간의 마음이 과학적으로 규명되지 않는다는 것은 미래의 인류가 우주의 기원에 더 이상 관심을 갖지 않거나, 과학 발전이 어느 시점부터 중단되었거나, 최악의 경우 문명 자체가 소멸했음을 의미하기 때문이다. 보스트롬의 요지는 간단하다. 우리는 (1) 미래에 달성할 과학 수준에 한계가 있음을 인정하거나, (2) 생각만 해도 끔찍한 시뮬레이션 가설을 사실로 받아들이거나, 둘 중 하나를 선택해야 한다.

단지 "황당하다"는 이유로 가설을 부정할 수는 없다. 사실 따지고 보면 물리학이야말로 황당함으로 가득 찬 과학이다. 시간은 위치마다 다른 속도로 흐르고, 입자는 여러 곳에 동시에 존재할 수 있고, 우주는 풍선처럼 팽창하고 있다. 과학적 진실은 원래 황당한 것이어서, 올바르게 이해하려면 마음의 문을 활짝 열어야 한다. 시뮬레이션 가설은 황당할 뿐만 아니라 파격적이기도 하다. 어떤 면에서 보면 "과학에서 탄생한 종교"라고도 할 수 있다. 이 가설에 의하면 우리 우주에는 역사를 쥐락펴락하는 설계자가 존재한다. 이런 황당한 가정에도 불구하고 진화생물학자이자 무신론자인 리처드 도킨스는 보스트롬의 주장에 한 표를 던졌다.[5] (도킨스는 "시뮬레이션 설계자들도 진화의 산물이므로 신으로 간주하면 안 된다"고 강조했다. 이 말은 "신"의 정의 자체에 의문을 제기하게 만든다. 만물을 창조하고 마음대로 조종하는 존재가 신이 아니었던가? 시뮬레이션 설계자가 신이건 아니건, 그는 우주를 만들고 좌지우지하는 능력을 가진 존재임이 분명하다.)

종교와 과학이 얽히면서 시뮬레이션 가설은 숱한 논쟁을 야기했다. 그런데 논쟁의 내용을 자세히 들여다보면 시뮬레이션의 세부사항이 너무 가볍게 다루어졌다는 느낌이 든다. 보스트롬의 논리에는 과학자가 시뮬레이션을 추구하는 이유와 관련하여 많은 가정이 깔려 있다. 과학과 컴퓨터 기술이 계속 발전하고 인간의 기원과 행동에 대한 호기심이 계속 유지된다 해도, 미래의 인류가 현실을 정교하게 재현한 시뮬레이션을 반드시 실행한다고 장담할 수는 없다. 또한 극도로 정교한 시뮬레이션이 실행된다 해도 오늘날의 시뮬레이션과는 근본적으로 다를 것이고, 그것을 실행하는 주체도 지금과는 완전히 다른 능력과 의도를 갖고 있을 것이므로, 우리 논리가 그대로 적용된다는 보장도 없다. 이 아이디어를 좀 더 구체화하기 위해, 6장에서 언급된 내용을 다시 한번 되새겨보자. 시뮬레이션은 어떤 면에서 우리에게 유용하며, 실제로 어떻게 실행되는가?

현실을 서술하는 시뮬레이션의 능력이 다소 과장되었다 해도, 시뮬레이션이 과학에 미친 영향은 확실히 과소평가된 감이 있다. 과학이란 자연을 더욱 정확하게 이해하기 위해 인류가 거쳐온 긴 여정이며, 시뮬레이션은 그 여정에서 최근에 개발된 신형 도구다. 과학은 수백 년에 걸쳐 서서히 개선되었지만, 시뮬레이션이 처음 탄생하여 자리를 잡을 때까지는 수십 년밖에 걸리지 않았다. 우리가 시뮬레이션의 역할을 완전히 이해했다고 장담하기에는 시기상조라는 이야기다. 시뮬레이션은 이론적 계산이자 실증적 실험 도구이며, 때로는 우리의 우주관을 정립하는 새로운 방법처럼 보이기도 한다.

시뮬레이션의 장점과 급진적인 특성, 그리고 미래에 펼쳐질 시뮬레이션의 형태를 올바르게 이해하려면 시뮬레이션 가설의 가장 취약한 부분을 파고들 필요가 있다. 7장에서는 이 모든 것을 포함하여 시뮬레이션의 본질을 좀 더 깊이 탐구해보기로 하자.

현실의 해상도

시뮬레이션 가설은 디지털로 구현된 가상 세계가 현실과 구별할 수 없을 정도로 사실적이라는 가정하에 성립한다. 얼마나 현실적이어야 할까? 이것을 가늠하는 척도 중 하나가 바로 해상도resolution다. 일기예보의 경우, 해상도는 격자 사각형의 개수에 거의 비례한다. 즉, 격자가 촘촘할수록 해상도가 높다. 암흑물질이나 은하를 시뮬레이션할 때는 스마티클의 수가 해상도를 좌우한다. 물론 스마티클이 많을수록 해상도가 높다. 요즘 실행 중인 최첨단 우주 시뮬레이션에는 약 200억 개의 스마티클이 사용되는데, 하나의 스마티클에 최소 여섯 개의 숫자가 할당되어 있다(3개는 위치, 즉 공간좌표이고 3개는 운동상태, 즉 속도를 나타낸다. 그 외에 화학성분 등 추가 정보가 할당된 경우도 있다). 개개의 숫자는 컴퓨터 연산의 기본단위인 비트로 이루어져 있으므로, 우주 시뮬레이션은 약 10^{14}비트(100조 비트)로 진행되는 셈이다. 과거 리처드슨 부부의 날씨 시뮬레이션을 비트로 환산하면 약 1000비트에 해당하고, 홀름베리의 전구 시뮬레이션은 3000비트쯤 된다.[6] 100년 사이에 비트 수가 거의 1000억 배로 증가했다. 그러나 시뮬레이션 가설에 의하면 이 놀라운 발전상도 결국은 궁극의 시뮬레이션으로 가는 중간과정일 뿐이다.

현실 세계의 해상도는 입자의 수로 환산할 수 없지만, 비슷한 기준으로 평가할 수는 있다. 이런 비교가 가능한 이유는 양자역학의 불확정성에 의해 진공에서 입자가 수시로 나타나고, 이들이 얽힘 entanglement이라는 현상을 통해 서로 연결되어 있기 때문이다. 단, 이모든 정보를 저장하는 데 필요한 비트 수를 직접 계산할 수가 없기 때문에, 다른 방법을 찾아야 한다. 가장 그럴듯한 후보는 양자컴퓨터의 저장 단위인 '큐비트qubit'다.

현실 세계를 재현하려면 큐비트가 몇 개쯤 필요할까? 계산을 할 수는 있는데, 방법이 좀 특이하다. 제일 먼저, 관측 가능한 우주에 포함된 에너지의 총량을 계산한다. 이 값은 마이크로파 우주배경 복사를 비롯한 여러 관측데이터로부터 추정할 수 있다(특수상대성이론에 의하면 질량은 에너지의 또 다른 형태이므로, 우주에 존재하는 모든 질량도 계산에 포함되어야 한다). 그다음으로 할 일은 우주의 역사에서 방대한 양의 에너지가 이동하는 모든 가능한 방식을 표현하는 데 필요한 큐비트의 양을 계산하는 것이다. 서술 자체가 모호해서 계산이 불가능할 것 같지만, 1970년대 후반에 스티븐 호킹과 제이컵 베켄스타인

Jacob Bekenstein이 여기에 필요한 방정식을 유도한 바 있다. 핵심 아이디어는 (관측 가능한) 우주 전체가 거대한 블랙홀에 잡아먹히는 과정을 상상하는 것이다. 이런 일이 벌어지면 우주에 존재하는 모든 큐비트가 사라진다. 앞서 말한 바와 같이 임의의 물체가 블랙홀 안으로 빨려 들어가면, 물체에 저장된 모든 정보가 파괴되는 것처럼 보이기 때문이다. 블랙홀 안에서 정보의 손실 여부는 아직 논쟁거리로 남아 있지만, 지금 우리가 실행 중인 큐비트 계산은 이것과 무관하므로 무시해도 된다.[7] 이제 블랙홀에 먹히면서 사라진 큐비트를 모두 더하면 원래 우주에 존재했던 큐비트의 수가 얻어지는데, 그 값은 약 10^{124}개다.[8]

위에서 현재 실행되는 디지털 시뮬레이션의 비트 수가 10^{14}개라고 했는데, 10^{124}개에 비하면 거의 없는 거나 마찬가지다. 게다가 1큐비트는 1비트보다 훨씬 강한 위력을 발휘한다. 최근 공개된 양자컴퓨터는 매우 인상적인 기계임이 분명하지만, 파인먼의 꿈이었던 "범용 시뮬레이터"가 되기에는 큐비트의 수가 너무 적다.[9] 간단히 말해서, 지금의 기술로 우주를 현실처럼 시뮬레이션하는 것은 어림 반 푼어치도 없는 꿈이다.

머나먼 미래에 과학기술이 아무리 발달해도 "10^{110}배"라는 차이를 극복할 수는 없다. 비트와 큐비트의 차이까지 고려하면 더욱 불가능하다. 그러므로 우리가 완벽한(또는 거의 완벽한) 시뮬레이션 안에 존재한다는 시뮬레이션 가설은 수용하기 어렵다. 미래의 하드웨어 성능이 극단적으로 향상된다 해도, 10^{124}큐비트를 저장하기란 도저히 불가능하다. 위에서 수행한 계산을 거꾸로 진행하면 그 이유를 쉽게 알 수 있다. 특정 양의 에너지를 표현하는 데 몇 개의 큐비트가 필요한지 묻는 대신, 우리가 원하는 수의 큐비트를 표현하는 데 얼마나 많은 에너지가 필요한지 생각해보라. 그러면 전체 계산은 에너지에서 큐비트로, 큐비트에서 에너지로 챗바퀴 돌듯이 반복된다. 이는 곧 우주 전체를 현실과 동일한 수준으로 시뮬레이션하려면 우주에 저장된 모든 에너지를 총동원해야 한다는 뜻이다. 이런 무지막지한 작업이 가능하다 해도, 고작 한 번의 시뮬레이션을 위해 우주 전체를 통째로 소모한다는 것은 말도 안 되는 발상이다.

그러므로 우리의 머나먼 후손이 현실과 비슷한 해상도로 우주 전체를 시뮬레이션할 가능성은 없다고 봐도 무방하다. 그렇다면 "양자적 수준에서 시뮬레이션된 우주는 현실과 동일하다"는 세스 로이드의 주장은 어떻게 받아들여야 할까? 실현 가능성을 제쳐두고 원리적인 면만 고려한다면 딱히 틀린 말은 아니다. 이런 생각은 보스트롬 스타일의 시뮬레이션 가설과 근본적인 차이가 있기 때문에 아예 다른 이름으로 불리고 있다. "현실 세계는 양자비트로 진행되는 정보처리과정과 동일하다"는 '큐비트 기원설it-from-qubit hypothesis'이 바로 그것이다.[10]

큐비트 기원설과 시뮬레이션 가설은 비슷한 점도 있지만, 이를 제외한 다른 부분은 확연하게 다르다. 큐비트 기원설은 우주 자체가 거대한 양자컴퓨터와 비슷하다는 관점으로부터 탄생했다. 우리는 현실 세계를 시뮬레이션으로 간주할 수도 있지만, 그 시뮬레이션을 구동하는 하드웨어에 대한 정보가 전혀 없기 때문에, 전문가들 사이에서는 은유적인 표현으로 통용되고 있다. 그런데도 굳이 현실을 큐비트에 비유하는 이유는 물리학에 새로운 관점을 제공하기 때문이다. 물리학자들은 큐비트 기원설에서 영감을 얻어 양자중력처럼 난해한 분야에 새로운 진전이 이루어지기를 기대하고 있다. 과학 이론의 본질에 대해 생각하는 방법을 제공한다는 점에서, 큐비트 기원설은 인식론적 철학 사조에 가깝다.

　이와 달리 시뮬레이션 가설은 다분히 존재론적 개념으로, 우리를 초월한 기계와 창조자의 의도에 따라 현실 세계가 달라질 수 있다고 주장한다. 큐비트 기원설 위에 또 하나의 층을 쌓아 올린 꼴이다. 이 가설에 의하면 현실은 시뮬레이션과 비슷한 정도가 아니라, 그냥 시뮬레이션 그 자체다. 이것이 사실이라면 시뮬레이션 실행자가 속한 세계는 우리 세계보다 훨씬 많은 큐비트로 이루어져 있을 것이다. 이런 우주에서는 과연 어떤 생명체가 어떤 일을 하면서 살아가고 있을지, 상상하는 것조차 버겁다. 그들이 누구인지, 어떤 능력을 가졌는지도 모르는데, 그들이 실행하게 될 시뮬레이션을 무슨 수로 예측한다는 말인가?

현실 세계에는 서브 그리드가 존재하는가?

지금까지 나는 "우리의 우주 안에서 실행되는 시뮬레이션으로는 우주 전체를 완벽하게 재현할 수 없다"고 주장해왔다. 그러나 우주의 일부만 완벽하게 시뮬레이션하고 나머지를 대충 얼버무리는 것은 얼마든지 가능하다. 이렇게 하면 계산량이 엄청나게 절약되므로, 앞으로 이것을 "절약형 시뮬레이션 가설budget simulation hypothesis"이라 부르기로 하자.

절약형 시뮬레이션은 지금 우리가 실행하는 시뮬레이션으로부터 자연스럽게 예측되는 개념이다. 물리학을 단순화하는 것은 시뮬레이터의 일상적인 작업 중 하나이며, 우리는 그것을 서브 그리드 sub-grid라 부른다. 시뮬레이션에서 세부 사항이 중요한 역할을 하는데 해상도가 부족하여 구현할 수 없을 때(구름과 비의 형성과정이나 별과 블랙홀의 거동 등), 시뮬레이터는 서브 그리드 규칙을 추가하여 누락된 세부 사항을 보완한다. 시뮬레이션이 진행되는 동안 해상도를 일괄적으로 유지할 필요는 없다. 예를 들어 은하의 형성과정을 시뮬레이션하는 경우에는 은하 한두 개를 골라 최대 해상도로 작업하고, 나머지 우주는 대충 얼버무려도 된다. 먼 미래에는 이 아이디어가 발전하여 하나의 태양계를 현실 세계에 가까운 해상도로 재현하고, 나머지 우주는 서브 그리드 규칙을 적용하여 윤곽선만 재현하는 시뮬레이션이 등장할 수도 있다.

지금 우리가 이런 절약형 시뮬레이션 속에 살고 있다고 가정해보자. 그렇다면 우리가 느끼는 현실은 "우리가 거주하는 중심부"(예를 들면 태양계)와 "서브 그리드 규칙을 이용하여 크게 단순화된 외부 세계"와 같이 몇 개의 계층으로 이루어져 있을 것이다. 이들 중 후자는 영화 속의 CGIcomputer-generated imagery(컴퓨터 생성 이미지)처럼 작동한다. 또한 절약형 시뮬레이션은 인류가 지구에서 이론과 실험을 거쳐 어렵게 쌓아 올린 물리학과 먼 우주에서 관측된 현상(중력파, 뉴트리노, 우주선cosmic-ray 등) 사이의 경계를 인식하지 못하도록 설계되었을 것이다. 우리가 볼 수 있는 영역 안에서 우주의 물리법칙은 지구에서 통용되는 물리법칙과 완전히 일치하는 것처럼 보인다. 그러나 기술이 비약적으로 발전할 때마다(중력파를 감지한 라이고나 새로운 천체망원경 등) 중심부와 외부 세계(CGI)의 차이가 발견될 가능성이 높아질 것이다.

이런 차이가 발견된 사례는 아직 한 번도 없다. 아마도 그 이유는 우주를 만든 시뮬레이터가 우리의 관측데이터를 예상하고, 거기에 대응할 수 있도록 서브 그리드 규칙을 설정해놓았기 때문일 것이다. 여기까지 써놓고 보니 무슨 음모론처럼 들린다. 그러나 존 배로John Barrow를 비롯한 일부 우주론학자들은 절약형 시뮬레이션을 "과학적이면서 검증 가능한 가설"로 간주하고 있다. "매트릭스의 결함glitches in Matrix"과 같은 오류를 찾아내면 우리가 정말로 절약형 시뮬레이션 속에서 살고 있음을 확신할 수 있다는 것이다.[11] ┃ 영화 〈매트릭스〉에서 주인공 네오는 뒷골목에서 똑같은 고양이가 반복적으로 나타나는 장면을 보고 에이전트가 가까이 있다는 사실을 알아채는데, 이것도 시뮬레이션의 오류 중 하나다.

그러나 나는 이들의 주장을 믿지 않는다. 실험이나 관측을 하던 중 부정확한 징후가 발견되었다 해도, 그것을 자연스러운 현상으로 간주할 사람은 없다. 실험 데이터가 이상하다는 것은 우리가 아직 이해하지 못한 무언가가 존재한다는 뜻이다. 실험에서 의외의 결과가 얻어지면 흥미롭기도 하고, OPERA 실험처럼 하나의 해프닝으로 끝날 수도 있지만, 어떤 경우에도 우리가 시뮬레이션 속에서 살고 있다는 증거가 될 수는 없다. 문제의 핵심은 우리가 절약형 시뮬레이션의 "목적"을 확실하게 간파하지 못하는 한, 시뮬레이터가 어떤 서브 그리드 규칙을 적용했는지 알 길이 없다는 것이다. 실험이나 관측데이터에서 이상 징후가 발견되었을 때 이론의 문제점을 찾지 않고 시뮬레이션상의 오류로 간주하는 것은 결코 바람직한 자세가 아니다. 6장에서도 말했지만, 이런 것은 과학이라 할 수 없다.

인플레이션, 암흑물질, 암흑에너지 등 우주론에서 제기된 대표적 가설을 시뮬레이션의 오류 사냥과 비교해보자. 방금 열거한 세 가지 가설은 명확한 동기가 있으며, 이 책의 앞부분에서 지적한 대로 검증 및 반증이 가능하다. 이들은 다소 모호한 개념이어서 언제든지 달라질 수 있지만, 실험과 관측에 뚜렷한 동기를 부여하는 "살아 있는 이론"이다.

그러나 절약형 시뮬레이션 가설의 핵심 전제는 아직 정의되지 않은 채로 남아 있다. 이 가설이 음모론으로 전락하지 않으려면, 누군가가 나서서 미래의 과학자들이 추구하게 될 목표를 높은 신뢰도로 예측해야 한다. 이것이 선행되지 않으면 서브 그리드의 종류를 예측할 수 없고, 절약형 시뮬레이션의 진위 여부도 확인할 수 없다.

미래의 문명은 시뮬레이션 가설에서 말하는 "리얼한 시뮬레이션"을 정말로 실행할 것인가? 내가 보기에는 별로 그럴 것 같지 않다. 미래의 인류가 과학적 호기심을 잃거나 연구 능력을 상실해서가 아니다. 오히려 미래에는 호기심과 기술이 좀 더 흥미로운 쪽으로 집중될 가능성이 높다. 이 점을 좀 더 깊이 이해하기 위해, 지금부터 현대의 시뮬레이션이 무엇을 어떻게 달성했는지 되짚어보기로 하자.

계산 수단으로서의 시뮬레이션

미래의 과학자들이 우주를 초특급 해상도로 시뮬레이션한다는 보장은 없지만, 다양한 종류의 시뮬레이션을 시도한다는 것만은 분명한 사실이다. 과학은 항상 기술과 보조를 맞춰 발전해왔으나, 과학의 가치는 계몽주의가 유럽을 강타한 후로 거의 변하지 않았다. 17세기 영국의 철학자 프랜시스 베이컨Francis Bacon은 인간의 주관적인 감각과 경험이 잘못된 결론으로 이어질 수 있음을 지적하면서, "오해를 수정하려면 신중하게 설계된 실험을 실행하여 자신의 믿음과 실험 결과를 비교해야 한다"고 강조했다. 가능한 한 실험을 여러 차례 실행하여 결과를 일반화하고, 이로부터 결론을 도출한다. 물론 이 결론은 또 다른 실험을 거치면서 수정될 수도 있다. 베이컨은 실험으로 얻은 지식을 널리 공유함으로써 자연에 대한 이해를 도모하고, 더 나아가 자연을 다스릴 수도 있다고 주장했다.

결국 베이컨이 옳았다. 이것은 역사가 증명하는 사실이다. 우주론학자인 나는 이 대목에서 모든 실험이 항상 가능하지는 않다는 점을 지적하고 싶다. 우리는 우주 전체를 통제할 수 없으므로, 가끔은 등을 기대고 누운 채 머나먼 우주에서 날아온 빛을 통해 "자연이 우리에게 무엇을 드러내려고 하는지" 눈여겨봐야 한다. 이런 딱한 처지에도 불구하고 가설에 기초한 과학이 긴 세월 동안 살아남을 수 있었던 것은 우리가 망원경에서 무엇을 보게 될지 이론을 통해 예측하고, 그 결과를 실험과 관측으로 확인할 수 있었기 때문이다. 그렇다면 시뮬레이션은 이론과 실험 중 어디에 속하는 기술일까?

스위스 제네바의 CERN에서 가동 중인 대형 강입자 충돌기 LHC를 예로 들어보자. 이 초대형 기계장치가 하는 일은 빠른 속도로 가속된 입자를 충돌시켜서 산산이 분해되었을 때 무엇이 새로 나타나는지 관찰하는 것이다. 눈덩이 두 개가 느린 속도로 충돌하면 서로 달라붙거나 퉁겨나가지만, 아주 빠른 속도로 충돌하면 잘게 분해된다. 아원자입자들이 서로 충돌해도 이와 비슷한 일이 일어나는데, 규모가 워낙 작기 때문에 양자적 현상이 추가로 나다난다. 입자란 양자장quantum field 내부에 존재하는 에너지 다발이어서, 충돌 후에 생성된 입자는 원래 입자와 다를 수도 있다. 눈덩이 두 개가 정면충돌한 지점에서 설탕이나 밀가루, 또는 페인트 분말이 쏟아지는 것과 비슷하다. LHC는 2012년에 힉스 보손을 발견하여 세계적으로 유명해졌는데, 이 충돌 실험의 핵심은 단연 시뮬레이션이었다. CERN의 과학자들이 "힉스 보손을 발견했다"는 것은 공간 속에서 표류하는 힉스 보손을 포획했다는 뜻이 아니다. 이 입자는 양성자 충돌의 부산물로 잠시 생성되었다가 쿼크quark나 글루온gluon 같은 소립자로 금방 분해되기 때문에, 통상적인 입자감지기로는 검출되지 않는다. 거의 광속에 가까운 속도로 내달리던 한 쌍의 양성자가 한 지점에서 충돌하면 엄청난 에너지가 방출되고, 아인슈타인의 $E=mc^2$에 의해 에너지가 질량으로 변환되면서 다양한 입자들이 생성된다. 이들 중에는 힉스 보손이 있을 수도 있고, 없을 수도 있다. 충돌 데이터에서 특정 입자의 존재 여부를 확인하려면, 일어날 수 있는 모든 시나리오와 비교해야 한다. 힉스 보손이 생성된 경우와 그렇지 않은 경우는 무엇이 다른가? 모든 충돌사건에 대하여 입자의 종류와 개수, 에너지를 손으로 일일이 계산할 수는 없으므로 컴퓨터의 도움을 받아야 한다. 즉, 충돌 결과를 예측하려면 시뮬레이션을 실행해야 한다는 뜻이다. 그러므로 시뮬레이션은 입자의 발견 자체와 깊이 연관되어 있다.

앞에서 우리는 이와 비슷한 사례를 다룬 적이 있다. 라이고LIGO에서 중력파가 감지되었을 때, 과학자들은 블랙홀이나 중성자별이 충돌할 때 일어나는 현상을 시뮬레이션해서, 중력파가 생성된 원인을 역으로 추적했다. 또한 천체 관측으로 얻은 데이터와 시뮬레이션을 비교하여, 뉴트리노가 암흑물질의 후보가 될 수 없음을 밝히기도 했다.

이런 점에서 볼 때, 시뮬레이션은 과학을 인도하는 일종의 통로라 할 수 있다. 시뮬레이션은 이론과 달리 가설을 제시하지 않고 실험이나 관측과 달리 데이터를 제공하지도 않지만, 개개의 가설로부터 어떤 데이터가 얻어질지 예측함으로써 이론과 실험(관측)을 연결해준다. 다만 그 예측이 항상 "대략적인 값"이라는 점이 문제다. 앞서 말했듯이 계산을 쉽게 하려면 주어진 상황을 최대한 단순화해야 한다. 그런데 문제를 지나치게 단순화하면 결과가 왜곡될 수도 있지 않을까? 그렇다. 단순화 때문에 왜곡되는 정도를 빠르고 정확하게 판단하는 것이 시뮬레이션의 핵심이다.

과거에도 과학자들은 불가능한 계산을 가능하게 만들기 위해 별다른 대책 없이 문제를 단순화시켰다. 아인슈타인의 일반상대성이론을 예로 들어보자. 이 이론에 의하면 물질(질량)은 시공간을 휘어지게 만든다. 그러나 이 관계를 서술하는 추상적인 방정식을 유도하는 것과 방정식의 실질적인 의미를 이해하는 것은 완전히 다른 일이다. 아인슈타인은 망원경으로 관측한 수성의 공전궤도가 뉴턴의 중력이론으로 계산된 궤도와 일치하지 않는다는 사실을 전해 듣고 일반상대성이론을 적용하여 수성의 궤도를 다시 계산했는데, 그가 얻은 결과는 관측데이터와 거의 정확하게 일치했다.[12] 또한 그는 빛이 거대한 천체 근방을 지날 때 경로가 휘어진다고 주장했는데(이것을 중력렌즈효과라 한다), 이 역시 나중에 사실로 확인되었다.[13] 여기까지만 들으면 아인슈타인은 모든 것을 완벽하게 알아낸 물리학의 신인 것 같다. 그러나 그는 일반상대성이론을 현실 세계에 적용할 때, 걱정스러울 정도로 과감한 근사적 방법을 사용했다. 정공법으로는 자신이 유도한 장방정식을 도저히 풀 수 없었기 때문이다. 그의 주먹구구식 계산에 합격 판정이 내려진 것은 훗날 슈바르츠실트가 별 근처에 작용하는 중력을 엄밀하게 계산한 후의 일이었다.

이론의 결과를 (근사적으로나마) 계산하는 것은 과학이 거쳐야 할 필수과정이다. 그렇다면 손으로 하는 계산과 시뮬레이션 사이에는 별 차이가 없어 보인다. 리처드슨의 수동 일기예보(2장)와 홀름베리의 전구 은하(3장)를 생각할 때, 무한히 긴 시간 동안 무한대의 인내력을 발휘할 수만 있다면 컴퓨터가 하는 일 중 인간이 못할 일은 없는 것 같다.

실험으로서의 시뮬레이션

이것이 전부인가? 아니다. 나는 그렇게 생각하지 않는다. 컴퓨터 시뮬레이션은 이론(계산)뿐만 아니라 실험적인 특성도 갖고 있다. 마거 릿 모리슨Margaret Morrison을 비롯한 일부 과학철학자들도 여기에 동 의한다.[14] 언뜻 생각하면 이 주장은 틀린 것 같다. 시뮬레이션은 프 로그래머의 특별한 요구 사항을 구현하는 과정이고, 실험은 자연의 특성을 있는 그대로 드러내는 과정이기 때문이다. 우리 이론이 자연 을 올바르게 설명해준다고 믿는다 해도 시뮬레이션은 법칙을 근사 적으로 서술할 뿐이며, 실험은 실제 우주에서 진행된다.

그러나 실험도 자연을 있는 그대로 반영하지 않고, 근사치와 가 정으로 가득 찬 일련의 과정을 거치면서 사람의 손을 통해 실행된 다. 당신이 비행기의 날개를 새로 설계하여 유체역학적 성능을 테스 트한다고 가정해보자. 이런 경우 당신은 작은 모형을 만들어서 풍동 실험을 하거나, 코드를 작성해서 디지털 시뮬레이션을 실행할 수도 있다. 전자의 경우, 당신은 "축소모형 주변에서 공기가 흐르는 패턴 은 실제 날개의 경우와 비슷하고, 풍동의 가장자리를 흐르는 공기는 실험 결과에 영향을 주지 않는다"고 가정할 것이다. 그렇지 않으면 풍동 실험을 할 이유가 없다. 그리고 시뮬레이션을 하는 경우에도 "공기는 유체처럼 거동하며, 컴퓨터 코드에 다양한 근사식을 사용해 도 결과는 크게 달라지지 않는다"고 가정해야 한다. 즉, 풍동 실험과 시뮬레이션은 둘 다 효율적인 실험이지만 각자 나름대로 결함을 갖 고 있다. 그런데 사람들은 풍동 실험만 실험으로 간주하고 시뮬레이 션은 진정한 실험으로 생각하지 않는다. 대체 왜 그런 걸까? 나도 잘 모르겠다.

우리가 실험을 하는 이유는 이전에 몰랐던 사실을 알아낼 수 있기 때문이다. 그러나 새로운 사실을 알려주는 건 시뮬레이션도 마찬가지다. 새로 설계한 날개가 좋은 성능을 발휘하건 그렇지 않건 간에, 시뮬레이션으로 얻은 결과는 엄연한 사실이다. 개중에는 특정 날개의 공기역학적 성능을 새로운 지식이 아닌 "자잘한 세부 사항"으로 간주하는 사람도 있을 것이다. 물리학자가 "나는 공기의 흐름과 관련된 모든 이론적 지식을 알고 있다"고 확신한다면, 시뮬레이션이 하는 일이란 그 지식을 새로운 형태로 가공하는 것뿐이다. 이런 관점에서 보면 시뮬레이션은 숨은 진실을 밝히는 데 유용한 도구이지만, "근본적인 미지未知"까지 알아낼 수는 없다. 과연 그럴까? 기존의 지식창고에 존재하지 않는 새로운 지식을 시뮬레이션으로 알아낼 수는 없는 것일까?

이 질문의 답은 물리학을 바라보는 관점에 따라 달라진다. 우주에 존재하는 모든 입자와 그들 사이에 작용하는 힘을 하나의 이론체계로 설명한다는 '만물의 이론Theory of Everything'을 예로 들어보자. 이론물리학자들은 지난 70여 년 동안 이 환상적인 이론을 구축하기 위해 무진 애를 써왔지만, 네 종류의 힘들(전자기력, 약한 핵력, 강한 핵력, 중력) 중 중력의 특성이 워낙 유별나서 아직 하나로 묶지 못했다. 만물의 이론을 찾는 것이 물리학의 최종 목표라면, 시뮬레이션의 역할은 실험 데이터에 기초하여 주어진 가설의 결과를 추적하는 것뿐이다. 이 정도라면 힉스 보손과 블랙홀, 그리고 암흑물질을 연구할 때 시뮬레이션이 했던 역할과 크게 다르지 않다.

그러나 만물의 이론을 찾는 것이 물리학의 전부는 아니다. 일상적인 세계와 머나먼 우주에서 우리의 관심을 끄는 많은 현상들은 그

저변에 깔린 물리법칙과 거의 무관하게 일어난다. 무수히 많은 원자와 분자를 하나의 묶음으로 간주하여 이들의 거시적 특성을 설명하는 열역학thermodynamics이 대표적 사례다. 뜨거운 차茶가 식는 이유를 비롯하여 고효율 엔진을 만드는 방법, 우주의 생명체가 영원히 살 수 없는 이유 등은 열역학을 이용하여 완벽하게 설명할 수 있다.

열역학에는 "열"과 "엔트로피entropy" 같은 개념이 등장하는데, 이들은 입자물리학에서 아무 의미도 없다. 열과 엔트로피는 수많은 입자의 집단적인 특성을 서술할 때에만 유용한 개념이다. 굳이 원한다면 원자 한 개, 또는 분자 한 개의 거동 방식을 열이나 엔트로피 같은 거시적 물리량과 어떻게든 연결지을 수는 있겠지만, 이들 사이의 관계는 사돈의 팔촌의 팔촌보다 멀다.

나는 학부생들에게 열역학을 가르칠 때, 입자 무리가 정신없이 돌아다니는 시뮬레이션을 보여준다. 물론 시뮬레이션에는 입자의 특성이 세밀하게 반영되어 있지 않다. 여기 등장하는 입자는 실제보다 너무 무겁고, 개수도 턱없이 부족하며, 실제 분자처럼 진동하거나 회전하지도 않는다. 그런데도 학생들은 시뮬레이션을 통해 열역학의 기본 법칙을 확인할 수 있다. 뜨겁거나 차가운 영역(기체의 온도는 구성 입자의 속도와 밀접하게 관련되어 있다)을 설정해놓고 입자를 풀어놓으면 두 영역이 만나는 지점부터 온도가 점차 균일해진다. 또 모양이 수시로 변하는 가상의 상자 속에 여러 개의 기체 입자를 가두어놓으면 "압력이 높아지면 기체의 온도가 올라가고, 기체의 일부가 바깥으로 배출되면 온도가 내려간다"는 사실도 알 수 있다. 이것이 바로 냉장고의 작동 원리다. 그리고 방의 한구석에 기체(공기)를 강제로 모아놓고 기다리면 방 전체로 빠르게 퍼져나간다는 것도 시뮬레이션을 통해 알 수 있다. 프로그램에는 입자의 세부적 특성이 대부분 생략되었는데도, 거시적 현상이 거의 완벽하게 재현된다.

방금 열거한 현상들은 전통적인 실험을 통해 확인할 수 있고, 시뮬레이션으로도 얼마든지 확인 가능하다. 다만 열역학은 컴퓨터가 등장하기 훨씬 전에 이미 완성된 분야여서, 시뮬레이션으로 재현할 때는 일부 인위적인 요소가 개입된다. 그러나 앞에서 우리는 시뮬레이션이 실험의 역할을 대신했던 사례를 여러 번 접해왔다. 은하에 갑자기 불을 밝히는 블랙홀의 경우가 그랬고, 은하 안에서 폭발한 별이 주변 암흑물질의 분포를 서서히 바꾸는 과정이 그랬고, 가상의 뉴런들이 무작위로 연결된 네트워크가 생명체의 두뇌처럼 무언가를 배워나가는 방식도 그랬다. 블랙홀과 암흑물질 입자, 초신성 폭발, 뇌세포 등은 당장 알아내야 할 문제이므로 완벽하게 재현하려 애쓸 필요는 없다.

시뮬레이션에 포함된 세부 사항은 현실 세계와 비교가 안 될 정도로 한심한 수준이다. 컴퓨터로 재현된 은하에서 행성까지 만드는 사람은 거의 없으며, 개개의 별에 집중하는 경우도 극히 드물다. 블랙홀도 다양한 현상을 만들어낼 수 있지만, 시뮬레이션에서는 주변 기체를 빨아들이고 에너지를 창출하는 과정만 다룬다. 결론적으로 말해서, 천체의 새로운 거동과 관련된 세부 사항은 정확함과 거리가 멀다. 그러나 우리는 이 간소화된 시뮬레이션을 통해 사물의 본질을 포착할 수 있다.

그러므로 시뮬레이션은 과학자들이 실험을 하면서 새로운 지식을 배우는 실험실이나 다름없다. 가끔은 축약된 계산 덕분에 시뮬레이션의 실험적 기능이 더욱 강해지기도 한다. 과학자의 목표는 현실을 재현하는 것이 아니라, 자연이 우주를 조각한 방식을 "이해하는" 것이기 때문이다. 이 목표에 도달하는 좋은 방법 중 하나는 약간의 물리학을 도입하는 것이다. 예를 들어 블랙홀이 은하에 미치는 영향을 알고 싶다면, 블랙홀이 주변 기체를 더 이상 빨아들이지 않도록 조절 스위치를 끄면 된다. 최근에 나는 동료들과 함께 바로 이 작업을 수행했는데, 오래전에 별의 생성이 멈춘 은하에서 블랙홀의 파괴적 기능을 차단했더니, 갑자기 사방에서 새로운 별이 우후죽순처럼 생성되기 시작했다.[15]

이 실험이 가능했던 것은 서브 그리드에 깔끔하게 구현된 블랙홀 효과를 시뮬레이션 안에서 하나의 파일로 모아놓은 덕분이었다. 블랙홀을 위한 서브 그리드가 필요 없을 정도로 해상도가 높은 미래형 시뮬레이션을 상상해보자. 현실에 더욱 가까워졌으니, 언뜻 생각하면 지금보다 좋아진 것 같다. 이런 시뮬레이션에서는 블랙홀이 주변 물질을 빨아들이는 속도나, 블랙홀 안에 저장된 에너지를 따로 고려할 필요가 없다. 해상도가 현실과 거의 비슷하므로, 물리학(일반상대성이론, 입자물리학, 자기장 등)이 모든 것을 알아서 재현해준다. 그러나 블랙홀의 효과만을 깔끔하게 분리하는 것은 더 이상 불가능하다. 어떤 요소를 제거해도 심각한 부작용이 속출할 것이기 때문이다.

대략적이면서 단순한 서브 그리드 시뮬레이션에서는 장점과 단점이 적절한 균형을 이루고 있다. 미래의 과학자들이 "이해 가능한 결과"를 원한다면, 굳이 세부 사항을 추가하려고 노력하지 않을 것이다. 시뮬레이션을 실험으로 간주한다면, 우주를 있는 그대로 재현하는 것보다 우주를 이해하는 데 중점을 둬야 한다.

과학으로서의 시뮬레이션

시뮬레이션도 결국은 '계산'의 산물이므로 지구의 대기와 온하, 또는 우주 전체에 물리학을 적용한 결과를 추적할 수 있다. 즉, 시뮬레이션은 단순한 규칙으로부터 복잡한 거동이 나타나는 과정을 보여주는 실험이자, 일기예보나 인공지능처럼 현대인의 삶을 더욱 풍요롭게 만들어주는 도구다. 그러나 시뮬레이션은 현실 세계를 담은 팩시밀리가 아니며, 앞으로 그렇게 될 가능성도 없다.

시뮬레이션이 우주론학자들 사이에 인기가 높다고 해서(10여 종의 프로그램과 매년 수백 편씩 쏟아져 나오는 시뮬레이션 관련 논문, 그리고 대중의 눈길을 사로잡는 다양한 보도자료 등) 그들이 우주 만물을 완벽하게 재현하는 시뮬레이션을 만들려고 애쓴다는 뜻은 아니다. 앞에서도 지적했듯이, 극단적으로 세밀한 시뮬레이션은 만들 수도 없고, 굳이 만들 필요도 없다.

시뮬레이션의 진정한 목적은 과학 지식과 통찰, 그리고 과학자들 사이의 협력을 체계적으로 통합하는 것이다. 시뮬레이션을 만들고 실행하여 관측데이터와 비교하려면 유체역학을 비롯하여 별과 블랙홀의 생애, 양자역학, 광학, 인공지능 등 다양한 분야에 정통해야 한다. 그러나 대부분의 과학자들은 이들 중 한 분야만 파고들기도 벅차다. 다시 말해서, 시뮬레이션으로 끝장을 보는 것은 결코 혼자 할 수 있는 일이 아니라는 이야기다.

그렇기 때문에 물리학은 재미있고, 시뮬레이션은 더욱 흥미진진하다. 그리고 소정의 목표를 달성하려면 상호협력이 필수적이다. 나는 젊었을 때 이 중요한 사실을 까맣게 모른 채 적응하기 어려운 현실로부터 탈출하는 수단으로 컴퓨터를 선택했다. 어리숙한 내 눈에는 컴퓨터가 "순수한 사고思考의 세상"으로 들어가는 문처럼 보인 것이다. 사실, 내가 현실에 머물렀어도 딱히 나를 괴롭히는 사람은 없었을 것이다. 고등학교 졸업앨범을 펼치면, 내 사진 바로 밑에 "자신만의 우주를 만들고 그 안에서 살아가는 녀석"이라고 적혀 있다. 컴퓨터 폐인에서 한 단계 상승하여 전문 시뮬레이터가 되면, 세상과 담을 쌓은 채 자신만의 세상을 만들 수 있다고 생각한 것일까? 오래전 일이라 기억이 가물가물하다. 만일 그렇게 생각했다면, 내 기대는 철저히 무너진 셈이다. 시뮬레이션을 시뮬레이션답게 만드는 것은 기계적 요소가 아니라 인적 요소이기 때문이다. 공동연구는 개인의 능력을 크게 향상시켜주기에, 계몽주의 시대부터 과학의 핵심은 상호협력이었다. 그 후 세월이 흘러 한 사람의 과학적 사고가 학술지를 통해 널리 전파되기 시작했는데, 가끔은 아이디어를 도둑맞는 부작용이 있긴 했지만 전반적으로 볼 때 매우 효율적인 시스템이었다. 게다가 지금은 모든 논문이 디지털화되어, 보물 같은 지식을 전 세계 어디서나 조회할 수 있게 되었다.

출판물을 자유롭게 볼 수 있는 것과 거기 담긴 지식을 이해하는 것은 완전히 다른 이야기다. 적절하게 작성된 코드는 과학적 과정에 필요한 요구 사항을 바꿀 수 있다. 한 개인이 모든 정보를 보유하지 않고 다양한 분야의 전문가들이 모여서 각자의 지식을 코드로 변환하여 합치는 식이다. 20세기 중반에 "사람이 읽을 수 있는 코드"를 개발한 그레이스 호퍼의 업적이 빛을 발하는 대목이다. 이제 시뮬레이션의 다양한 측면이 별개의 파일로 저장되고, 기계는 자신이 이해할 수 있는 정교한 언어로 이들을 결합하여 하나의 긴 지침 목록을 작성한다. 이렇게 하면 코드의 다른 부분을 건드리지 않고서도 원하는 부분(새로운 별의 생성, 블랙홀의 거동, 양자적 초기조건 등)을 변경하거나 통째로 바꿀 수 있다.

시뮬레이션에서 얻을 수 있는 가장 흥미로운 결과는 그로부터 만들어진 가상의 세계가 아니다. 그 세계는 현실을 대충 반영한 그림자일 뿐이어서, 일기예보만큼이나 썰렁하기 그지없다. 정말로 흥미로운 것은 다양한 과학적 아이디어를 하나로 연결하여 결과물을 만들어낸 사람들 사이의 협력이다. 코드는 컴퓨터에 내리는 일련의 명령이자, 우주에 대한 사람들의 다양한 아이디어를 모아놓은 캔버스 위에서 마치 살아 있는 생명체처럼 스스로 진화하는 집단적 표현이기도 하다.

나는 컴퓨터가 만들어낸 결과물을 사람들과 함께 분석할 때 가장 큰 즐거움을 느낀다. 우리 연구팀은 시뮬레이션의 결과를 시각화하고, 질문하고, 나름대로 해석을 내리면서 현실에 유용한 지식으로 조금씩 바뀌나가는 중이다. 우주론학자들이 시뮬레이션에서 추출한 이야기는 이미 정통 우주론의 일부가 되었다. 거기에는 양자역학적 초미세 물결이 중력과 합세하여 우주를 만들어낸 이야기와 암흑물질로 가득 찬 거대한 코스믹 웹에서 은하가 응축될 때 우리의 행성 지구가 태어난 이야기가 고스란히 담겨 있다.

이런 종류의 통찰은 어떤 방식으로든 우주론의 발전을 견인한다. 진정한 성취는 컴퓨터로 우주를 재현하는 것이 아니라, 시뮬레이션에 코딩된 단순한 규칙으로부터 복잡다단한 현상이 나타나는 과정을 이해하는 것이다. 수십 년 전만 해도 이런 연구는 거의 불가능했다. 그리고 수 세기에 걸쳐 진보해온 과학의 역사를 되돌아볼 때, 시뮬레이션은 이제 막 태어난 갓난아기에 불과하다. 그러니 앞으로 수십 년의 시간을 더 주고, 어떤 발견이 이루어질지 지켜봐야 할 것이다.

감사의 글

그동안 함께 일하면서 사고방식에 좋은 영향을 준 훌륭한 과학자와 연구원 학생들에게 감사의 말을 전한다. 특히 나의 오랜 연구 동료인 파비오 고베르나토와 히란야 페이리스, 저스틴 리드Justin Read, 그리고 나의 박사과정 지도교수였던 막스 페티니와 앤서니 챌리너Anthony Challinor에게 깊이 감사드린다. 히란야는 내가 어려운 시기를 겪을 때 든든하게 중심을 잡아주었고, 이 책의 초고를 꼼꼼하게 읽고 많은 조언을 해주었다. 그리고 글을 쓰는 동안 나에게 귀한 도움을 준 조너선 데이비스Jonathan Davis, 레이 돌란Ray Dolan, 리처드 엘리스Richard Ellis, 카를로스 프렌크, 간달리 조시Gandhali Joshi, 매슈 반 데어 메르베Matthew van der Merwe, 조 모너핸, 클라우디아 무니Claudia Muni, 오퍼 라하브, 루이자 루시스미스Luisa Lucie-Smith, 마이클 메이, 훌리오 나바로Julio Navarro, 터지아나 디 마테오, 사이먼 화이트에게 고맙다는 말을 전하고 싶다. 또한 스미스소니언 도서관 기록보관소와 닐스 보어 도서관 기록보관소의 관계자들께도 감사드린다. 본문에 언급된 나의 연구 중 대부분은 유럽연구이사회European Research Council와 영국왕립학회the Royal Society, 그리고 과학기술시설협의회 Science and Technology Facilities Council의 지원으로 진행된 것이다.

책의 편집을 맡아준 데이비드 밀너David Milner와 마이클 샤빗 Michael Shavit, 코트니 영Courtney Young은 시종일관 인내심을 갖고 아낌없는 지원으로 용기를 북돋아주었으며, 출판대리인인 크리스 웰빌러브Chris Wellbelove는 책을 구상하고 완성하는 데 결정적 역할을 했다. 그의 격려와 도움이 없었다면 집필을 시작하지도 못했을 것이다. 책의 제목을 제안한 사람은 제이미 콜먼Jamie Coleman이었다. 과학을 주제로 한 나의 스토리텔링 방식은 다양한 프로젝트에서 나와 함께 일했던 헬렌 아니Helen Arney, 맷 베이커Matt Baker, 조니 벨리너Jonny Berliner, 해나 프라이Hannah Fry, 티만드라 하크니스Timandra Harkness, 델리스 존스Delyth Jones, 미셸 마틴Michelle Martin, 조너선 샌더슨Jonathan Sanderson, 엘린 샌더슨Elin Sanderson, 알롬 샤하Alom Shaha, 팀 어즈번Tim Usborne, 톰 휜티Tom Whyntie, 젠 휜티Jen Whyntie에게 배운 것이다.

마지막으로 이 책을 우리 가족에게 바친다. 나의 부모님 리비와 피터는 항상 나를 격려하며 응원해주셨고, 누나 로지의 헌신적인 도움도 결코 잊을 수 없을 것이다. 그리고 마지막으로 나에게 사랑과 친절을 베풀며 이 우주에서의 삶에 무한한 가치를 부여해준 아내 애나와 아들 알렉스에게 주말마다 함께 지내지 못해서 미안하다는 말을 꼭 전하고 싶다.

옮긴이의 말

이 책의 주제는 시뮬레이션이다. 사전을 찾아보면 "특정 현상이나 사건을 컴퓨터로 모형화하여 가상으로 수행함으로써, 실제 상황에서 나타나는 결과를 예측하는 기술"이라고 적혀 있다. 이 예측값에 근거하여 피스톤과 크랭크의 위치를 조절하면 엔진 시뮬레이터가 되고, 비행체의 자세와 속도를 조절하면 모의 비행 시뮬레이터가 되고, 바닥에 공을 놓고 끝이 뭉툭한 막대를 휘두르면 스크린 골프가 된다. 나는 평생 골프채를 잡아본 적도 없지만, 시뮬레이션으로 진행되는 스크린 골프와 필드에 나가서 치는 실전 골프의 차이점은 어느 정도 짐작할 수 있다.

일단 스크린 골프는 드넓은 골프장이 필요 없고 비가 오거나 태풍이 불어도 칠 수 있으며, 비용도 적게 든다.(게다가 경기 도중에 밥도 먹을 수 있다!) 그러나 바람과 러프, 경사도 등 실제 골프장의 환경이 그대로 재현되어 있지 않기 때문에, 실력이 실제보다 과대평가되기 쉽다. 다른 시뮬레이션도 마찬가지다. 새로운 비행기의 조종법을 시뮬레이션으로 훈련받은 파일럿은 막상 비행기 조종석에 앉으면 의외의 변수가 하도 많아서 비지땀을 흘리기 일쑤다. 제아무리 정교하게 설계해도, 현실을 똑같이 흉내 내기란 보통 어려운 일이 아니다. 그러나 시뮬레이터로 훈련을 하면 파일럿이 비행기를 추락시켜도 인명피해가 발생하지 않고, 회사에 손해를 입히지도 않는다. 그리고 비행 시뮬레이션이 현실에 가까울수록 훈련의 효과가 높아지고, 데이터를 분석하여 비행기의 구조적 결함도 미리 알아낼 수 있다.

　이 책의 저자인 앤드루 폰첸도 시뮬레이션으로 먹고사는 사람인데, 스케일이 좀 크다. 그가 사용하는 기계장치는 우리에게 익숙한 디지털컴퓨터이지만, 그 컴퓨터로 방대한 우주를 시뮬레이션하고 있다. 언뜻 생각하면 별로 어려운 일이 아닌 것 같다. 작은 입자의 거동은 양자역학으로 서술되고 커다란 천체의 움직임은 뉴턴의 중력이론이나 아인슈타인의 일반상대성이론으로 알아낼 수 있으니, 우주 시뮬레이션은 그저 기존의 이론을 확인하는 작업에 불과하지 않은가? 우주 시뮬레이터 앞에서 이런 말을 했다간 바보 취급받기 십상이다. 저자가 이 책 전반에 걸쳐 여러 번 강조한 바와 같이, 우주 시뮬레이션은 물리학의 범주를 넘어 계산과 과학, 그리고 인간의 창의력이 혼합된 과학계의 종합예술이다. 컴퓨터의 연산 능력에 한계가 있으니 해상도를 적절한 선에서 타협해야 하고, 개별 요소들을 최대한 정확하게 정의하고, 낮은 해상도 때문에 미처 고려하지 못한 세부 사항을 별도의 규칙 세트로 정리해서(이것을 서브 그리드라 한다) 시뮬레이션에 반영해야 한다. 그리고 더욱 중요한 것은 이론만으로 알 수 없는 결과를 시뮬레이션을 통해 알아낼 수 있다는 점이다.

가까운 예로 "개미 한 마리와 개미 떼의 차이"를 들 수 있다. 개미 한 마리는 더없이 나약하고 미천한 생명체이지만, 이들이 떼로 모이면 울퉁불퉁한 길을 평탄하게 만들고, 커다란 다리를 놓고, 먹이도 귀신같이 찾아낸다. 사람이라면 무리 안에 지도자가 있어야 이런 일이 가능한데, 개미는 그저 모이기만 하면 완전히 다른 생명체가 된다. 우주도 이와 비슷하다. 개개의 입자가 거동하는 방식은 기존의 물리학 이론으로 꽤 정확하게 설명할 수 있지만, 이들이 모여서 기체와 먼지 구름이 되고, 이들이 다시 뭉쳐서 별과 은하로 자라나는 과정까지 깔끔하게 설명할 수는 없다. 천문학 교과서에 "수십 억 년 전에 기체 구름이 자체 중력으로 뭉쳐서 별이 되었다"고 적혀 있는 것은 막연한 추측이 아니라, 정교한 시뮬레이션을 통해 사실로 확인된 결과다.

저자는 시뮬레이션이 단순히 "컴퓨터 안에서 진행되는 실험"이 아니라고 주장한다. 2012년에 CERN에서 힉스 보손이 발견된 것은 사전에 실행한 충돌 시뮬레이션이 그만큼 정교했기 때문이고, 우주의 대부분을 차지하는 암흑물질과 암흑에너지가 가설의 단계에서 거의 정설로 굳어진 것도 시뮬레이션 덕분이었다. 즉, 시뮬레이션은 단순히 이론을 재확인하는 수단이 아니라, 이론이 나아갈 길을 인도하는 '가이드'라는 이야기다. 물론 이론물리학이 풀지 못한 난제를 시뮬레이션으로 모두 해결할 수는 없지만, 사람이 손으로 계산할 수 없고 실험으로 확인할 수도 없는 천문학적 현상을 단시간에 실행하여 답을 줄 수 있다면, 이것만으로도 시뮬레이션은 "이론과 실험을 연결하는 가교"로 부족함이 없다.

많은 독자들은 '시뮬레이션'이라는 말을 들으면 컴퓨터로 만들어진 가상 세계를 떠올릴 것이다. 우주 시뮬레이션의 해상도가 극단적으로 높으면 현실과 구별하기 어려워진다. 머나먼 미래의 어느 날, 이 환상적인 기술을 보유한 우리의 까마득한 후손(또는 기계 로봇)이 현실과 거의 똑같은 시뮬레이션을 실행할 수도 있지 않을까? 그렇다면 혹시 내가 그 시뮬레이션 안에서 살고 있는 건 아닐까? 이것은 영화 〈매트릭스〉의 모티브이자 이 책 7장의 주제이기도 하다. 저자는 현실적인 이유(디지털컴퓨터와 양자컴퓨터의 한계)를 들면서 부정적인 자세를 취했지만, 저명한 물리학자 브라이언 그린과 진화생물학자 리처드 도킨스, 철학자 닉 보스트롬 등은 시뮬레이션 가설을 진지하게 받아들이고 있다. 누군가가 내 삶을 조종한다는 건 그다지 유쾌한 상황이 아니지만, 그 자체가 운명이자 천성이라면, 그리고 나를 가짜 세상에서 꺼내줄 모피어스Morpheus 같은 구원자도 없다면 그동안 살아왔던 대로 살아가는 것도 딱히 나쁘지만은 않은 것 같다. 그래서 동료들과 가끔 이 문제를 놓고 갑론을박을 벌이다 보면 항상 같은 결론에 도달한다. "그게 뭐 어때서?"

19세기 후반에 일기예보에서 시작된 시뮬레이션이 컴퓨터의 연산 능력에 힘입어 천문학적 규모에서 진행되는 현상을 재현하는 수준까지 발전했다. 보수적인 과학자가 시뮬레이션의 이론적 기능을 인정하지 않는다 해도, 현실적으로 실행 불가능한 실험을 가능하게 해준다는 것만은 분명한 사실이다. 이 역할 하나만 충실하게 이행해도 물리학과 천문학, 그리고 화학과 생물학 등에서 시뮬레이션의 중요성은 날이 갈수록 높아질 것이다. 나 역시 이 책을 번역하면서 평소 큰 관심을 두지 않았던 시뮬레이션의 진정한 가치를 다시 생각하게 되었다. 역시 시뮬레이션은 노트 위에 계산을 끄적이고 고개를 끄덕이는 이론가의 일상과 확연하게 다르다. 옛말에도 백문이 불여일견이라고 하지 않던가.

추신. 실감 나는 우주 시뮬레이션을 보고 싶은 독자들은 유튜브에서 '지구-테이아 충돌사건Earth-Theia collision'이나 '충돌하는 두 은하colliding galaxies' 시뮬레이션을 찾아볼 것을 권한다. 동영상에 펼쳐지는 모든 장면은 슈퍼컴퓨터로 일일이 계산해서 이어붙인 것인데, 지구의 단아한 풍경에서는 결코 느낄 수 없는 역동적인 감동을 선사한다.

주

서문

1 StarOrb는 1984년에 모리스 개빈Maurice Gavin의 책 *ZX Spectrum Astronomy: discover the heavens on your computer*(Sunshine Books)를 통해 처음으로 공개되었다. 내가 실행했던 프로그램은 아마도 우리 아버지(또는 아버지의 친구)가 프로그램을 입력한 후 카세트테이프에 저장해놓은 복사본이었을 것이다(이것은 당시 컴퓨터 사용자들의 일상이었다).

2 Garnier et al. (2013), *PLOS Computational Biology*, 9(3): e1002984.

3 Deneubourg et al. (1989), *Journal of Insect Behaviour*, 2, 5, 719.

4 2021년 통계자료에 따르면 전 세계 컴퓨터의 총용량은 약 8000EB(엑사바이트exabyte, $1EB=10^{18}B$), 또는 6×10^{22}비트이며, 지구 대기에 존재하는 분자의 수는 약 10^{44}개다. 따라서 분자 하나당 1비트를 할당하려면 현재의 용량을 거의 10^{21}배로 키워야 한다. Redgate & IDC(2021. 9. 8.), https://www.statista.com/statistics/1185900/worldwide-datasphere-storage-capacity-installed-base/

5 *New York Times*, 10 March 2009.

6 Tankov (2003), *Financial Modelling with Jump Processes*, Chapman & Hall.

7 Mandelbrot (1963), *Journal of Political Economy*, 5, 421.

8 Derman (2011), *Models behaving badly: why confusing illusion with reality can lead to disaster, on Wall Street and in life*, Wiley & Sons.

1장 날씨와 기후

1 Moore (2015), *The Weather Experiment*, Chatto & Windus; Hansard HC

Deb., 30 June 1854, col. 1006.

2   Gray (2015), *Public Weather Service Value for Money Review*, Met Office; Lazo et al. (2009), *Bulletin of the American Meteorological Society*, 90, 6, 785.

3   Pausata et al. (2016), *Earth and Planetary Science Letters*, 434, 298.

4   Wright (2017), *Frontiers in Earth Science*, 5, 10.3389/feart.2017.00004.

5   *New York Daily Times*, 2 November 1852.

6   *Annual Report of the Board of Regents of the Smithsonian Institution* (1858), 32.

7   *Chicago Press & Tribune*, 15 August 1959.

8   *The Times*, 14 December 1854.

9   Landsberg (1954), *The Scientific Monthly*, 79, 347.

10   *The Times*, 26 January 1863.

11   *The Times*, 11 April 1862.

12   Humphreys (1919), US National Academy of Sciences, *Biographical Memoirs*, 8, 469.

13   Ibid.

14   Abbe (1901), *Monthly Weather Review*, 29, 12, 551.

15   Stevenson (1999), *Nature*, 400, 32.

16   숫자 목록은 무한정 길지 않다. 세부 항목의 개수를 무한정 늘리는 것이 기술적으로 불가능하기 때문이다. 부서지는 파도에서 모든 거품 조각이 포착되면 바닷물의 운동을 더 이상 세분할 필요가 없다. 물론 이 단계에 도달하는 것도 아직은 요원한 이야기다.

17   Humphreys (1919), op. cit.

18   Lewis Fry Richardson (1922), *Weather Prediction by Numerical Process*, Cambridge University Press(2006년 판본에는 Peter Lynch의 서문이 추가되어 있다). 리처드슨은 이 책의 서문에서 "관측 결과를 수학적으로 단순화하는 과정에서 아내의 도움을 많이 받았다"고 밝혔다. 책의 저자는 남편 리처드슨이지만 그가 언급한 부분은 계산의 핵심에 해당하기 때문에, 오늘

날 도러시는 이 책의 공동 저자로 인정받고 있다.

19 Peter Lynch (1993), *Meteorological Magazine*, 122, 69.

20 Richardson (1922), op. cit., 219; Ashford (1985), *Prophet ― or Professor? The Life and Work of Lewis Fry Richardson*, Adam Hilger.

21 Lynch (1993), op. cit.

22 Siberia, 1968, 기네스 세계기록Guinness World Records에서 인용, https://www.guinnessworldrecords.com/world-records/highest-barometric-pressure/, accessed 28 October 2022.

23 Peter Lynch (2014), *The Emergence of Numerical Weather Prediction*, Cambridge University Press.

24 Richardson (1922), op. cit., 219.

25 Durand-Richard (2010), *Nuncius*, 25, 101.

26 'Pascaline', Britannica Academic, 7 October 2008, academic.eb.com/levels/collegiate/article/Pascaline/443539, accessed 20 July 2022.

27 Freeth (2009), *Scientific American*, 301, 76.

28 Babbage (1864), *Passages from the Life of a Philosopher*, Longman, 70.

29 Fuegi & Francis (2003), *IEEE Annals of the History of Computing*, 25, 4, 16.

30 Ibid.

31 Friedman (1992), *Computer Languages*, 17, 1.

32 Fuegi & Francis (2003), op. cit.

33 Lovelace (1843), reprinted in *Charles Babbage and His Calculating Engines: Selected Writings by Charles Babbage and Others* (1963), Dover Publications, 251.

34 Fuegi & Francis (2003), op. cit.

35 'ENIAC', *Britannica Academic*, 31 January 2022, academic.eb.com/levels/collegiate/article/ENIAC/443545, accessed 29 October 2022.

36 Von Neumann (1955), in *Fortune magazine*, reprinted in Population and Development Review (1986), 12, 117.

37 'Cold war may spawn weather-control race', *Washington Post and Times Herald*, 23 December 1957.

38 Harper (2008), *Endeavour*, 32, 1, 20.

39 Fleming (2007), *The Wilson Quarterly*, 31, 2, 46.

40 Ibid.

41 Charney, Fjortoft & von Neumann (1950), *Tellus*, 237.

42 Williams (1999), *Naval College Review*, 52, 3, 90.

43 Hopper (1978), *History of Programming Languages*, Association for Computing Machinery, 7.

44 Ibid.

45 Ibid.

46 Quoted in Platzman (1968), *Bulletin of the American Meteorological Society*, 49, 496.

47 Bauer, Thorpe & Brunet (2015), *Nature*, 525, 47.

48 Alley, Emanuel & Zhang (2019), *Science*, 363, 6425, 342.

49 McAdie (1923), *Geographical Review*, 13, 2, 324.

50 Smagorinsky & Collins (1955), *Monthly Weather Review*, 83, 3, 53.

51 Coiffier (2012), *Fundamentals of Numerical Weather Prediction*, Cambridge University Press.

52 Lee & Hong (2005), *Bulletin of the American Meteorological Society*, 86, 11, 1615.

53 Princeton University press conference, 5 October 2021, https://www.youtube.com/watch?v=BUtzK41Qpsw, accessed 28 October 2022.

54 Judt (2020), *Journal of the Atmospheric Sciences*, 77, 257.

55 Hasselmann (1976), *Tellus*, 28:6, 473.

56 Jackson (2020), *Notes and Records*, 75, 105.

57 Von Neumann (1955), op. cit.

58 Morrison (1972), *Scientific American*, 226, 134.

59 IPCC (2021), *Climate Change 2021: The Physical Science Basis*.

Contribution of Working Group I to the Sixth Assessment Report of the Intergovernmental Panel on Climate Change, Cambridge University Press, in press.

60 Manabe & Broccoli (2020), *Beyond Global Warming*, Princeton University Press.

61 The Intergovernmental Panel on Climate Change ranks this as a hugely important cross-check. IPCC (2021), op. cit., Sec. 3.8.2.1.

62 *Daily Mail*, 17 October 1987.

63 *Daily Mail*, 19 October 1987.

64 Alley et al. (2019), *Science*, 363, 6425, 342.

65 이 값은 부피를 기준으로 산출한 것이다. 질량을 기준으로 계산하면 우주의 구성성분과 직접 비교할 수 있는데, 그 값은 질소 75퍼센트, 산소 23퍼센트다. Walker (1977), *Evolution of the atmosphere*, Macmillan.

2장 암흑물질과 암흑에너지, 그리고 코스믹 웹

1 Hays, Imbrie & Shackleton (1976), *Science*, 194, 4270.

2 James Lequeux (2013), *Le Verrier—Magnificent and Detestable Astronomer*, translated by Bernard Sheehan, Springer.

3 Davis (1984), *Annals of Science*, 41:4, 359.

4 Ibid., 129.

5 Rudolf Peierls (1960), *Biographical Memoirs of Fellows of the Royal Society*, 5174.

6 Ibid.

7 1930년에 튀빙겐에서 파울리가 연구 동료들에게 쓴 편지. https://web.archive.org/web/20150709024458/https://www.library.ethz.ch/exhibit/pauli/neutrino_e.html.

8 Lightman & Brawer (1992), *The Lives and Worlds of Modern Cosmologists*,

Harvard University Press.

9   Rubin (2011), *Annual Review of Astronomy and Astrophysics*, 49, 1.

10 Ibid.

11 Quoted in Bertone & Hooper (2018), *Reviews of Modern Physics*, 90, 045002.

12 Lundmark (1930), *Meddelanden fran Lunds Astronomiska Observatorium*, Series I, 125, 1.

13 F. Zwicky (1933), *Helvetica Physica Acta*, 6: 110; Zwicky (1937), Astrophysical Journal, 86, 217.

14 Rubin (2011), op. cit.

15 Holmberg (1941), *Astrophysical Journal*, 94, 385.

16 Holmberg (1946), *Meddelanden fran Lunds Astronomiska Observatorium*, Series II, 117, 3.

17 Lange (1931), *Naturwissenschaften*, 19, 103–107.

18 White (1976), *Monthly Notices of the Royal Astronomical Society*, 177, 717; Toomre & Toomre (1972), *Astrophysical Journal*, 187, 623–666.

19 Ibid.

20 Geller & Huchra (1989), *Science*, 4932, 897–903.

21 마크 데이비스, 앨런 라이트먼과의 인터뷰에서 발췌(1988년 10월 14일). Niels Bohr Library & Archives, American Institute of Physics, www.aip. org/history-programs/niels-bohr-library/oral-histories/34298.

22 *Cosmic Extinction–The Far Future of the Universe*, Durham University Global Lecture Series, 7 June 2022.

23 프렌크와의 사적인 대화에서 발췌.

24 과거에 실행된 일부 실험에서 뉴트리노의 질량을 실제보다 과대평가한 적이 있는데, 그 질량조차 원자와 비교가 안 될 정도로 작았다. Lubimov et al. (1980), *Physics Letters* B, 94, 266.

25 Peebles (1982), *Astrophysical Journal*, 258, 415.

26 White, Frenk & Davis (1983), *Astrophysical Journal*, 274, L1.

27 Aker et al. (2019), *Physical Review Letters*, 123, 221802.

28 Silk, Szalay & Zel'dovich (1983), *Scientific American*, 249, 4, 72.

29 화이트와의 사적인 대화에서 발췌.

30 Interview of Marc Davis by Alan Lightman (1988), op. cit.

31 Lightman & Brawer (1992), op. cit.

32 Huchra, Geller, de Lapparent & Burg (1988), *International Astronomical Union Symposium Series*, 130, 105.

33 Ibid.

34 Calder & Lahav (2008), *Astronomy & Geophysics*, 49, 1.13 – 1.18.

35 암흑에너지를 고려했을 때 코스믹 웹의 규모가 커지는 데에는 약간 미묘한 구석이 있다. 이것은 암흑에너지가 존재했던 우주 초기에 물질과 복사radiation가 균형을 이뤘던 이유와 어떻게든 관련되어 있을 것으로 추정된다.

36 Tulin & Yu (2018), *Physics Reports*, 730, 1.

37 Pontzen & Governato (2014), *Nature*, 506, 7487, 171; Pontzen & Peiris (2010), *New Scientist*, 2772, 22.

38 Abel, Bryan & Norman (2002), *Science*, 295, 5552, 93.

3장 은하와 서브 그리드

1 Tinsley (1967), 'Evolution of Galaxies and its Significance for Cosmology', PhD thesis, The University of Texas at Austin, http://hdl.handle.net/2152/65619.

2 Sandage (1968), *The Observatory*, 89, 91.

3 'The supereyes: five giant telescopes now in construction to advance astronomy', *Wall Street Journal*, 10 October 1967.

4 Hill (1986), *My daughter Beatrice*, American Physical Society, 49.

5 Cole Catley (2006), *Bright Star: Beatrice Hill Tinsley, Astronomer*, Cape

Catley Press, 165.

6   Sandage (1968), op. cit.; see also Oke & Sandage (1968), *Astrophysical Journal*, 154, 21.

7   Tinsley (1970), *Astrophysics and Space Science*, 6, 3, 344.

8   Sandage (1972), *Astrophysical Journal*, 178, 1.

9   Bartelmann (2010), *Classical and Quantum Gravity*, 27, 233001.

10   Peebles (1982), *Astrophysical Journal Letters*, 263, L1; Blumenthal et al. (1984), *Nature*, 311, 517; Frenk et al. (1985), *Nature*, 317, 595.

11   White (1989), in 'The Epoch of Galaxy Formation', *NATO Advanced Science Institutes (ASI) Series C*, Vol. 264, 15.

12   White & Frenk (1991), *Astrophysical Journal*, 379, 52.

13   E.g. Sanders (1990), *Astronomy and Astrophysics Review*, 2, 1.

14   See, for example, the discussions in White (1989), op. cit.

15   Ellis (1998), in 'The Hubble Deep Field', *STScI Symposium Series* 11, Cambridge University Press, 27.

16   Adorf (1995), 'The Hubble Deep Field project', *ST-ECF Newsletter*, 23, 24.

17   Larson (1974), *Monthly Notices of the Royal Astronomical Society*, 169, 229; Larson & Tinsley (1977), *Astrophysical Journal*, 219, 46.

18   Somerville, Primack & Faber (2001), *Monthly Notices of the Royal Astronomical Society*, 320, 504.

19   Ellis (1998), op. cit.

20   Tinsley (1980), *Fundamentals of Cosmic Physics*, 5, 287.

21   Cen, Jameson, Liu & Ostriker (1990), *Astrophysical Journal*, 362, L41.

22   Gingold & Monaghan (1977), *Monthly Notices of the Royal Astronomical Society*, 181, 375.

23   Monaghan (1992), *Annual Reviews in Astronomy and Astrophysics*, 30, 543.

24   Monaghan, Bicknell & Humble (1994), *Physical Review D*, 77, 217.

25 Katz & Gunn (1991), *Astrophysical Journal*, 377, 365; Navarro & Benz (1991), *Astrophysical Journal*, 380, 320.

26 Katz (1992), *Astrophysical Journal*, 391, 502.

27 Moore et al. (1999), *Astrophysical Journal*, 524, 1, L19.

28 Ostriker & Steinhardt (2003), *Science*, 300, 5627, 1909.

29 Battersby (2004), *New Scientist*, 184, 2469, 20.

30 Governato et al. (2004), *Astrophysical Journal*, 607, 688; Governato et al. (2007), *Monthly Notices of the Royal Astronomical Society*, 374, 1479.

31 Katz (1992), op. cit.

32 Springel & Hernquist (2003), *Monthly Notices of the Royal Astronomical Society*, 339, 289; Robertson et al. (2006), *Astrophysical Journal*, 645, 986.

33 Stinson et al. (2006), *Monthly Notices of the Royal Astronomical Society*, 373, 3, 1074.

34 Governato et al. (2007), *Monthly Notices of the Royal Astronomical Society*, 374, 1479.

35 Pontzen & Governato (2012), *Monthly Notices of the Royal Astronomical Society*, 421, 3464.

36 Kauffmann (2014), *Monthly Notices of the Royal Astronomical Society*, 441, 2717.

4장 블랙홀

1 1977년 3월에 슈바르츠실트가 스펜서 워트Spencer Weart와 인터뷰할 때 나눴던 대화에서 발췌. Niels Bohr Library & Archives, American Institute of Physics, https://www.aip.org/history-programs/niels-bohr-library/oral-histories/4870-1.

2 사람들은 슈바르츠실트의 빠른 응용력에 감탄을 자아내곤 한다. 그러나

그의 첫 번째 논문은 "미완성 상태에서 먼저 발표된 아인슈타인 방정식"에 기초한 것이므로, 그다지 놀라운 일은 아니다.

3   Schwarzschild (1916), *Sitzungsberichte der Koniglich Preussischen Akademie der Wissenschaften zu Berlin, Phys.- Math. Klasse*, 424.

4   Schwarzschild (1992), *Gesammelte Werke* (Collected Works), Springer.

5   Thorne (1994), *From black holes to time warps: Einstein's outrageous legacy*, W. W. Norton & Company, Inc.

6   Oppenheimer & Snyder (1939), *Physical Review*, 56, 455.

7   Oppenheimer & Volkoff (1939), *Physical Review*, 55, 374.

8   Bird & Sherwin (2005), *American Prometheus: The Triumph and Tragedy of J. Robert Oppenheimer*, Alfred A. Knopf.

9   Arnett, Baym & Cooper (2020), 'Stirling Colgate', *Biographical Memoirs of the National Academy of Sciences*.

10   Ibid.

11   Teller (2001), *Memoirs: a twentieth-century journey in science and politics*, Perseus Publications, 166.

12   Arnett, Baym & Cooper (2020), op. cit.

13   Colgate (1968), *Canadian Journal of Physics*, 46, 10, S476; Klebesadel, Strong & Olson (1973), *Astrophysical Journal*, 182, L85.

14   Breen & McCarthy (1995), *Vistas in Astronomy*, 39, 363.

15   May & White (1966), *Physical Review Letters*, 141, 4.

16   Hafele & Keating (1972), *Science*, 177, 168.

17   Han Fei (c.300 BCE), The complete works of Han Fei Tzu, Arthur Probsthain, II, 204.

18   Einstein & Rosen (1935), *Physical Review*, 49, 404.

19   Hannam et al. (2008), *Physical Review* D, 78, 064020.

20   Thorne (2017), Nobel Lecture, www.nobelprize.org/prizes/physics/2017/thorne/lecture/, accessed 28 October 2022.

21   Wheeler (1955), *Physical Review*, 97, 511.

22 Murphy (2000), *Women becoming mathematicians*, MIT Press.

23 Hahn (1958), *Communications on Pure and Applied Mathematics*, 11, 2, 243.

24 Lindquist (1962), 'The Two-body problem in Geometrodynamics', PhD thesis, Princeton University, 24.

25 Hahn & Lindquist (1964), *Annals of Physics*, 29, 304.

26 Pretorious (2005), *Physical Review Letters*, 95, 121101; Campanelli et al. (2006), *Physical Review Letters*, 96, 111101; Baker et al. (2006), *Physical Review Letters*, 96, 111102.

27 Overbye (1991), *Lonely Hearts of the Cosmos*, HarperCollins; Schmidt (1963), *Nature*, 197, 4872, 1040; Greenstein & Thomas (1963), *Astronomical Journal*, 68, 279.

28 Blandford & Znajek (1977), *Monthly Notices of the Royal Astronomical Society*, 179, 433.

29 Springel & Hernquist (2003), *Monthly Notices of the Royal Astronomical Society*, 339, 2, 289.

30 티지아나 디 마테오와의 사적인 대화에서 발췌.

31 Di Matteo, Springel & Hernquist (2005), *Nature*, 433.

32 티지아나 디 마테오와의 사적인 대화에서 발췌.

33 Silk & Rees (1998), *Astronomy & Astrophysics*, 331, L1.

34 Magorrian et al. (1998), *Astronomical Journal*, 115, 2285.

35 Sanchez et al. (2021), *Astrophysical Journal*, 911, 116; Davies et al. (2021), *Monthly Notices of the Royal Astronomical Society*, 501, 236.

36 Volonteri (2010), *Astronomy and Astrophysics Review*, 18, 279.

37 Tremmel et al. (2018), *Astrophysical Journal*, 857, 22.

38 ESA (2021), LISA Mission Summary, https://sci.esa.int/web/lisa/-/61367-mission-summary, accessed 29 October 2022.

39 Hawking (1966), 'Properties of expanding universes', PhD thesis, University of Cambridge, https://doi.org/10.17863/CAM.11283.

1 Nobel Prize Outreach AB (2022). Louis de Broglie–Biographical note. https://www.nobelprize.org/prizes/physics/1929/broglie/biographical/, accessed 28 October 2022.

2 Islam et al. (2014), *Chemical Society Reviews*, 43, 185; Csermely et al. (2013), *Pharmacology & Therapeutics*, 138, 333; Gur et al. (2020), *Journal of Chemical Physics*, 143, 075101; Qu et al. (2018), *Advances in Civil Engineering*, 1687; Hou et al. (2017), *Carbon*, 115, 188.

3 Hubbard (1979), in *Discovering Reality*, eds. Harding & Hintikka, Schenkman Publishing Co., 45–69.

4 *Boston Globe*, 5 September 2016.

5 Karplus (2006), *Annual Reviews in Biophysics and Biomolecular Structure*, 35, 1.

6 Ibid.

7 실제로 양자 시뮬레이션에서 공간에 대한 변화는 훨씬 복잡하고 정교한 방식으로 표현되지만, 전반적인 접근법을 이해하는 것이 목적이라면 그 리드를 상상하는 것으로 충분하다.

8 Miller (2013), *Physics Today*, 66, 12, 13.

9 Benioff (1982), *International Journal of Theoretical Physics*, 21, 3, 177.

10 Feynman (1982), *International Journal of Theoretical Physics*, 21, 6, 467.

11 Restructure blog (2009). https://restructure.wordpress.com/2009/08/07/sexist-feynman-called-a-woman-worse-than-a-whore/, accessed 28 October 2022.

12 Lloyd (1996), *Science*, 273, 1073.

13 Google AI Quantum et al. (2020), *Science*, 369 (6507), 1084.

14 Preskill (2018), *Quantum*, 2, 79.

15 Heuck, Jacobs & Englund (2020), *Physical Review Letters*, 124, 160501.

16 Byrne (2010), *The Many Worlds of Hugh Everett III*, Oxford University

Press.

17 E.g. Matteucci et al. (2013), *European Journal of Physics*, 34, 511.

18 Von Neumann (2018), *Mathematical Foundations of Quantum Mechanics: New Edition*, ed. Nicholas A. Wheeler, Princeton University Press, 273.

19 이 과정은 실험을 통해 사실로 확인되었다. 구체적인 내용은 Zeilinger (1999), *Review of Modern Physics*, 71, S288을 참고하기 바란다.

20 Wigner (1972), in *The Collected Works of Eugene Paul Wigner*, Springer, Vol. B/6, 261.

21 이상주의 철학의 다양한 버전은 다음 문헌에 잘 정리되어 있다. Guyer & Horstmann (2022), 'Idealism', *The Stanford Encyclopedia of Philosophy*, ed. Edward N. Zalta. https://plato.stanford.edu/archives/spr2022/entries/idealism/.

22 Wheeler (1983), in *Quantum Theory and Measurement*, Princeton University Press, 182, www.jstor.org/stable/j.ctt7ztxn5.24.

23 Penrose (1989), *The Emperor's New Mind*, Oxford University Press.

24 Howl, Penrose & Fuentes (2019), *New Journal of Physics*, 21, 4, 043047.

25 Aspect, Dalibard & Roger (1982), *Physical Review Letters*, 49, 25, 1804.

26 에버렛의 박사학위 논문은 1973년이 되어서야 정식으로 출판되었다. Everett (1973), *The Many-Worlds Interpretation of Quantum Mechanics*, Princeton University Press, 3.

27 Saunders (1993), *Foundations of Physics*, 23, 12, 1553.

28 Deutsch (1985), *Proceedings of the Royal Society* A, 400, 1818, 97.

29 에버렛의 "다중우주해석"에 대한 찬반양론은 다음 문헌을 참고하기 바란다. Saunders, Barrett, Kent & Wallace (2010), *Many Worlds?*, Oxford University Press.

30 Roger Penrose (2004), *The Road to Reality*, Jonathan Cape. 이 책 27장에 구체적인 사례가 제시되어 있다.

31 https://www.bankofengland.co.uk/monetary-policy/inflation/inflation-calculator, accessed 28 October 2022.

32 Turroni (1937), *The Economics of Inflation*, Bradford & Dickens, 441.

33 이 값을 계산하려면 "현재 관측 가능한 우주의 크기"와 "빛이 젊은 우주를 가로지르는 방식"을 비교해야 한다.

34 우주배경복사의 정확한 분포는 Planck Collaboration (2018), *Astronomy & Astrophysics*, 641, A6을 참고하기 바란다.

35 특정 우주의 특정한 잔물결이 담긴 우주배경복사를 시뮬레이션의 초기 조건으로 사용할 수도 있지 않을까? 그럴듯한 생각이지만 이 복사는 아득한 과거에 방출되어 방대한 거리를 여행해왔다. 그러므로 이것은 우리와 아주 멀리 떨어져 있는 지역의 초기조건만 알려줄 뿐, 그 지역에서 은하가 형성된 과정은 여전히 알 수 없다.

36 Springel et al. (2018), *Monthly Notices of the Royal Astronomical Society*, 475, 676; Tremmel et al. (2017), *Monthly Notices of the Royal Astronomical Society*, 470, 1121; Schaye et al. (2015), *Monthly Notices of the Royal Astronomical Society*, 446, 521.

37 Roth, Pontzen & Peiris (2016), *Monthly Notices of the Royal Astronomical Society*, 455, 974.

38 Rey et al. (2019), *Astrophysical Journal*, 886, 1, L3; Pontzen et al. (2017), *Monthly Notices of the Royal Astronomical Society*, 465, 547; Sanchez et al. (2021), *Astrophysical Journal*, 911, 2, 116.

39 Pontzen, Slosar, Roth & Peiris (2016), *Physical Review* D, 93, 3519.

40 Angulo & Pontzen (2016), *Monthly Notices of the Royal Astronomical Society*, 462, 1, L1.

41 Mack (2020), *The End of Everything*, Allen Lane.

42 인플레이션에 대한 반론은 다양한 버전으로 제시되어 있는데, 대표적 문헌으로는 Roger Penrose (2004), *The Road to Reality*, Jonathan Cape, 28장과 Ijjas et al. (2017), *Scientific American*, 316, 32가 있다.

43 Kamionkowski & Kovetz (2016), *Annual Review of Astronomy and Astrophysics*, 54, 227.

44 Giddings & Mangano (2008), *Physical Review* D, 78, 3, 035009; Hut &

Rees (1983), *Nature*, 302, 5908, 508.

6장 사고 시뮬레이션

1   Homer (c. eighth century BCE), *Odyssey*, 7, 87.

2   'NYPD's robot dog will be returned after outrage', *New York Post*, 28 April 2021.

3   *Guardian* online (2018), https://www.youtube.com/watch?v=W1LW Mk7JB80, accessed 28 October 2022.

4   Daniel C. Dennett's book *Consciousness Explained* (1991) and Douglas Hofstadter's *Godel, Escher, Bach* (1979). 이 책에서 저자는 인간의 의식이 복잡한 "사고장치"가 낳은 자연스러운 결과일 수도 있다고 주장한다.

5   Turing (1950), *Mind*, 49: 433.

6   The Law Society (2018), 'Six ways the legal sector is using AI right now', https://www.lawsociety.org.uk/campaigns/lawtech/features/six-ways-the-legal-sector-is-using-ai, accessed 3 February 2022.

7   초당 250메가비트로 진행되는 90분짜리 영화를 기준으로 한 계산이다. 이 정도면 꽤 긴 영화에 속한다.

8   National Library of Medicines Profiles in Science: Joshua Lederberg biographical overview, https://profiles.nlm.nih.gov/spotlight/bb/feature/biographical-overview, accessed 28 October 2022.

9   Blumberg (2008), *Nature*, 452, 422.

10 좀 더 정확하게 말하면, 전기장과 자기장을 이용하여 샘플 조각의 질량과 전하량의 비율(m/e)을 측정했다.

11 Bielow et al. (2011), *Journal of proteome research*, 10, 7, 2922.

12 Waddell Smith (2013), in *Encyclopedia of Forensic Sciences*, Academic Press, 603.

13 원래 로절린드 프랭클린 탐사선은 2022년에 러시아의 로켓에 실려 발사

될 예정이었으나, 우크라이나와의 전쟁으로 인해 취소되었다. 관련 전문
가들은 앞으로 10년 안에 발사될 것으로 내다보고 있다.

14 Planck Collaboration (2020), *Astronomy and Astrophysics Review*, 641, 6.

15 Joyce, Lombriser & Schmidt (2016), *Annual Review of Nuclear and Particle Science*, 66:95.

16 Jaynes (2003), *Probability theory: the logic of science*, Cambridge University Press, 112.

17 이와 관련된 논문은 수백 편에 달하는데, 기초적인 내용을 알고 싶은 독
자들에게는 다음 논문을 추천한다. Ashton et al. (2019), *Astrophysical Journal Supplement*, 241, 27; Verde et al. (2003), *Astrophysical Journal Supplement*, 148, 195; Kafle (2014), *Astrophysical Journal*, 794, 59.

18 Lightman & Brawer (1992), *The Lives and Worlds of Modern Cosmologists*, Harvard University Press.

19 Hawking (1969), *Monthly Notices of the Royal Astronomical Society*, 142, 129.

20 Ibid.

21 Pontzen (2009), *Physical Review D*, 79, 10, 103518; Pontzen & Challinor (2007), *Monthly Notices of the Royal Astronomical Society*, 380, 1387.

22 Hayden & Villeneuve (2011), *Cambridge Archaeological Journal*, 21:3, 331.

23 Coe et al. (2006), *Astrophysical Journal*, 132, 926.

24 Fan & Makram (2019), *Frontiers in Neuroinformatics*, 13:32.

25 Hodgkin & Huxley (1952), *Journal of Physiology*, 117, 500.

26 Swanson & Lichtman (2016), *Annual Reviews of Neuroscience*, 39, 197.

27 2021년 통계자료에 의하면 전 세계 메모리의 총량은 8×10^{21}바이트다.
https://www.statista.com/statistics/1185900/worldwide-datasphere-storage-capacity-installed-base/.

28 Hebb (1949), *The Organization of Behaviour: a Neurophysical Theory*,

Wiley & Sons; Martin, Grimwood & Morris (2000), *Annual Reviews of Neuroscience*, 23:649.

29 Hebb (1939), *Journal of General Psychology*, 21:1, 73.

30 Fields (2020), *Scientific American*, 322, 74.

31 Bargmann & Marder (2013), *Nature Methods*, 10, 483; Jabr (2 October 2012), 'The Connectome Debate: Is Mapping the Mind of a Worm Worth It?', *Scientific American*.

32 Rosenblatt (1958), *Research Trends of Cornell Aeronautical Laboratory*, VI, 2.

33 "Electronic 'Brain' Teaches Itself", *New York Times*, 13 July 1958.

34 Rosenblatt (1961), *Principles of Neurodynamics: Perceptrons and the Theory of Brain Mechanisms*, Cornell Aeronautical Laboratory Report VG-1196-G-8.

35 https://news.cornell.edu/stories/2019/09/ professors-perceptron-paved-way-ai-60-years-too-soon, accessed 28 October 2022.

36 Cornell University News Service records, # 4-3-15, 2073562, Image of the Mark I Perceptron at Cornell Aeronautical Laboratory, https://digital.library.cornell.edu/catalog/ss:550351, accessed 28 October 2022.

37 Hay (1960), *Mark 1 Perceptron Operators' Manual*, Cornell Aeronautical Laboratory Report VG-1196-G-5.

38 Crawford (2021), *Atlas of AI*, Yale University Press.

39 Firth, Lahav & Somerville (2003), *Monthly Notices of the Royal Astronomical Society*, 339, 1195; Collister & Lahav (2004), *Publications of the Astronomical Society of the Pacific*, 116, 345.

40 E.g. de Jong et al. (2017), *Astronomy and Astrophysics*, 604, A134.

41 Lochner et al. (2016), *Astrophysical Journal Supplement*, 225, 31.

42 Schanche et al. (2019), *Monthly Notices of the Royal Astronomical Society*, 483, 4, 5534.

43   Jumper et al. (2021), *Nature*, 596, 583.

44   Anderson (16 July 2008), 'The End of Theory: The Data Deluge Makes the Scientific Method Obsolete', *Wired*, https://www.wired. com/2008/06/pb-theory/, accessed 28 October 2022.

45   Matson (26 September 2011), 'Faster-Than-Light Neutrinos? Physics Luminaries Voice Doubts', *Scientific American*.

46   Reich (2012), 'Embattled neutrino project leaders step down', *Nature* online, doi:10.1038/nature.2012.10371.

47   GDPR article 15 1(h); https://gdpr.eu/article-15-right of-access/, accessed 28 October 2022.

48   Iten et al. (2020), *Physical Review Letters*, 124, 010508.

49   Ruehle (2019), *Physics Reports*, 839, 1.

50   Lucie-Smith et al. (2022), *Physical Review* D, 105, 10, 103533.

51   "Robots 'to replace up to 20 million factory jobs' by 2030", BBC News online, 26 June 2019, https://www.bbc.co.uk/news/business -48760799, accessed 28 October 2022.

52   Buolamwini (2019), 'Artificial Intelligence Has a Problem With Gender and Racial Bias. Here's How to Solve It', *Time Magazine*, https://time. com/5520558/artificial-intelligence-racial-gender-bias/, accessed 28 October 2022.

53   Crawford (2021), op. cit.

54   'Twitter admits far more Russian bots posted on election than it had disclosed', *Guardian*, 20 January 2018, https://www.theguardian. com/technology/2018/jan/19/twitter-admits-far-more-russian- bots-posted-on-election-than-it-had-disclosed, accessed 28 October 2022.

55   Brown et al. (2020), 'Language Models are Few-Shot Learners', *Advances in Neural Information Processing Systems* 33, https://arxiv.org/ abs/2005.14165v1.

56 Floridi & Chiriatti (2020), *Minds & Machines* 30, 681; GPT에 기초한 시스템 중 스스로 컴퓨터 코드를 작성하는 사례는 다음 문헌에서 찾아볼 수 있다. GitHub Copilot, https://github.com/features/copilot, accessed 24 October 2022.

7장 시뮬레이션과 과학, 그리고 현실

1 Fredkin (2003), *International Journal of Theoretical Physics*, 42, 2; Lloyd (2005), *Programming the Universe*, Jonathan Cape.

2 https://startalkmedia.com/show/universe-simulation-brian-greene/; https://www.nbcnews.com/mach/science/what-simulation-hypothesis-why-some-think-lifesimulated-reality-ncna913926; https://richarddawkins.com/articles/article/are-ourheads-in-the-cloud, all accessed 28 October 2022.

3 Bostrom (2003), *Philosophical Quarterly*, 53, 243.

4 Chalmers (2021), *Reality+*, Allen Lane.

5 https://richarddawkins.com/articles/article/are-our-heads-in-the-cloud, accessed 28 October 2022.

6 리처드슨 부부와 홀름베리는 모든 계산을 손으로 했기 때문에 비트로 환산하는 것이 별로 자연스럽지 않지만, 대략적인 비교는 할 수 있다. 홀름베리의 시뮬레이션에는 74개의 전구가 사용되었는데, 개개의 전구는 2차원 평면에서 자유롭게 움직일 수 있었다. 즉, 전구 하나의 위치와 운동상태를 나타내는 데 네 개의 숫자가 필요하므로, 임의의 순간에 전구의 배열상태는 296개의 숫자로 표현된다. 또한 홀름베리가 얻은 값의 유효 숫자가 세 개라고 가정하면, 숫자 하나에 필요한 비트 수는 $\log_2 10^3 \approx$ 10이다. 그러므로 홀름베리의 시뮬레이션은 총 3000개의 비트에 해당한다고 할 수 있다. 리처드슨 부부의 경우, 초기 시뮬레이션에는 바람과 관련된 70개의 숫자가 각각 3개의 유효 숫자로 표기되었고 압력에는

4개의 유효 숫자를 갖는 45개의 숫자가 사용되었으므로(여기에는 다른 보조 정보도 포함되었다), 총 비트 수는 약 1000개다.

7   Raju (2022), *Physics Reports*, 943, 1.

8   Hawking (1976), *Physical Review Letters*, 13, 191; Bekenstein (1980), *Physics Today*, 33, 1, 24; Zurek & Thorne (1985), *Physical Review Letters*, 54, 20, 2171. 세스 로이드는 그의 저서에서 중력이 작용하지 않는다는 가정하에 열 엔트로피thermal entropy를 계산하여 큐비트의 수가 10^{92}개라고 결론지었다. 어떤 계산법을 선택하건, "우주를 시뮬레이션할 수 있는 것은 우주 자체뿐"이라는 사실은 달라지지 않는다.

9   Preskill (2018), *Quantum*, 2, 79.

10   이 아이디어의 기원은 Wheeler (1992), *Quantum Coherence and Reality*, World Scientific, 281까지 거슬러 올라간다.

11   Barrow (2007), *Universe or Multiverse?*, Cambridge University Press, 481; Beane et al. (2014), *European Physics Journal A*, 50, 148.

12   Albert Einstein (1915), *Königlich Preußische Akademie der Wissenschaften, Sitzungsberichte*, 831.

13   Dyson, Eddington & Davidson (1920), *Philosophical Transactions of the Royal Society of London Series* A, 220, 291.

14   Margaret Morrison (2009), *Philosophical Studies*, 143, 33; see also Norton & Suppe (2001), in *Changing the Atmosphere: Expert Knowledge and Environmental Governance*, MIT Press.

15   Pontzen et al. (2017), *Monthly Notices of the Royal Astronomical Society*, 465, 547.

찾아보기

인명

223, 297
퀘이사quasar(준항성체) 140~141,
　170~172, 232~233, 247~248,
　259
큐비트qubit 278~281

혼돈계 72, 205, 227
혼돈이론chaos theory 66, 72
화성 113, 234~238
힉스 보손Higgs boson 81, 95, 103, 214,
　286, 290

ㅌ

태양계 8, 11, 40, 70, 73, 78~79,
　83~84, 104, 112~114, 173, 178,
　188, 217, 273, 282
튜링 테스트 268
트랜지스터 89, 185~186, 203, 253
특이점singularity 163~168, 181~183,
　210~212, 214~215

ㅍ

파동함수 190, 196~197, 207
퍼셉트론Perceptron 256~258
펄사pulsar 180~181
평활입자 유체역학SPH 132, 136, 138
표준모형standard model 108~109

ㅎ

해상도resolution 59~61, 66, 71, 104,
　135, 138, 143~144, 277~278,
　280, 282, 285, 293
해왕성 40, 78, 80~81, 85, 262
허리케인 39~40, 60, 203~205
허블 우주망원경Hubble Space Telescope
　105, 124~125
헤파이스토스 229, 232

상자 속 우주

1판 1쇄 발행 2024년 3월 22일
1판 2쇄 발행 2024년 7월 5일

지은이 앤드루 폰첸
옮긴이 박병철

발행인 양원석 편집장 김건희 책임편집 곽우정
디자인 박연미
영업마케팅 조아라, 이지원, 한혜원, 정다은, 박윤하

펴낸곳 (주)알에이치코리아
주소 서울시 금천구 가산디지털2로 53, 20층 (가산동, 한라시그마밸리)
편집문의 02-6443-8932 도서문의 02-6443-8800
홈페이지 http://rhk.co.kr 등록 2004년 1월 15일 제2-3726호

ISBN 978-89-255-7533-9 (03420)